高等院校**计算机**
基础课程新形态系列

U0689014

Python 语言

程序设计基础教程

微课版

翟明岳 / 编著

人民邮电出版社

北 京

图书在版编目（CIP）数据

Python语言程序设计基础教程：微课版 / 翟明岳编著. -- 北京：人民邮电出版社，2024.11
高等院校计算机基础课程新形态系列
ISBN 978-7-115-63095-7

Ⅰ. ①P… Ⅱ. ①翟… Ⅲ. ①软件工具－程序设计－高等学校－教材 Ⅳ. ①TP311.561

中国国家版本馆CIP数据核字(2023)第212319号

内 容 提 要

本书面向 Python 初学者，主要内容包括计算机与程序设计语言、Python 程序开发简介、Python 语法基础、程序流程控制、组合数据类型、字符串和文本处理、函数与模块、面向对象程序设计、文件和异常、数值计算和计算可视化、图形用户界面等。本书结合大量例题、案例和课后习题介绍 Python 基础知识在解决实际问题方面的应用，重视读者计算思维与编程能力的培养。

本书深入浅出、表述简洁、概念清晰、系统性强，注重 Python 基础知识的阐述，强调基本概念和编程思想的实践与应用。本书可作为高等院校各专业程序设计课程的教材，也可供程序设计开发者和爱好者自学参考使用。

◆ 编　著　翟明岳
责任编辑　王　宣
责任印制　王　郁　陈　犇

◆ 人民邮电出版社出版发行　　北京市丰台区成寿寺路 11 号
邮编　100164　电子邮件　315@ptpress.com.cn
网址　https://www.ptpress.com.cn
涿州市京南印刷厂印刷

◆ 开本：787×1092　1/16
印张：18　　　　　　　　2024 年 11 月第 1 版
字数：494 千字　　　　　2025 年 1 月河北第 2 次印刷

定价：69.80 元

读者服务热线：(010)81055256　印装质量热线：(010)81055316
反盗版热线：(010)81055315
广告经营许可证：京东市监广登字 20170147 号

前　言

时代背景

Python 语言是一门程序设计语言。经过 30 多年的发展，Python 语言已经在数据科学、科学计算及其可视化、人工智能与机器学习等领域得到了广泛应用。Python 语言功能强大，既支持面向过程的程序设计，又支持面向对象的程序设计。得益于其开源特性，Python 语言拥有众多的第三方函数库。如今，Python 语言已经成为一门重要的程序设计语言，用户数量急剧增加，在软件开发领域占有重要地位。

本书内容

本书共 11 章，分为两篇：基础篇和进阶篇。

第 1 篇为基础篇，包括第 1 章到第 9 章的内容，详细介绍 Python 语言程序设计所涉及的计算机基础知识、Python 语言语法规则、面向对象程序设计的基本概念及文件的存取等。第 1 章详细介绍与 Python 语言程序设计相关的计算机基础知识，学习和理解这些基础知识对于读者深入理解 Python 语言的基础语法非常有帮助；第 2 章详细介绍 Python 解释器的安装与运行方式，以及 Python 程序的基本组成；第 3 章介绍 Python 语法基础，即变量的基本概念和基本数据类型的定义与操作；第 4 章介绍程序流程控制方面的知识，重点介绍选择结构和循环结构，并以案例研究的形式介绍基于循环结构的蒙特卡罗模拟的概念及其应用；第 5 章介绍组合数据类型，包括列表、元组、字典和集合，并介绍不同类型组合数据的嵌套及其应用；第 6 章以序列数据的概念讲解字符串及文本处理方面的基础知识；第 7 章介绍函数与模块，重点讲解实参和形参的匹配关系及参数传递和返回值；第 8 章介绍面向对象程序设计的基本概念，包括类、对象、参数 self、私有属性及常用的访问器方法和更改器方法等；第 9 章介绍文本文件与二进制文件的读写操作，同时还介绍异常处理，尤其是文件异常的概念。

第 2 篇为进阶篇，包括第 10 章和第 11 章的内容，重点介绍数值计算、计算可视化及图形用户界面方面的知识，涉及 NumPy、Matplotlib 和 PyQt6 这 3 个模块。第 10 章以 NumPy 模块为例介绍 Python 在数值计算方面的应用，以 Matplotlib 模块为例介绍 Python 在计算可视化方面的应用；第 11 章以 PyQt6 模块为例介绍 Python 在图形用户界面开发方面的应用。

本书特色

- **从零入门，适合零基础读者学习**

本书从零开始介绍计算机程序设计的基本概念及 Python 语言程序设计中的重点和难点，适合没有任何编程基础的读者学习和使用。

- **夯实基础，为读者技能进阶提供保障**

尽管 Python 是一种面向对象的程序设计语言，但在设计和开发用户自定义类之前，掌握基本的

Python 语法是必要的。因此，本书首先利用面向过程的编程方法介绍基本的 Python 语法，同时会以对照分析的方法讲解 Python 中的重要概念。

- **借助案例，巩固读者对重点和难点的理解**

虽然 Python 是一门简洁易懂的程序设计语言，但是其中仍然涉及一些较难理解的概念，例如对象、正则表达式、构造方法、参数 self 等。本书将利用丰富的案例详细介绍 Python 中的重点和难点。

- **紧跟前沿，拓展读者的科技认知边界**

本书紧跟前沿技术发展，详细介绍 PyQt6 等前沿内容；此外，本书所有代码适用于 Python 3.5 及更高版本的 Python 编译器，可以帮助读者扎实锤炼实战技能。书中代码右侧大都为注释或输出结果。

- **资源丰富，立体化服务院校教师教学**

本书提供立体化的教学资源，包括课程 PPT、教案、教学大纲、习题答案、微课视频、源代码等，以方便院校教师顺利开展相关课程的教学工作。

使用指南

本书共 11 章，院校教师可以根据实际需要灵活取舍章节内容加以教学。表 1 中给出了本书理论教学内容的两种学时建议，供院校教师参考。

表 1　学时建议

章序	章名	学时建议一（32 学时）	学时建议二（48 学时）
第 1 章	计算机与程序设计语言	2	2
第 2 章	Python 程序开发简介	2	2
第 3 章	Python 语法基础	4	4
第 4 章	程序流程控制	4	4
第 5 章	组合数据类型	4	4
第 6 章	字符串和文本处理	4（不讲授 6.3 节和 6.4 节）	8
第 7 章	函数与模块	4	4
第 8 章	面向对象程序设计	4	4
第 9 章	文件和异常	4	4
第 10 章	数值计算和计算可视化	0	4
第 11 章	图形用户界面	0	8

致　谢

本书由翟明岳编著。书中包含大量示例代码，所有示例代码均由翟辰编写和调试。成书过程中，编者承蒙中国石油大学（北京）人工智能学院赵建辉和广东石油化工学院电子信息工程学院梁根老师审阅本书，在此一并表示感谢。

虽然编者在编写本书时力求使其满足读者的各类需求，但仍无法避免发生错漏和表述不当等情况。在此，编者恳切希望广大读者提出宝贵的修改建议。

编　者

2024 年 6 月于北京

< 2 >

目 录

< 2 >

第6章
字符串和文本处理

第7章
函数与模块

< 3 >

第8章
面向对象程序设计

第9章
文件和异常

< 4 >

第 2 篇　进阶篇

第 10 章
数值计算和计算可视化

< 5 >

第 11 章
图形用户界面

< 6 >

第 1 篇

基础篇

第 1 章 计算机与程序设计语言

本章主要介绍计算机的（软硬件）组成、计算机中数据的表达和存储形式及程序运行的基本原理，其中涉及比特、字节、编码、内存地址、指令周期、汇编语言、高级语言、编译器、解释器等概念。读者学习并理解这些基本概念对深入理解 Python 语言非常有帮助。

1.1 计算机的组成

1.1.1 计算机简介

毫无疑问，计算机是人类最伟大的发明之一。计算机的英文是 computer，其还可译为计算者。执行计算操作是发明计算机的本意，但随着社会和技术的发展，计算机已经发展成为以计算为基础，进而获取、分析和处理各类数据的工具，如撰写文章、搜索信息、发送电子邮件、在线交流和网上交易等。

计算机是可编程的，因此其可以完成程序所要求的任何工作。程序是计算机执行的一组指令，用以实现特定功能，例如，常用的 Word 和微信等都是计算机程序。

通常情况下，大型的应用程序可称为软件。软件对计算机至关重要，软件控制着计算机的一切。Python 语言是开发计算机程序或者软件的重要工具，学习 Python 语言（包括其他程序设计语言）之前，很有必要了解一些与计算机工作相关的基础知识。

究其本质来说，计算机是一套由硬件和软件组成的系统。硬件是指构成计算机的所有物理设备或组件，软件则负责控制计算机系统的硬件部分协同工作以实现特定功能。

1.1.2 计算机硬件

硬件是计算机中由电子器件、机械部件和光电元件等组成的物理装置的总称。这些物理装置构成了一个有机整体，为计算机软件的运行提供物质基础。计算机硬件系统通常包含中央处理器、内存、存储设备、输入设备和输出设备 5 部分，这 5 部分通过总线相互连接。我们可以把总线看成运行于计算机各组件之间的公路系统，数据和指令可以沿着总线从一个组件传输到另一个组件，如图 1.1 所示。

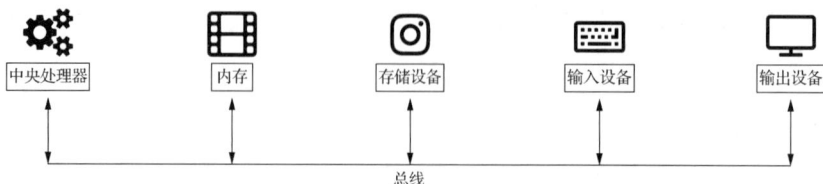

图 1.1 计算机硬件系统的组成

1. 中央处理器

中央处理器（Central Processing Unit，CPU）是计算机中最重要的硬件。CPU 负责运行软件，如果没有 CPU，计算机就无法运行，更谈不上完成指定的任务。早期的 CPU 是由真空管和开关等光电元件和机械部件组成的巨大设备。例如，1946 年研制成功的世界上第一台电子数字积分计算机的 CPU 重达 30t。如今，CPU 则仅仅是一个称为微处理器的小小芯片，但功能相比以前却更加强大。

2. 内存

计算机可以通过运行各种软件来完成不同的工作。例如，撰写文章时，CPU 运行字处理软件；与人聊天时，CPU 运行即时聊天软件。CPU 在运行某个软件时，这个软件及其所需数据存储在内存中。CPU 从内存中读取指令和数据，并根据指令对数据进行分析和处理，处理后的数据临时保存在内存中。

内存通常称为随机存取存储器（Random Access Memory，RAM）。CPU 能够快速访问存储在内存中任意位置的数据。

3. 存储设备

内存处理数据的速度很快，但计算机断电后这些数据会立即消失。而我们安装到计算机上的程序和下载的电影却可以反复使用或观看，这是因为它们并没有保存在内存中，而是保存在存储设备中。最常见的存储设备是磁盘驱动器（简称硬盘）。存储设备是可以长时间保存数据的存储器，即使计算机没有开机也是如此。

4. 输入设备

常见的输入设备是键盘和鼠标。计算机利用输入设备获取数据。

5. 输出设备

常见的输出设备是显示器和打印机。输出设备是计算机输出或显示数据的部件。

1.1.3　计算机软件

从打开计算机电源开关到关闭计算机系统，计算机执行的所有操作都由软件控制。软件可以分为两大类：系统软件和应用软件。

1. 系统软件

控制和管理计算机基本操作的程序称为系统软件。系统软件通常分为 3 种，如表 1.1 所示。

表 1.1　系统软件

分类	说明
操作系统	操作系统是计算机中最基本的一组程序。操作系统控制计算机硬件的运行、管理连接到计算机的所有设备、管理存储设备的数据读取和保存操作及管理其他程序的运行等。常见的操作系统有 Windows、Linux/UNIX 和 iOS 等
实用工具	实用工具负责执行专门的任务、辅助计算机的运行或保护数据。例如，病毒扫描程序、文件压缩程序和数据备份程序等都是实用工具
软件开发工具	软件开发工具是编程人员用来创建、修改和测试软件的程序。汇编程序、编译程序和解释程序等都属于此类程序的范畴

2. 应用软件

应用软件是用户为了某个特定用途利用程序设计语言开发的软件，如文字处理软件 Word 和 WPS 以及电子游戏软件等。

< 3 >

1.2 计算机中数据的表达和存储形式

我们接触到的所有事物，利用计算机进行处理时都称为数据。例如，各种文字、数值、音频和视频等，在计算机中统称为数据。那么，这些形态和特性各异的数据是以什么形式在计算机中存储和处理的呢？

微课视频

1.2.1 二进制系统

世界上第一台电子数字积分计算机名为 ENIAC（Electronic Numerical Integrator And Computer），其 CPU 重达 30t。我们可能认为此时的 CPU 肯定非常复杂，但实际上，此时的 CPU 非常简单，除了一些真空管和开关以外什么都没有。CPU 能从最初 30t 的庞然大物缩小到现在芯片大小的根本原因在于：利用超大规模集成电路技术，小小芯片上可以集成多达数十亿个称为晶体管的电子开关。

每个晶体管都有两种状态：开启和关闭。计算机中的数据利用晶体管的这两种状态表示：如果晶体管处于开启状态，则表示二进制数 1；如果处于关闭状态，则表示二进制数 0。如果将 CPU 中的晶体管按照一定的规则组合在一起，则这批晶体管的多个状态就可以表示多个数据。例如，如果规定 8 个晶体管表示一个数据，那么这 8 个晶体管可以表示的数据共有 $2^8=256$ 个（从 00000000 到 11111111，这些都是二进制数）。

由此可见，CPU 中的晶体管表示 0、1 序列，进而利用 0、1 序列来表示各种数据，因此在数制层面计算机也可被称为二进制系统。

1.2.2 比特和字节

1. 比特

1 位二进制数称为 1 比特。因此，1 比特的值要么是 0，要么是 1。一个晶体管可以完成 1 比特二进制数的表示：晶体管处于开启状态，表示二进制数 1；晶体管处于关闭状态，表示二进制数 0。这一点与交通灯很相似：绿灯亮表示通行，红灯亮表示禁行。交通系统利用红绿灯表示了通行和禁行两种情况。

2. 字节

很明显，1 比特二进制数所能表示的信息实在太少了，只能区分两种情况。如果用 1 比特二进制数来表示字母，则只能表示两个字母；如果用其来表示数值，则只能表示两个数。二进制系统中解决这个问题的办法也很简单：利用多比特二进制数来表示数据。假设利用 8 比特二进制数来表示数据，那么共可表示 $2^8=256$ 个数据，这已经足够匹配常见的英文字符了。因此，计算机中存储和处理数据的最小单位是 8 比特二进制数。8 比特称为 1 字节，如表 1.2 所示。

表 1.2 数据和字节

数据	字节表示	内存中晶体管的状态							
字符 A	0 1 0 0 0 0 0 1 1 字节：8 比特	0 ●	1 ○	0 ●	0 ●	0 ●	0 ●	0 ●	1 ○
字符 B	0 1 0 0 0 0 1 0 1 字节：8 比特	0 ●	1 ○	0 ●	0 ●	0 ●	0 ●	1 ○	0 ●

< 4 >

1.2.3　数据的存储形式

不同类型的数据在计算机中的存储形式并不相同,如整数 1、浮点数 1.0 和字符"1"的存储形式不同。

1. 正整数

作为一个二进制系统,计算机利用 0、1 序列来表示数值,而我们可以借助十进制数来理解二进制数,如表 1.3 所示。

表 1.3　数的二进制和十进制表示

进制	举例							
十进制	10^3 **9** 9×10^3		10^2 **0** $+ \quad 0 \times 10^2$		10^1 **7** $+ \quad 7 \times 10^1$		10^0 **8** $+ \quad 8 \times 10^0 \quad = \quad 9078$	
二进制	2^7 **0** 0×2^7	2^6 **1** $+ \; 1 \times 2^6$	2^5 **0** $+ \; 0 \times 2^5$	2^4 **0** $+ \; 0 \times 2^4$	2^3 **0** $+ \; 0 \times 2^3$	2^2 **0** $+ \; 0 \times 2^2$	2^1 **0** $+ \; 0 \times 2^1$	2^0 **1** $+ \; 1 \times 2^0 \; = \; 65$

因此,对于数值 65 来说,内存中的晶体管状态为:
1 0 0 0 0 0 1
○ ● ● ● ● ● ○。

由此可见,1 字节中所有比特都为 0(即 8 个晶体管都处于关闭状态)时,该字节表示的数为 0;而当 1 字节中所有比特都为 1(即 8 个晶体管都处于开启状态)时,该字节表示的数为 255。因此,1 字节只能表示 0 到 255 之间的整数。

如果需要存储大于 255 的整数怎么办?很简单,使用多字节来存储。例如,假设将两字节放在一起表示一个整数,这就是 16 位二进制数,其表示的整数范围就成了 0 到 $2^{16}-1$(65535)。当然了,如果需要存储更大的整数,则需要更多的字节。

2. 字符

内存中的晶体管只有开启和关闭两种状态,因此存储在内存中的所有数据都必须表示成二进制数的形式。整数可以直接根据一定的运算规则表示成对应的二进制数;但是字符(如英文字母或者标点符号及回车符等)就需要首先与整数建立一一对应的映射关系(称为编码),然后将整数转换为二进制数存储在内存中。

多年来,人们已经开发出多种编码方案来表示计算机内存中的字符。这些编码方案中最重要的是美国信息交换标准码(American Standard Code for Information Interchange,ASCII)。ASCII 定义了 128 个字符,用以表示英文字母、标点符号和特殊符号。例如,大写字母 A 的 ASCII 值是 65,而整数 65 的二进制表示为 01000001。因此,如果已知内存中 8 个晶体管的状态是○ ● ● ● ● ● ○,计算机 CPU 就能知道其表示的为整数 65,然后根据其类型信息将其解释为数值 65 或字符 A。究竟是解释为数值还是字符,这就需要在代码中说明。

同理,大写字母 B 的 ASCII 值为 66,大写字母 C 的 ASCII 值为 67,以此类推。

ASCII 是在 20 世纪 60 年代初开发的,所表示的字符太有限,只定义了 128 个字符的代码。为了解决这个问题,人们在 20 世纪 90 年代早期开发了 Unicode 编码(称为统一码)。Unicode 编码与 ASCII 兼容。例如,ASCII 中码值 65 表示英文字母 A,Unicode 编码中码值 65 也表示英文字母 A,可以说 ASCII 是 Unicode 编码的子集。Unicode 编码所能表示的字符极为广泛,几乎可以表示世界上所有语言的字符。例如,汉字"中"的 Unicode 编码的码值为 20013。

3. 实数

如果只采用前面介绍的编码方法,作为二进制系统的计算机则仅仅能够存储正整数和字符。但实际

< 5 >

上，计算机可以存储和处理多种类型的数值，包括实数。实数不仅包含正整数，还包含负整数和小数等。存储负整数时，计算机会采用二进制补码技术进行编码，而实数则利用浮点表示法进行编码。总之，就如英文字符通过 ASCII 编码技术建立了与二进制数之间一一对应的映射关系一样，实数（包括负整数和小数）也通过一定的编码技术建立了与二进制数之间一一对应的映射关系。因此，内存中的晶体管序列就能表示所有的数值。例如，3.14 的单精度浮点数表示是：01000000010010001111010111000011。

1.2.4　内存地址

计算机的内存在形式上与 CPU 类似，均是一堆晶体管封装在硅半导体芯片上。但与 CPU 相比，内存没那么复杂，运行速度也没那么快，价格也没那么贵。内存中的晶体管按照一定的组织顺序排列，其所表示的字节序列也是有序的，这些有序的字节序列用来存储程序及所需数据。程序和数据在被 CPU 执行前就存放于计算机内存中。作为有序字节序列的基本组成部分，内存中的每字节都有唯一的地址，就像学生宿舍都有编号。有了宿舍编号就可以更容易地查找和访问学生，同理，有了内存地址就可以更容易地访问所需数据和代码。内存中数据的存储形式大致如图 1.2 所示。

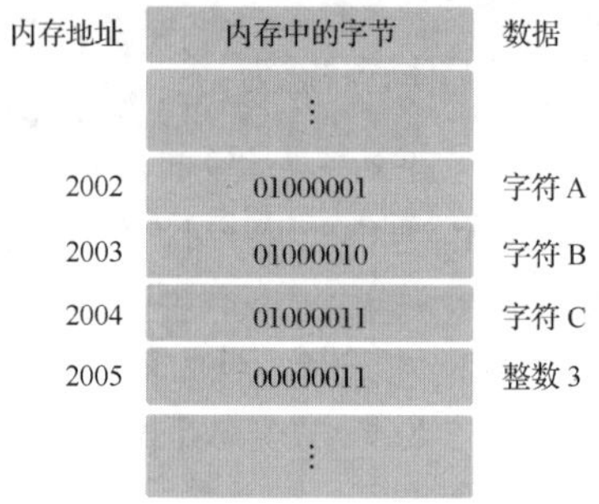

内存地址	内存中的字节	数据
	⋮	
2002	01000001	字符 A
2003	01000010	字符 B
2004	01000011	字符 C
2005	00000011	整数 3
	⋮	

图 1.2　内存中的数据

1.3　程序运行的基本原理

1. CPU 的基本操作

CPU 是计算机中最重要的硬件，是计算机执行程序的场所，被称为"计算机的大脑"。CPU 是专门执行特定指令的工具，它可以执行包括两数相加、两数相减、两数相乘、两数相除、移动数据、从内存中读取数据和判断两数是否相等等多种指令。

微课视频

由此可见，CPU 只能对数据进行非常简单的操作。即便这样，CPU 完成这些操作时也是被动的：必须有指令明确告诉它该执行哪个操作。指令来自程序，即程序是 CPU 执行操作的指令集合。

2. 机器语言

由于计算机是一个二进制系统，即便是本节第一段所述 7 种简单指令也必须利用 0、1 序列来表示。例如，如果想让 CPU 执行加法操作，就必须编写一条二进制码的指令，可能形如 1101101010011010。虽然其看起来是一个有点复杂的 0、1 序列，但 CPU 会理解这是一条执行加法操作的指令。CPU 之所以会理解它，是因为这条指令与 CPU 内部预设的指令集相匹配。当 CPU 收到新指令后，它会将其与内部的指令集进行比较，从而确定指令的含义，进而执行相应的操作。这种内嵌的二进制指令，就是机器语言。机器语言总是二进制的。

< 6 >

不同厂家开发的机器语言可能会有所差别，就如同不同的语言或方言。不同厂家的微处理器都有自己独特的指令集，一般不能通用，例如，Intel 微处理器的指令就不能被 Motorola 微处理器理解和执行。

前面举例用的机器语言仅仅是一条指令，实际情况是计算机要完成的任务有很多，所需的指令也有很多条。这是因为 CPU 只能执行非常基本的操作，需要将任务分解到 CPU 基本操作能完成的程度，而这往往需要大量指令。例如，计算机要完成从 1 到 10 的整数累加，就需要按照正确的顺序执行大量指令。可执行程序就是由机器语言构成的指令队列，一个可执行程序包含数千乃至数百万条指令是很平常的。

3. 指令周期

程序通常被存储在存储设备（如硬盘）中，CPU 每次运行该程序时都需要将其复制到内存中。例如，文字处理程序 Word 一般会安装到 C：盘中，双击 Word 程序的图标，计算机会运行 Word 程序，此时 Word 程序会被复制到内存中作为 C：盘 Word 程序的副本，CPU 接着会执行内存中的程序副本。

CPU 按照指令顺序运行程序。CPU 执行程序中一条指令的过程构成一个指令周期。指令周期的基本过程是读取→解析→执行，如表 1.4 和图 1.3 所示。

表 1.4　指令周期

指令周期	说明
读取	指令周期的第一步是 CPU 从内存中读取下一条待执行的指令
解析	指令是二进制序列，表示了 CPU 要执行的命令。CPU 会解析刚刚从内存中取出的指令，以确认应该执行的操作
执行	明确了指令内容后，指令周期的最后一步就是 CPU 执行该操作

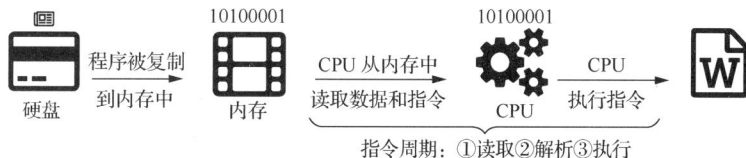

图 1.3　程序的执行过程

1.4 编程语言

如前所述，计算机只能执行二进制指令。为了完成一项非常简单的任务，如计算银行存款利息，计算机需要将任务分解为数千条指令。这些指令相当繁杂：到内存的某个地址读取银行存款数量的值，到内存的某个地址读取银行存款利息的值，对这两个值执行乘法操作，将结果保存于内存某个地址中，等等。编写这样的程序非常烦琐且容易犯错，使用机器语言来编写程序是不切实际的。因此，人们发展出了各种计算机编程语言。

1.4.1 汇编语言

早期程序使用汇编语言来代替机器语言。汇编语言不使用二进制序列来表示指令，而使用助记符。例如，汇编语言中，助记符 add 表示两数相加，mov 表示将值移动到内存中的指定位置。因此，利用汇编语言编写程序时，可以利用助记符而不是二进制数来编写指令。例如，求取整数 2 和 3 相加的和，利用汇编语言编写为：add 2,3,result。CPU 并不能理解汇编语言，无法直接执行 add 指令。这时需要一个特殊程序将汇编语言编写的程序翻译为机器语言代码。这个特殊程序称为汇编器。由汇编器创建的

< 7 >

机器语言可以由 CPU 执行，如图 1.4 所示。

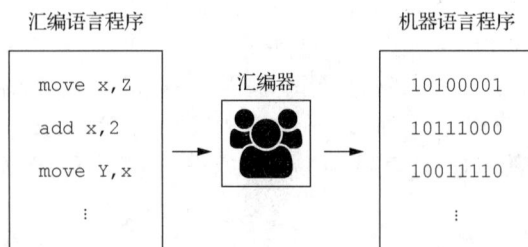

图 1.4　汇编语言的执行过程

1.4.2　高级语言

1．高级语言与低级语言

尽管使用汇编语言不需要编写二进制的机器语言，但熟练掌握和使用汇编语言也并不容易。汇编语言是机器语言的直接替代品，与机器语言一样，需要使用者对 CPU 硬件结构和工作原理有深入了解。由于汇编语言在本质上非常接近机器语言，因此是一种低级语言。与机器语言一样，即便最简单的任务也需要编写大量的汇编语言代码。

20 世纪 50 年代，开始出现一种称为高级语言的新一代编程语言。使用者利用高级语言可以编写功能强大且复杂的程序，而无须深入了解 CPU 的工作方式，也无须编写大量重复的低级指令。同时，大多数高级语言使用易于理解和记忆的单词作为关键字表示特定操作。例如，作为一种高级语言，Python 用下面的一条语句就可以解决银行存款利息计算问题。

```
interest = money * 0.02    # 无须指定从内存中的哪一个地址读取 money 的值, 也无须指定 interest
                           # 的值将要保存于内存中的哪一个地址等诸如此类的细节问题
```

高级语言允许程序员专注于解决任务，而不是专注于烦琐的内存和 CPU 操作细节。

2．高级语言的种类

自 20 世纪 50 年代以来，人们所创建的高级语言不下千种，较为知名的高级语言如表 1.5 所示。

表 1.5　高级语言简介

高级语言	创建年代	特点
FORTRAN	20 世纪 50 年代	FORTRAN（FORmula TRANslator）为第一个高级编程语言，适用于科学计算
COBOL	20 世纪 50 年代	COBOL（Common Business-Oriented Language）为商业应用而设计
BASIC	20 世纪 60 年代	BASIC（Beginners All-purpose Symbolic Instruction Code）非常适合于初学者学习使用
Ada	20 世纪 70 年代	主要用于美国国防部，以艾达伯爵夫人命名（她是计算机领域一位有影响力的人物）
Pascal	1970 年	最初为编程教学而设计，为纪念数学家和物理学家以及哲学家布莱士·帕斯卡而命名
C 和 C++	1972 年 C 1983 年 C++	贝尔实验室开发的功能强大的通用语言
C#	2000 年左右	微软创建，用于开发基于.NET 平台的应用程序
Java	20 世纪 90 年代	由 Sun Microsystems 开发，既可以开发单机应用程序，也可以开发应用于服务器上的网络程序
JavaScript	20 世纪 90 年代	可以开发在网页中运行的程序，与 Java 无关
Python	20 世纪 90 年代	在学术和商业领域非常流行
Ruby	20 世纪 90 年代	适合于开发 Web 服务器上运行的程序
Visual Basic	20 世纪 90 年代	基于 Windows 的编程语言和开发环境，允许程序员快速创建窗口应用程序

< 8 >

1.4.3　编译器和解释器

高级语言编写的程序称为源代码，简称代码。通常利用文本编辑器编写源代码，并将其保存到硬盘的文件中。

因为 CPU 只能理解和执行由机器语言编写的指令，所以高级语言编写的程序必须翻译成机器语言。根据工作原理，将高级语言翻译成机器语言的工具分为两类：编译器和解释器。

1．编译器

编译器将高级语言程序转换为机器语言程序，最后得到的机器语言程序可以单独作为可执行文件存在，如图 1.5 所示。

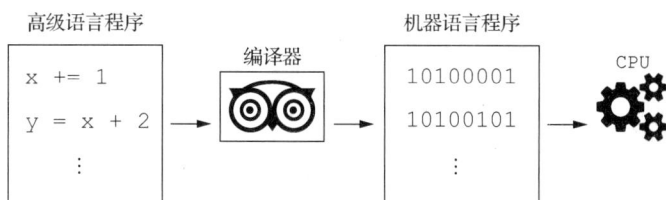

图 1.5　高级语言程序的编译和执行

2．解释器

Python 语言使用解释器。解释器是翻译并执行高级语言程序的特殊程序。解释器读取程序中的每条独立语句后，会将其转换为机器语言指令，然后立即执行这些指令。解释器会不断重复解释→执行模式，直至程序结束。由于解释器将翻译和执行两个过程合并在一起完成，因此通常情况下不会创建可独立运行的机器语言程序，如图 1.6 所示。

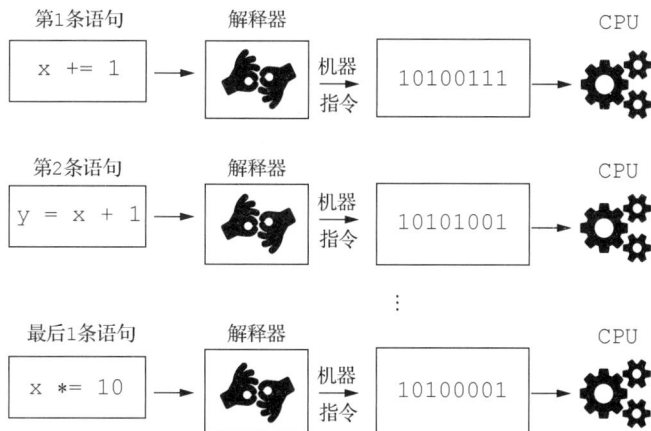

图 1.6　高级语言程序的翻译和执行

1.5　Python 语言

微课视频

1.5.1　Python 语言的来历

Python 是一门高级语言，由荷兰人吉多·范罗苏姆（Guido van Rossum）在 20 世纪 90 年代早期开发。吉多·范罗苏姆从事计算机系统管理工作，为了简化烦琐的系统管理工作，他当时不断考虑开

< 9 >

发一种新的解释型脚本语言，由此便诞生了 Python 语言。

年轻时的吉多·范罗苏姆非常喜欢英国喜剧《巨蟒剧团之飞翔的马戏团》（*Monty Python's Flying Circus*），Python 之名便源自这部英国喜剧。

1.5.2 Python 语言的版本

1991 年，Python 第一个公开发行版发行。Python 自诞生之日起便是纯粹的自由软件，源代码和解释器都是开源的。

2000 年 10 月，Python 2.0 正式发布。此版本解决了解释器和运行环境中的很多问题，开启了 Python 广泛应用的新时代。

2008 年 12 月，Python 3.0 正式发布。这个版本在语法层面和解释器内部做了很多革命性的改进，尤其是解释器内部采用完全面向对象的方式实现。Python 3.0 版本的问世，表明 Python 语言经历了凤凰涅槃般的版本更新。至今，绝大部分 Python 库函数和开发者都采用 Python 3.0 系列语法和解释器。由于改进是革命性的，3.x 系列版本无法向下兼容 2.0 系列版本的既有语法。

2010 年，Python 2.x 系列版本发布了最后一版，主版本号为 2.7。从此不再发行 2.0 系列的版本，也不再进行重大改进。

1.5.3 Python 语言的特点

1. Hello World 程序代码

学习编程语言时，通常编写的第一个程序是输出 "Hello World" 程序。下面我们看一看常用的 C、Java、C++和 Python 语言在实现输出 "Hello World" 程序时的代码。

```
# C 语言代码
# include <stdio.h>
int main(){
    print("Hello World");
    return 0;
}

# Java 语言代码
public class HelloWorld{
    public static void main(String[] args){
        System.out.println("Hello World");
    }
}
```

```
# C++语言代码
# include <iostream>
int main()
{
    cout = <<"Hello World";
    return 0;
}

# Python 语言代码
print("Hello World")
```

通过比较可知，Python 语言的程序代码更加简洁，只有一行代码。

2. Python 语言的特点

作为一种广泛使用的高级通用型脚本编程语言，Python 语言具有诸多特点，如表 1.6 所示。

表 1.6　Python 语言的特点

特点	解释
语法简洁、开发速度快	实现相同功能，Python 语言的代码行数仅相当于其他语言的 $\frac{1}{10}$ 到 $\frac{1}{5}$。Python 往往只要几十行代码就可以开发出需要几百行 C 代码才能实现的功能

< 10 >

续表

特点	解释
跨平台运行	作为脚本语言，Python 程序可以在任何安装了解释器的计算机环境中执行，因此在各种操作系统上（Linux、Windows、macOS、UNIX 等）都可以运行 Python 程序 尽管有一些针对特定平台开发的特有模块，但是在任何一个平台上用 Python 开发的通用软件都可以原封不动地在其他平台上运行。这种可移植性既适用于不同的架构，也适用于不同的操作系统
扩展性强	Python 语言提供了语法和扩展接口，可以集成诸如 C、C++以及 Java 等语言编写的代码
开源	Python 语言开源的解释器和函数库对开发者具有强大的吸引力，世界各地的开发人员通过开源社区贡献了十几万个第三方函数库，几乎涵盖了计算机技术的所有领域，使得 Python 具有其他语言无可比拟的良好编程生态
类库丰富、功能强大	Python 3.0 解释器内部采用面向对象的实现方式，但其语法层面却同时支持面向过程和面向对象两种编程方式，为开发者提供了更为灵活的编程模式。同时，Python 解释器提供了数百个内置类和函数库以及开源特性所带来的良好编程生态

1.5.4　Python 语言的应用场景

Python 是一种功能强大的编程语言，几乎无所不包，从 Web 开发到游戏开发、人工智能和机器学习，再到嵌入式应用等都可以见到 Python 的身影。

1．Web 开发

Web 开发是 Python 典型的应用之一。时至今日，Python 已经成为 Web 开发中最受欢迎的编程语言之一。Python 附带多种多样的框架和内容管理系统（Content Management System，CMS），可以极大简化 Web 开发人员的工作；Python 支持各种 Web 协议（如 HTML、XML、常用的电子邮件协议和 FTP 等）；Python 拥有功能齐全和数量最多的类库，不仅增强了 Web 应用程序的功能，而且使其更容易实现。常用的网络开发框架有 Flask、Django、Pyramid 和 Bottle；常用的内容管理系统有 Django CMS、PloneCMS 和 Wagtail 等。

2．游戏开发

与 Web 开发一样，Python 拥有大量用于游戏开发的工具和类库。Python 提供了很多 2D 和 3D 游戏开发库，包括 Pygame、Pycap、Construct、Panda3D、PySoy 和 PyOpenGL 等。

3．人工智能与机器学习

人工智能和机器学习是这十年来最热门的话题，Python 是机器学习领域最流行的语言。Python 和少数其他编程语言一起，在开发人工智能和机器学习应用软件方面提供了强大的支持。Python 具有较高的稳定性和安全性，这使其成为大数据处理以及机器学习系统构建的理想编程语言。更重要的是，Python 大量的类库极大促进了人工智能和机器学习领域中模型和算法的开发。人工智能和机器学习领域常用的第三方库如表 1.7 所示。

表 1.7　人工智能和机器学习领域常用的第三方库

第三方库	说明	第三方库	说明
SciPy	科学和数值计算	Pandas	数据分析和处理
Keras	人工神经网络	TensorFlow	机器学习，尤其是深度神经网络
NumPy	复杂的数学函数和计算	Scikit-Learn	构建通用机器学习模型

4．GUI 接口

有时只需要提供应用程序接口（Application Programming Interface，API），Python 就可以方便、

<11>

快速地为应用程序创建图形用户接口（Graphical User Interface，GUI）。Python 易于理解的语法和模块化编程方法是创建需要快速响应 GUI 的关键，同时使整个开发过程变得轻而易举。使用 Python 进行 GUI 开发的常用工具包括 PyQt、Tkinter、Python GTK+、wxWidgets 和 Kivy 等。

5．图像处理

由于越来越多地使用机器学习、深度学习和神经网络，对图像分析和处理工具的需求也日益增长。Python 提供了许多类库对图像进行处理，较为流行的 Python 图像处理库包括 OpenCV、Scikit-Image、Python Imaging Library（PIL）、GIMP、Corel PaintShop、Blender 和 Houdini 等。

6．文本处理

文本处理是 Python 最常见的用途之一，文本处理与自然语言处理紧密相关。常见的文本和自然语言处理类库包括 NLTK、Pattern、Gensim、PyNLPIR、spaCy 和 TextBlob 等。

7．音频和视频应用

Python 可以用于构建音频和视频应用程序，诸如 Pyo、pyAudioAnalysis 和 Dejavu 等的模块库可以轻松地完成信号处理和音频识别等任务。至于视频部分，Python 提供 Scikit-video、OpenCV 和 SciPy 等类库。

8．网络爬虫

互联网拥有巨量信息，Python 提供的大量网络爬虫工具便于从互联网获取数据，这些数据可以应用于股票价格跟踪、研究和分析以及社交媒体情绪分析和机器学习项目等。用于构建爬虫的常用工具有 Requests、BeautifulSoup、MechanicalSoup 和 Selenium 等。

9．数据科学与数据可视化

数据在现代社会中起着决定性的作用。数据科学涉及数据识别、数据收集、数据处理、数据分析、数据挖掘和数据可视化等。Python 生态系统提供的类库可以帮助用户直接解决数据科学问题，如 TensorFlow、PyTorch、Pandas、Scikit-Learn 和 NumPy 等；Python 生态系统用于数据可视化的库有 Plotly、Matplotlib、Seaborn、Ggplot 和 Geoplotlib 等。

10．CAD 应用

计算机辅助设计（Computer Aided Design，CAD）主要应用于汽车、航空航天以及建筑等行业的产品设计，用户在 CAD 帮助下可以设计出精度高达毫米级的产品。Python 语言提供了对 CAD 的支持，常用的第三方库包括 FreeCAD、Fandango、PythonCAD、Blender 和 VintechRCAM 等。

11．嵌入式应用

现代社会中，嵌入式设备几乎无处不在，诸如数码相机、智能手机和工业机器人等都属于嵌入式设备。Python 可以在嵌入式设备上运行，支持嵌入式系统开发的 Python 库有 MicroPython、Zerynth、PyMite 和 EmbeddedPython 等。

习题

一、选择题

1．Python 语言属于（　　　）。

   A．机器语言　　　　B．汇编语言　　　　C．高级语言　　　　D．以上都不是

< 12 >

2. 不属于 Python 语言特点的是（　　）。

    A. 面向对象　　　　　B. 运行效率高　　　　　C. 可移植性强　　　　D. 免费和开源

3. 计算机语言的种类很多，但不包括（　　）。

    A. 汇编语言　　　　　B. 机器语言　　　　　C. 英语　　　　　D. 高级语言

4. 下列关于机器语言错误的描述是（　　）。

    A. 不同厂家计算机的机器语言是通用的

    B. 机器语言是最低级语言，利用二进制代码表示

    C. 机器语言可直接执行，速度快

    D. 根据计算机硬件结构赋予计算机的操作功能

5. 下列关于汇编语言错误的描述是（　　）。

    A. 汇编语言是低级语言

    B. 汇编语言的代码简短，占用内存少，执行速度快

    C. 计算机可以直接执行汇编语言编写的程序

    D. 汇编语言和计算机编程环境密切相关，可移植性较差

6. 下列关于高级语言错误的描述是（　　）。

    A. 高级语言包括多种编程语言，并不特指某种特定编程语言

    B. 利用解释类语言编写的代码，计算机一边将源代码转换为计算机语言，一边执行

    C. 利用编译类语言编写的代码，计算机需要将源代码转换为机器语言，然后执行

    D. 计算机可以执行高级语言编写的代码

7. 下列关于 Python 语言的特点错误的描述是（　　）。

    A. 执行速度较慢　　　　　　　　　　B. Python 2 和 Python 3 兼容

    C. 代码不能加密　　　　　　　　　　D. 存在多线程性能瓶颈

二、填空题

1. 程序是_____。

2. 软件是_____。

3. 内存通常称为_____。

4. 最常见的存储设备是_____。

5. 计算机中文字、数值、音频和视频等统称为_____。

6. 1 位二进制数称为_____，而 8 位二进制数称为_____。

7. 字符常用的编码方式有_____和_____。

三、简答题

1. 简述计算机硬件系统的基本组成。

2. 简述字符是如何在计算机中存储的。

< 13 >

第 2 章 Python 程序开发简介

本章介绍 Python 解释器的安装与运行方式，并以分形树绘制代码为例，介绍 Python 程序的基本结构和组成，这样可以帮助读者在接触 Python 语言之初，建立起对 Python 程序的完整概念。为了方便读者在学习后续章节时进行编程练习，本章还介绍标准输入输出语句，并以案例形式利用 turtle 模块引入对象的概念，这样对于读者理解 Python 语言的编程思想很重要。

2.1 Python 解释器的安装与运行

微课视频

Python 是解释型的高级语言，这意味着 Python 需要一个解释器来完成代码的解释和执行。Python 语言是跨平台的，可以在 Windows、Linux 和 macOS 等操作系统上运行。本节以 Windows 操作系统为例介绍 Python 解释器的安装与运行。

2.1.1 安装 Python 解释器

Python 解释器的安装步骤如表 2.1 所示。

表 2.1　Python 解释器的安装步骤

步骤	说明
下载 Python 解释器	① 访问 Python 官网 ② 单击版本链接 Python 3.10.6 – Aug. 2, 2022 ③ 单击安装程序链接 Windows installer (64–bit)
安装 Python 解释器	① 双击安装程序 python–3.10.6–amd64.exe ② 勾选 Add Python 3.10 to PATH ③ 单击 Install Now
确认默认安装路径	C:\Users\Linda\AppData\Local\Programs\Python\Python310

注：① 勾选 Add Python 3.10 to PATH，可以将 Python 命令工具所在路径添加到系统 Path 环境变量中，这样以后开发程序或者运行 Python 命令会更方便；

② 默认安装路径下有 Python 解释器 python.exe 以及 Python 库文件夹和其他文件。

2.1.2 运行 Python 解释器

根据 Python 解释器与用户的交互方式，可将 Python 解释器的运行模式分为两种（亦即 Python 代码有两种运行模式）：交互模式和脚本模式。交互模式主要用来学习 Python 基本语法、试验新增库函数功能以及运行一些较为简单的 Python 代码；脚本模式是运行 Python 代码的主要方式。本书以 Windows 10 操作系统为例详细介绍 Python 解释器的运行。

2.1.2.1　交互模式

以交互模式运行 Python 解释器的步骤如表 2.2 所示。

表 2.2　以交互模式运行 Python 解释器的步骤

步骤	方法	说明
启动解释器	方法①：输入 cmd Enter →C:\Users\Linda>python	命令行模式，见图 2.1 和图 2.2
	方法②：单击"开始"→Python 3.10→ Python 3.10（64-bit）	直接启动，见图 2.3
	方法③：单击"开始"→Python 3.10→IDLE（Python 3.10 64-bit）	IDLE 模式，见图 2.4
逐行输入 Python 代码	Python 解释器启动之后，在 Python 提示符">>>"后面直接输入代码，并按 Enter 键将语句输入解释器，Python 解释器直接运行代码	见图 2.5，计算表达式 100+20 和 $(1+0.01)^{365}$
退出 Python 解释器	方法①：>>> exit() Enter 方法②：>>> quit() Enter 方法③：>>>Ctrl+Z Enter	如果 Python 解释器是命令行模式启动的，左侧的 3 个命令执行后会返回到命令行模式；如果 Python 解释器是直接启动的，左侧的 3 个命令会直接关闭窗口
	方法④：直接关闭 Python 窗口	—

注：① 启动 Python 解释器后，系统会显示其提示符>>>；

② IDLE（Integrated Development Environment 或 Integrate Development and Learning Environment）为集成开发环境；Python 内置了 IDLE，IDLE 提供了图形用户界面，可以提高 Python 程序的编写效率。

图 2.1　命令行模式

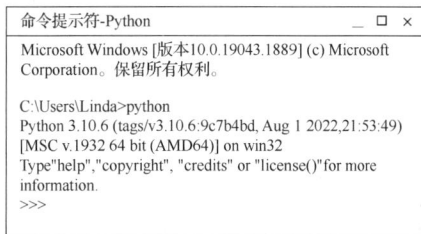

图 2.2　输入 python 命令

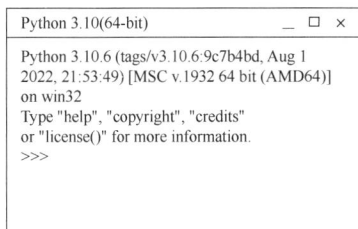

图 2.3　直接运行解释器

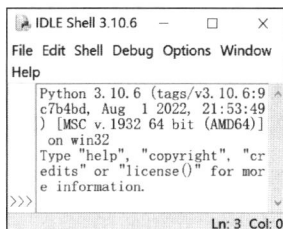

图 2.4　启动 IDLE

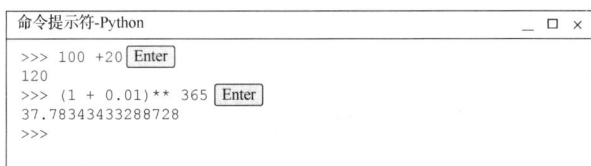

图 2.5　输入 Python 代码

根据前面的运行结果可知，交互模式下需要逐行输入代码，而且 Python 解释器会逐行解释并执行代码。

< 15 >

2.1.2.2 脚本模式

交互模式下运行代码具有很明显的优点：方便，直接，立刻就能得到结果。但是其缺点也很明显：需要逐条输入语句，且语句因没有保存下来而无法重复执行，而且不适合运行规模较大的代码。

实际开发 Python 程序时，我们总是使用一个文本编辑器来编写代码，并将其保存为一个文件，然后利用 Python 解释器来处理和执行这个文件，这就是脚本模式。脚本模式下 Python 代码的编写和执行过程如图 2.6 所示。

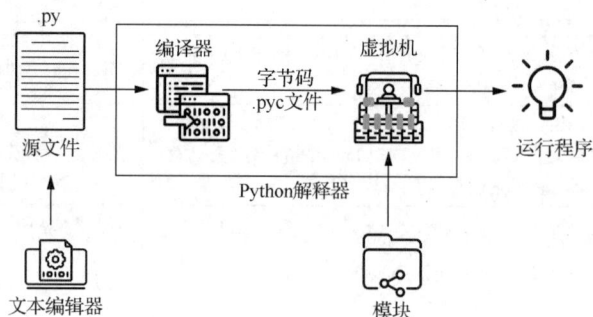

图 2.6 脚本模式下 Python 代码的编写和执行过程

1. 代码执行过程

脚本模式下 Python 代码的执行过程分为以下两个步骤。

（1）利用任一文本编辑器输入 Python 代码并将其保存为 Python 源代码文件（即扩展名为.py 的文件）。

（2）启动 Python 解释器编译并执行程序。

脚本模式下，Python 并不是像我们想象的那样逐行读取代码并解释执行的。因为此时保存在文件中的代码可能需要多次运行，所以 Python 解释器采用分工的方式来处理源文件。读取代码并解释代码是一个非常耗时的任务，这个任务由一个称为编译器（compiler）的组件一次性完成。编译器读取包含源代码的文件（即扩展名为.py 的文件），并将源代码转换为字节码（byte code），然后生成字节码程序文件（即扩展名为.pyc 的文件）。字节码是虚拟机可以理解的、非常简单的指令，因此下一步由虚拟机来执行包含在字节码程序文件中的指令。虚拟机是一个独立的程序，类似于计算机的 CPU。

源代码并不包含虚拟机执行指令所需的所有信息。例如，假设源代码中有 print()函数，但源代码中并不会包含实现此函数的指令，此时虚拟机会自动从模块中定位所需函数。

将源文件编译成字节码程序文件的好处是虚拟机可以多次执行此文件中的指令，从而节省加载模块的时间，提高效率。Python 解释器编译生成.pyc 文件的过程是自动的，用户无须过于关注此类文件。

2. 编写源程序

编写源程序时，可以使用任意一款文本编辑软件：既可以使用操作系统自带的文本编辑器（如 Windows 记事本 Notepad.exe），也可以使用包含了代码编辑器的 IDLE（如常见的 PyCharm、Visual Studio Code、Sublime Text 和 Spyder 等）。本书以 Python 自带的 IDLE 为例介绍代码编辑器的使用，其他的代码编辑器大同小异，如表 2.3 所示。

表 2.3 利用代码编辑器编写源程序

步骤	方法	说明
启动代码编辑器	方法①：单击"开始"→Python 3.10→IDLE（Python 3.10 64-bit）→File→New File 方法②：单击"开始"→Python 3.10→IDLE（Python 3.10 64-bit），按 Ctrl +N	—

< 16 >

续表

步骤	方法	说明
输入代码	启动代码编辑器后，在弹出的窗口中输入 Python 代码	示例调用 **print**()函数输出 2^{1024} 的值
保存文件	方法①：单击 File→Save 方法②：按 Ctrl+S	代码输入完后保存为 power2.py 文件，见图 2.7 power2.py - C:/User...　—　□　× File Edit Format Run Options Window Help print("2的1024次方：",2 ** 1024) Ln: 2 Col: 0 图 2.7　代码保存为 power2.py 文件

3．启动 Python 解释器编译并执行程序

脚本模式下，有两种方法可以启动 Python 解释器编译并执行程序，如表 2.4 所示。

表 2.4　启动 Python 解释器编译并执行程序

分类	方法	说明
命令行模式下执行 Python 程序	"开始" 按钮旁的搜索框中输入 cmd，执行 cd desktop → python power2.py 进入命令行模式　　　源文件所在目录　执行 Python 程序	结果见图 2.8
IDLE 下执行 Python 程序	启动 IDLE Shell　　　　打开源文件 单击 "开始" → Python 3.10 → IDLE（Python 3.10 64–bit）→File→Open→此时可以修改源代码→ Run→Run Module（或 F5 键） 执行程序	结果见图 2.9

命令提示符　　_ □ ×
```
C:\Users\Linda\Desktop>python power2.py
2的1024次方： 1797693134862315907729305190789024733617976978942306572
73430081157732675805500963132708477322407536021120113879871 39335765
87897688144166224928474306394741243777678934248654852763022 19601246
09411945308295208500576883815068234246288147391311054082723 71633505
10684586298239947245938479716304835335632962 4224137216
```
图 2.8　命令行模式下执行 Python 程序

IDLE 环境 Shell 3.10.0　　_ □ ×
```
=============RESTART:C:\Users\Linda\Desktop\power2.py=============
2的1024次方：1797693134862315907729305190789024733617976978942306572
73430081157732675805500963132708477322407536021120113879871 39335765
87897688144166224928474306394741243777678934248654852763022 19601246
09411945308295208500576883815068234246288147391311054082723 71633505
10684586298239947245938479716304835335632962 4224137216
```
图 2.9　IDLE 下执行 Python 程序

2.2 Python 程序基本结构

微课视频

下面我们通过示例来大致了解 Python 程序的基本结构。

< 17 >

2.2.1　Python 程序示例

例题 2.1　绘制分形树（见图 2.10）。

```
① import turtle                    # 导入 turtle 模块
② def tree(t,n):                   # 定义 tree() 函数，t 和 n 为函数的参数
      '''
      绘制分形树
      参数 t：Turtle 实例          # 注释语句，Python 解释器不会执行此部分内容
      参数 n：正整数'''
③     if n < 5:                    # 判断语句
          return                   # n 小于 5 时返回
④     else:                        # 判断语句：与语句③组成选择结果
          t.forward(n)             # 对象 t 前进 n 步
          t.right(30)              # 对象 t 右转 30 度
          tree(t,n - 15)           # 调用 tree() 函数，生成右侧树枝
          t.left(60)               # 对象 t 左转 60 度
          tree(t,n - 15)           # 调用 tree() 函数，生成左侧树枝
          t.right(30)              # 对象 t 右转 30 度
⑤         t.backward(n)            # 对象 t 返回到起始位置
❶ t = turtle.Turtle()             # 调用 turtle 模块中的 Turtle() 函数创建对象 t
  t.up()
  t.goto(0,-225)
  t.down()                         # 这些语句都是对象 t 的方法，其中括号() 中的为参数
  t.color('green','green')
  t.left(90)
❷ tree(t,115)                     # 调用自定义 tree() 函数
                                   # t 和 115 为 tree() 函数的实参
                                   # 115 表示树枝的初始长度
  t.hideturtle()                   # 调用对象 t 的方法
```

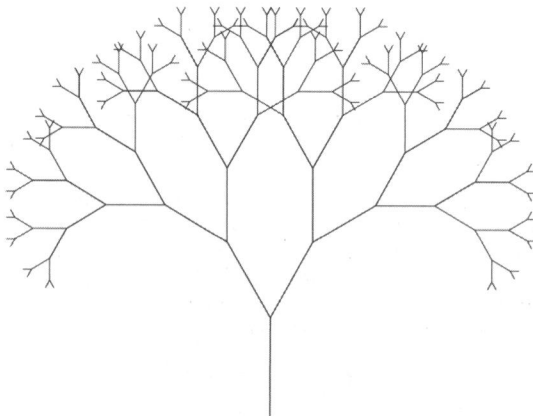

图 2.10　分形树

　　语句①利用 import 语句导入 turtle 模块。之所以要导入此模块，是因为程序要利用 turtle 模块所提供的一些功能。语句②利用 def 自定义了 tree(t,n)函数用以生成树枝；语句③利用条件判断语句 if 执行下面的 return 语句；语句④则会执行其冒号后面的语句，直至语句⑤。自语句❶开始的代码为主程序，

< 18 >

Python 会从此语句开始执行。语句❶调用 turtle 模块中的 Turtle()函数生成对象 t，对象 t 具有一系列的功能和属性，所有这些功能和属性都在导入的 turtle 模块中被定义，无须用户自行定义，这也是要导入模块的原因之一。语句❷则调用了前面自定义的 tree()函数。

2.2.2　Python 程序基本组成元素

根据例题 2.1 中的代码，可以看出 Python 程序的基本组成元素是模块、函数和语句。

1．模块

一般而言，模块分为标准模块和第三方模块两类。标准模块是 Python 解释器自带的模块，在安装 Python 解释器时就已经被安装到本地计算机的默认安装路径下，无须用户另行安装。例题 2.1 中的 turtle 模块就是标准模块。与标准模块相反，第三方模块则须用户自行安装。

2．函数

完成特定功能的语句集合可被定义为函数，以方便重复使用。与数学中的函数概念类似，但 Python 中函数所完成的功能更为复杂和庞大。用户自己定义的函数称为自定义函数，自定义函数需要在被调用之前进行定义。例题 2.1 中的 tree()即自定义函数，语句②至语句⑤即 tree()函数的定义部分，称为函数体。

3．语句

Python 程序中最基本的单位是语句，例题 2.1 中的每一行都是一个语句。很明显，函数也是由语句组成的。语句③是一类特殊语句，称为复合语句，因此语句③末尾的冒号 ":" 表明此语句与随后的 return 语句构成了一个语句。

2.3　Python 程序的格式框架

撰写文章时，有段落格式方面的要求。同理，编写 Python 程序时，也有格式框架方面的要求。良好的程序格式框架结构，有助于提高代码的可读性和可维护性。

2.3.1　程序格式框架

例题 2.1 中，语句❶以后的部分为主程序，即 Python 解释器从语句❶开始按照先后顺序解释执行代码。语句❶利用 turtle 模块中的 Turtle()函数创建一个对象 t；而语句❷则调用 tree()函数生成分形树。Python 语言规定，调用函数之前须先定义函数，因此定义函数的语句②位于主程序之前；Turtle()函数是内置模块中的一个函数，Python 解释器中已经内置了此函数，开发者在导入模块后可以直接调用，如语句①所示，相当于在①处定义了模块中的所有函数。

一般而言，程序首先导入模块，然后自定义所需函数，最后开始主程序部分。

2.3.2　语句格式框架

1．语句块的缩进

例题 2.1 中，很多语句有符号 "□"，这个符号表示空格，这里为了方便说明而将空格显示为□。空格是 Python 语句结构的一部分。语句③中的冒号和以 4 个空格开头的下一行，表明这两行是一个

< 19 >

（复合）语句；同理，语句④中的冒号以及随后的几行都以 4 个空格开头的语句，说明从④到⑤的 8 行是一个（复合）语句。这里，空格表示一种缩进，空格数量相同，说明缩进级别相同。通常情况下采用 4 个空格长度作为一个缩进量（默认情况下，一个 Tab 键表示 4 个空格）。

虽然语句❶也位于语句④的冒号之后，但语句❶未像语句⑤一样缩进 8 个空格，因此语句❶并不是此复合语句的一部分，更不是 tree()函数定义的一部分。

根据上述的规则，可以判断语句②到语句⑤组成了 tree()函数的完整定义。

2．注释

注释是代码中的辅助性说明文字，通常用于表明代码的编写者、版权信息、解释代码原理和用途以及辅助程序调试等，Python 解释器会忽略此部分而不会执行。注释有两种方式：单行注释和多行注释，如表 2.5 所示。

表2.5　单行注释和多行注释

	实现方式	说明	举例
单行注释	注释符号 "#"	在语句后面添加注释符号 "#"，注释符号后面的内容不是代码的一部分，仅为解释性内容	**print**(x)　　　# 输出 x 的值
多行注释	注释符号 "#"	在每行的开头使用注释符号 "#"	# 输出 x 的值 # x 为字符串类型 **print**(x)
	三引号注释	三引号注释有以下两种实现方式。 第 1 种是三单引号注释："多行注释内容"； 第 2 种是三双引号注释："""多行注释内容"""	例题 2.1 中，语句②和语句③之间的部分即三单引号注释

3．文档字符串

如果在函数体的开头使用三引号注释，则此种类型的注释称为文档字符串。文档字符串是解释、说明程序的重要工具，有助于理解程序。文档字符串可以实现"帮助文档"的功能，也可以提供函数的基本信息，如函数功能简介以及参数的类型和使用方式等信息。与代码一样，文档字符串是由程序开发者编辑、创建的，Python 解释器不会自动提供。

单行注释、多行注释以及文档字符串都可以实现注释说明的功能，且不会影响程序的运行。但注释不能被程序调用，而文档字符串则可以被程序调用。例如，对于例题 2.1 中的文档字符串，可以使用下面的语句调用显示。

```
import turtle                        # 导入模块
def tree(t,n):                       # 定义 tree()函数
    if n<5:
        ⋮
    else:
        ⋮
        t.backward(n)

print(tree.__doc__)                  '''绘制分形树
                                     参数 t：Turtle 实例
                                     参数 n：正整数'''
```

4．操作符空格

为了体现 Python 所倡导的简洁明了的编程风格，建议在操作符的两边加一个空格，例如，语句❶中操作符 "=" 的两边各加了一个空格，当然这并不是必需的。

< 20 >

2.4 对象简介

2.4.1 对象的概念

Python 语言中一切皆为对象：各种类型的常量、变量和函数等都是对象。简单而言，对象表示的是现实世界中的个体，即 Python 利用对象来模拟现实世界中的个体。那么 Python 要模拟现实世界中个体的哪些方面呢？

举例而言，JingBai Li 是现实世界中的一个人，有姓名、年龄和性别。这些都是 JingBai Li 的个人数据，构成了 JingBai Li 的自然状态。我们可以认为这些是 JingBai Li 的自然属性，其具体的取值（如姓 Li、名 JingBai、21 岁、男性等）属于 JingBai Li 的数据。

除了这些属性以及属性取值外，JingBai Li 还具有符合其自然状态的一些行为：年满 18 岁可以考驾照、体检时可以进入只检查男性的检查室等，所有这些都是对象 JingBai Li 的行为或功能。行为或功能是对数据进行处理的方式，在计算机中某个对象所具有的行为或功能称为方法，即如何处理对象所拥有的数据。

简而言之，对象是属性和方法的集合。属性描述了对象的自然状态，而方法则刻画了对象所具有的、符合其状态的行为或功能。

2.4.2 Python 对象举例

1．turtle 对象

例题 2.1 中，语句❶利用 Turtle() 函数创建了 turtle 对象 t。语句❶和❷之间共有 5 条语句，语句 t.color('green','green') 赋予对象 t 的属性 color 为'green'，其他语句则是对象 t 所具有的方法。例如，t.goto(0,−225) 表示将对象 t 移动到位置(0,−255)。

2．整数和字符串对象

以 Python 中的整数 5 和字符串'5'为例进一步理解 Python 中对象的概念。Python 中整数 5 是一个对象，其值和数据类型（整数）就是此对象的属性，同时可以对这个对象进行诸如加法等操作（即四则运算是整数对象所具有的行为）；字符串'5'在 Python 中也是对象，其值（'5'）和数据类型（字符串）是此对象的属性，对这个对象进行的操作可以认为是此对象所具有的行为。

（1）整数对象 5

```
>>> 5 + 10  Enter          15   # 说明整数可以与整数相加
>>> float(5)  Enter         5.0  # 说明整数可以转换为浮点类型的数
>>> str(5)  Enter           '5'  # 说明整数可以转换为字符串
>>> 5 + '5'  Enter          TypeError: ***
                            # ***表示省略发生错误，说明整数不能与字符串进行 "+" 运算
```

（2）字符串对象'5'

```
>>> '5' + '5'  Enter        '55' # 说明字符串和字符串可以进行 "+" 运算（拼接运算）
>>> '5'.isalnum()  Enter    True  # 说明字符串可以进行 isalnum 判断（是否全为数字）
>>> float('5')  Enter       5.0   # 说明字符串可以转换为浮点类型数
>>> '5' / 2  Enter          TypeError:*** # 说明字符串不能进行 "/" 运算
```

< 21 >

上面的例子说明，由于属性不同（这里是数据类型），不同的对象具有不同的行为（即可以进行的操作不同）。

2.5 标准输入输出语句

学习 Python 语句时，为了查看运行效果和输入程序所需的数据，往往用到标准输入输出语句。在此首先介绍标准输入输出语句的函数，以供后面学习使用。Python 中标准输入语句是 input()函数；标准输出语句是 print()函数。

2.5.1 标准输入语句

Python 中标准输入语句是 input()函数，其语法格式如下。

👉 <变量> = **input**("提示性文字")

input()函数在标准输出文件（即屏幕）上显示"提示性文字"，从标准输入文件（即键盘）获得用户输入的内容。如果在语句左边利用赋值运算符"="指定了变量，则将用户输入的所有内容以字符串形式赋值给此变量；如果未指定变量，则以字符串形式回显到标准输出文件（即屏幕）。input()函数中的"提示性文字"用于提示用户输入相关内容，可以省略。

```
>>> input("请输入编程语言: ")  Enter        >>> input("请输入身高: ")  Enter
请输入编程语言: Python  Enter                请输入身高: 1.65  Enter
'Python'                                    '1.65'
>>> age = input("your age?")  Enter         >>> answer = input("Y or N?")  Enter
your age?15  Enter                          Y or N?N  Enter
>>> age  Enter                              >>> answer  Enter
'15'                                        'N'
```

由示例可以看出，无论用户输入的是字符还是数字，input()函数统一按照字符串类型回显到屏幕。如果将输入的内容赋值给一个变量，则此变量的值是字符串。

2.5.2 标准输出语句

Python 中标准输出语句为 print()函数，其语法格式如下。

👉 **print**(item1,item2,...,item*K*)

print()函数将参数 item1,item2,...,item*K* 的值以字符串的形式输出到标准输出文件（即屏幕）上。如果某个输出项的值是数字，这些数字将会转换为字符串显示（但并不像 input()函数回显的那样带有单引号）。

```
>>> print('name:Linda age:15')  Enter       >>> score = 98  Enter
name:Linda age:15                           >>> print("成绩: ",score)  Enter
                                            成绩: 98
>>> width = input("请输入正方形的边长: ")
请输入正方形的边长: 5  Enter
>>> print("正方形的边长是",width,";","周长是",4 * eval(width))  Enter
正方形的边长是□5□;□周长是□20
```

< 22 >

正方形边长的值通过 input() 函数赋值给变量 width，因此 width 是一个字符串。为了使用其值计算周长，利用 eval() 函数将字符串转换为数值。

2.6 获取帮助信息

2.6.1 交互式帮助系统

正如前面实例所展示的那样，Python 中有很多内置的函数，我们可以直接调用，如 print() 函数。设置调用时，我们可以利用交互式帮助系统获取帮助信息。

>>> **help()** Enter	# 在 Python 提示符>>>后面输入 help() 进入交互式帮助系统， # 系统提示符变为 help>
help> print Enter	# 提示符 help>后面输入内置函数名，如 print
help> eval Enter	# 提示符 help>后面输入内置函数名，如 eval
help> modules Enter	# 显示安装的所有模块
help> modules random Enter	# 显示名称或摘要中包含 "random" 的模块
help> random Enter	# 显示 random 模块的帮助信息
help> random.randin	# 显示 random 模块中所包含的 randint 函数的帮助信息
help> quit Enter	# 退出帮助系统

注：如果当前页中显示的帮助信息后面有一More一，则说明还有帮助信息未显示，用户可以按下空格键显示下一页或者按 Enter 键显示下一行；按 Q 键（或者 q 键）结束获取帮助信息。

2.6.2 Python 文档

Python 文档提供了关于 Python 语言和标准模块的详细参考信息，是学习和使用 Python 语言进行编程的有益工具。

1. 打开 Python 文档

打开 Python 文档的方法有两种，如表 2.6 所示。

表 2.6　打开 Python 文档的两种方法

方法		说明
第 1 种方法：直接打开 **Python** 文档	单击 "开始" →Python 3.10→Python 3.10 Manuals（64-bit）	弹出 **Python** 文档窗口
第 2 种方法：**IDLE** 中打开 **Python** 文档	单击 "开始" →Python 3.10→IDLE（Python 3.10 64- bit），按 F1 键 　　进入 Python 的 IDLE　　　　　弹出 Python 文档窗口	

2. 浏览文档信息

在弹出的 Python 文档窗口中，单击左侧目录树中的相关主题或按钮，浏览感兴趣的文档信息。

3. 查找文档信息

在弹出的 Python 文档窗口中，切换到 "搜索" 选项卡，输入模块或者函数名并按 Enter 键，然后在更新的窗口中查找有关信息即可。

< 23 >

2.6.3 在线帮助

获得在线帮助有两种方式，如表 2.7 所示。

表 2.7　获得在线帮助的两种方式

方式	说明
Python 官网	Python 官网查看帮助文档
PyPI 官网	PyPI（Python Package Index）是 Python 官方的扩展库索引。所有人都可以通过 PyPI 网站下载第三方库或者上传自己开发的库到 PyPI 中，也可以查看库的帮助文档

2.7 案例：绘制简单图形

Python 中内置的 turtle 模块可模拟乌龟的行走，利用"乌龟"行走留下的轨迹实现一些简单图形的绘制功能。Python 使用对象概念对图形绘制进行各种定义，因此对 turtle 模块的了解和使用既可以帮助我们理解绘图方面的基础知识，也可以帮助我们理解对象这一重要的基础概念。

2.7.1 turtle 模块简介

1967 年，MIT（麻省理工学院）的 Seymour Papert 教授利用机器龟讲授程序设计课程。机器龟听命于一台计算机，学生就在这台计算机上输入命令指挥机器龟的移动。为了控制绘图效果，机器龟有一只可以抬起也可以放下的尾巴来模拟画笔，学生通过编程控制机器龟尾巴来绘制简单图形。

Python 有一个能够模拟机器龟的 turtle 模块，该模块在屏幕上显示一个小小的光标来表示机器龟。用户可以利用 Python 语句控制机器龟在屏幕上的移动，走过的轨迹形成了绘制的图形。尽管 turtle 模块是 Python 的内置模块，但并没有内置在 Python 解释器中，因此在使用机器龟之前需要将此模块导入 Python 解释器中。

```
交互模式：             >>> import turtle [Enter]
脚本模式：   import turtle  # 源文件的第 1 行中加入此条语句
```

2.7.2 绘图的基本设置

实际中我们会在画布或者纸张上作画，画中各部分有一定的布局。turtle 模块模拟了画家绘画的情形：设置绘图区域和坐标系统。用户可以设置绘图区域的大小，也可以不设置而使用默认大小；坐标系统就是常见的笛卡儿坐标，坐标原点位于绘图区域的中心，用户无须重新设置。

```
import turtle                        # 导入 turtle 模块
               宽   高
turtle.screensize(1000,600)          # 设置屏幕大小，单位为像素
turtle.showturtle()                  # 屏幕中心显示一个箭头，表示机器龟
                                     # 箭头的朝向很重要，表示机器龟移动的方向
```

2.7.3 turtle 模块中对象的概念

Python 语言中一切皆为对象，turtle 模块中最基本的对象是一个机器龟（turtle）。下面通过机器龟

< 24 >

绘制图形的过程，初步理解对象的基本性质。

1. 创建对象

在利用机器龟绘制图形之前，首先要创建一个机器龟对象，然后绘制图形的过程就是利用机器龟这个对象的属性和功能的过程。

```
linda = turtle.Turtle()      # 创建一个名为 linda 的变量
                             <class 'turtle.Turtle'>
type(linda)                  # 表明 linda 是 Turtle 对象，而 Turtle 对象在 turtle 模块中定义
                             # 即 turtle 模块定义了 Turtle 对象所具有的属性和方法
```

2. Turtle 对象的方法

表 2.8 列出了 Turtle 对象所具有的一些常用的方法。

表 2.8　Turtle 对象的常用方法

方法	说明	方法	说明
Turtle()	创建一个海龟对象	forward(x)	海龟对象向前移动 x 个像素
backward(x)	海龟对象向后移动 x 个像素	right(x)	海龟对象顺时针旋转 x 度
left(x)	海龟对象逆时针旋转 x 度	up()	抬起海龟对象的尾巴
down()	放下海龟对象的尾巴	heading()	获取海龟对象当前的朝向
position()	获取海龟对象当前的位置	goto(x,y)	将海龟对象移动到位置(x,y)
dot()	在海龟对象当前位置绘制一个点	circle(r)	以海龟对象当前所在点为切点，以半径 r 画圆。r > 0 表示逆时针画圆；r < 0 顺时针画圆

3. 绘制简单图形

```
    import turtle                      # 导入 turtle 模块
❶ linda = turtle.Turtle()             # 创建一个名为 linda 的海龟对象
    side_lenghth = 200                 # 设置正方形的边长
① linda.showturtle()                  # 显示 linda 海龟对象，注意箭头的默认朝向
    linda.forward(side_length)         # 顺箭头朝向前进 side_length 个像素
    linda.right(90)                    # 海龟对象右转 90 度，即改变箭头朝向
    linda.forward(side_length)         # 顺箭头朝向前进 side_length 个像素
    linda.right(90)
    linda.forward(side_length)
    linda.right(90)
    linda.forward(side_length)
② linda.circle(-side_length)          # 顺时针画圆，side_length 为半径
③ linda.circle(side_length)           # 逆时针画圆，side_length 为半径
```

语句❶引用 turtle 模块中的 Turtle()函数，创建一个 Turtle 类型（Python 中称为类型对象）的对象 linda。linda 可以认为是 turtle 模块中定义的 Turtle 类型的一个实例（Python 中称为实例对象），因此实例对象 linda 具有类型对象 Turtle 中所定义的所有方法。绘制的图形如图 2.11、图 2.12 和图 2.13 所示。

< 25 >

图2.11　执行语句①后的图形　　　图2.12　执行语句②后的图形　　　图2.13　执行语句③后的图形

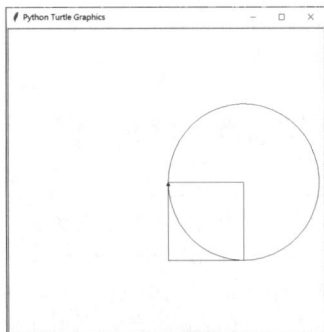

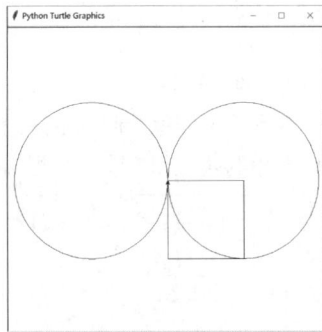

习题

一、选择题

1. Python 解释器的提示符为（　　　）。

   A. >>>　　　　　　　　B. #　　　　　　　　　　C. >　　　　　　　　D. >>

2. 下列对 Python 解释器的交互模式描述错误的是（　　　）。

   A. 学习 Python 语法　　　　　　　B. 试验新增库函数功能

   C. 运行复杂程序　　　　　　　　　D. 逐行输入代码

二、填空题

1. 通常情况下，Python 程序包括_____、_____和_____ 3 个基本元素。

2. 一般而言，模块分为_____和_____两类。

3. Python 中的标准输入语句是_____。

4. Python 中的标准输出语句是_____。

5. 在 Python 解释器中，使用_____函数可以进入帮助系统，输入命令_____可以退出帮助系统。

三、思考题

1. 简述下载和安装 Python 的主要步骤。

2. 简述交互模式下运行 Python 解释器的方法。

3. 简述脚本模式下 Python 代码的编写和执行过程。

4. 如何利用 Python 的交互式帮助系统获取有关信息？

5. 如何使用 Python 文档获取 Python 语言和标准模块的参考信息？

< 26 >

第 **3** 章 Python 语法基础

本章主要介绍 Python 中变量的概念以及整数类型、浮点数类型、复数类型、布尔类型和字符串类型等基本数据类型的定义与操作。鉴于字符串在程序交互方面的特殊作用，本章重点介绍字符串的格式化方法。本章最后还以案例的形式介绍了 datetime 模块，我们可以利用此模块大致了解程序的运行时间。

引例 3.1 输入学生姓名和"高等数学"的三次考试成绩，求其平均分并将求解结果作为最终成绩。

```
① name = 'Linda'                              # 创建变量 name 并赋值
   score_sum = 0.0                            # 创建变量 score_sum 并赋值
   score_1 = 90                               # 创建变量 score_1，保存成绩
   score_sum = score_sum + score_1            # 求和
   print('一次成绩的和: ',score_sum)          一次成绩的和: 90.0
   score_2 = 91                               # 创建变量 score_2，保存成绩
   score_sum = score_sum + score_2            # 求和
   print('两次成绩的和: ',score_sum)          两次成绩的和: 181.0
   score_3 = 92                               # 创建变量 score_3，保存成绩
   score_sum = score_sum + score_3            # 求和
   print('三次成绩的和: ',score_sum,'\n')     三次成绩的和: 273.0
   score_final = score_sum / 3                # 求平均值
   print(name, "的最终成绩: ",score_final)    Linda 的最终成绩: 91.0
```

3.1 变量和常量

引例 3.1 中语句①创建了变量 name，并利用赋值运算符"="使其指向字符串'Linda'；或者说变量 name 引用了一个值，这个值是字符串字面量'Linda'，而这个字符串字面量被保存在计算机内存中。因此，变量（variable）是可以赋值的标识符，用于引用存储在内存中的值，即变量可以指向特定的值。之所以称为变量，是因为变量可以引用不同的值。

3.1.1 变量的命名

在 Python 中使用变量时，需要遵守一定的命名规则，否则会引发语法错误。

1. PEP8 原则

PEP 是 Python Enhancement Proposal 的缩写。PEP8 版本是 Python 编码风格的事实标准，规定了代码布局、编程惯用原则等方面的内容。这里仅介绍 PEP8 中涉及变量命名方面的建议。

- 变量名只能包含字母、数字和下画线，用户也可以使用汉字等字符作为变量名。例如，中文名字、中文_name 等都是合法的变量名。
- 变量名不能以数字开头。例如，_name 是可以的，但 3name 则是错误的。
- 变量名不能包含空格，但可以使用下画线来分隔单词以使程序更容易阅读和理解。例如，given_name 是可以的，但 given name 则是错误的。
- 变量名区分字母大小写。例如，Name 和 name 表示两个变量。
- 变量名应简短且具描述性。name = 'Li' 比 n = 'Li' 更好；name_length 则要好于 length_of_name。
- 不能使用 Python 的关键字作为变量名。关键字也称为保留字，是编程语言内部定义和使用的标识符，具有特殊含义。例如，import 是一个关键字，Python 解释器将此关键字解释为导入模块。每种程序设计语言都有一套关键字，用来构成程序整体框架和表达关键值等。

Python 3 中的 35 个关键字如表 3.1 所示。

表 3.1　Python 3 中的 35 个关键字

序号	关键字	序号	关键字	序号	关键字	序号	关键字
1	False	10	non	19	or	28	in
2	break	11	with	20	as	29	return
3	finally	12	True	21	del	30	await
4	lambda	13	continue	22	if	31	else
5	while	14	from	23	pass	32	except
6	None	15	not	24	raise	33	is
7	class	16	and	25	assert	34	try
8	for	17	def	26	elif	35	yield
9	local	18	global	27	import		

Python 3 中可以使用如下命令获取关键字列表。

```
>>> help() Enter                    help> keywords Enter
```

- 匹配数据类型。虽然变量无须声明类型，但为了提升可读性，可通过适当的变量命名让人一看便知其类型，如表 3.2 所示。

表 3.2　变量名举例

变量名	含义	变量名	含义
is_done	用于判断迭代是否完成	has_errors	用于判断是否有错误
user_id	用户 ID	user_account	用户账户

2. 变量命名方法

为便于程序的阅读和维护，建议采用富有意义的英文单词来命名变量。Python 中常用的命名方法如表 3.3 所示。

表 3.3　常用的变量命名方法

命名方法	说明
小驼峰命名法	第 1 个英文单词小写，其余英文单词首字母大写。例如，myFirstName、myFamilyName
大驼峰命名法	所有英文单词的首字母大写，常用于类名和函数名。例如，DataBaseUser
蛇形命名法	英文单词小写，英文单词之间用下画线分隔。例如，my_first_name、my_last_name。蛇形命名法也称下画线命名法

< 28 >

3.1.2　变量的声明和赋值

为了使用变量，需要首先对变量进行声明和赋值。变量的声明和赋值可以将变量绑定到一个值，从而在以后的语句中引用此值。变量声明和赋值的语法格式如下。

👉 变量名 = 字面量（或表达式）

符号 "=" 为赋值运算符，表示位于其左边的变量引用位于其右边的值。

最简单的表达式就是字面量。例如，引例 3.1 语句①中字符串'Linda'就是一个字面量。Python 基于字面量的值创建一个对象（Python 中一切皆为对象），并将此对象绑定到变量 name，即变量 name 引用了值'Linda'。

如果赋值运算符右边不是字面量，而是表达式，则 Python 先求表达式的值，然后将值绑定到变量。变量在使用前必须进行初始化，即为其赋值（将其绑定到某个对象），否则会报错。

1. 变量赋值的含义

每个 Python 对象都具有 3 个基本属性：标识（ID）、值（value）和类型（type），如表 3.4 所示。

表 3.4　Python 中对象的 3 个属性

属性	说明
标识	ID 即变量在内存中的地址
值	地址为 ID 的内存所存储的内容
类型	变量在内存中的表示方式。例如，整数和浮点数在内存中会占用不同的字节数，因此类型与值相关联，Python 按照对象的值决定对象的类型

引例 3.1 语句①中变量 name 和字面量'Linda'的 3 个基本属性如下所示。

```
>>> name = 'Linda'
>>> i = 10
>>> j = 11
>>> type(name)        <class str>        # 对象的类型
>>> print(name)       Linda             # 对象的值
>>> id(name)          2160905028400     # 对象的 ID 值, 不同计算机, 此值会不同
>>> id('Linda')       2160905028400     # 对象的 ID 值, 不同计算机, 此值会不同
>>> type('Linda')     <class str>       # 对象的类型
>>> print('Linda')    Linda             # 对象的值
>>> id(i)             2160899457552
>>> id(j)             2160899457584
```

由上面的语句可知，在将'Linda'赋值给变量 name 之后，name 和字符串字面量'Linda'的类型、值和 ID 均相同，实际上变量 name 指向对象'Linda'；同理，变量 i 指向对象 10，变量 j 指向对象 11；换句话说，变量 name 引用了值'Linda'，变量 i 引用了值 10，变量 j 引用了值 11，如图 3.1 所示。

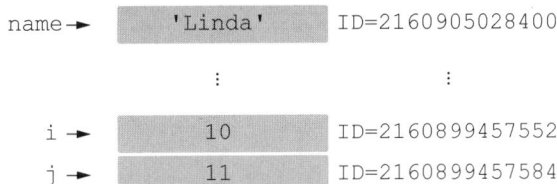

```
name ➤  [ 'Linda' ]   ID=2160905028400
              ⋮                ⋮
   i ➤     [  10  ]   ID=2160899457552
   j ➤     [  11  ]   ID=2160899457584
```

图 3.1　变量为对象的引用

< 29 >

2. 变量引用对象的值

关于"变量引用对象的值"的含义，我们可以通过引例 3.1 中的 4 条语句来进一步理解。

❶ score_sum = 0.0	❸ score_sum = score_sum + score_2
❷ score_sum = score_sum + score_1	❹ score_sum = score_sum + score_3

语句❶中，变量 score_sum 引用了值 0.0。语句❷中，赋值运算符 "=" 的右边是表达式，Python 首先计算表达式 score_sum + score_1 的值：当前变量 score_sum 引用的值为 0.0，变量 score_1 引用的值为 90，因此表达式的值为 90.0，赋值运算符 "=" 将内存中的值 90 绑定到变量 score_sum，此时变量 score_sum 引用的值为 90，而不是先前的值 0.0。

语句❸中，首先计算赋值运算符 "=" 右边的表达式，此时变量 score_sum 引用的值为 90.0，变量 score_2 绑定的值为 91，因此表达式的值为 90.0+91.0=181.0，赋值运算符 "=" 将内存中的值 181.0 绑定到变量 score_sum，此时变量 score_sum 引用的值为 181.0，而非先前的值 91.0。同理，可以明确语句❹中，执行赋值运算前变量 score_sum 引用的值为 181.0，执行赋值运算后变量 score_sum 引用的值为 273.0。因此，变量 score_final 引用的值为 91.0。

语句❶、❷的计算过程如图 3.2 所示，语句❸、❹的计算过程与此类似。

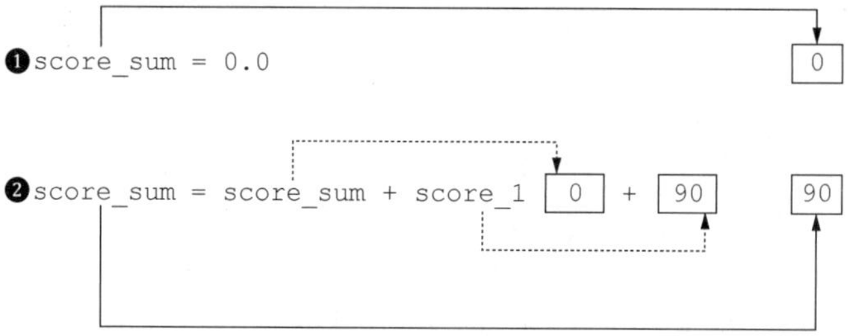

图 3.2 同一变量引用不同的对象

通过上面的分析可知，计算机内存中存储着各种各样的数据（如字符串、整数和浮点数等），每个数据在内存中占据不同的位置和空间，就像学生住在不同的宿舍。但数据在内存中是以 0、1 序列的形式存在的，Python 用户无法直接利用，而在 Python 解释器的帮助下用户可以利用变量引用有关数据。

3. 链式赋值语句

Python 注重简洁、实用，因此引入了链式赋值语句，其语法格式如下。

👉 变量 1 = 变量 2 = ⋯ = 变量 K = 字面量（或表达式）

上面的链式赋值语句等价于：

变量 K = 字面量（或表达式）	>>> n_BJ = n_TJ = n_SH = 100 [Enter]	
变量 $K-1$ = 变量 K	>>> n_BJ [Enter]	100
⋮		
变量 2 = 变量 3	>>> n_TJ [Enter]	100
变量 1 = 变量 2	>>> n_SH [Enter]	100

由此可见，链式赋值语句可为多个变量绑定同一个值。

3.1.3 常量

引例 3.2 假设个人所得税税率为 3%，计算年收入 12500 元、23000 元和 31050 元应交税款。

< 30 >

```
① income_1 = 12500;income_2 = 23000;income_3 = 31050
② TAX_RATE = 0.03                          # 定义一个此程序中不变的数
   print(income_1 * TAX_RATE)               375.0
   print(income_2 * TAX_RATE)               690.0
   print(income_3 * TAX_RATE)               931.5
```

语句①利用分号 ";" 在一行中写入多个语句。语句②创建了变量 TAX_RATE，并将其赋值为 0.03，此值在程序的整个生命周期内保持不变，可以视为常量。Python 并没有内置的常量类型，很多程序员会使用全大写字母来表明此变量的值不会改变，从而增加程序的可阅读性，同时也可以避免使用魔幻数。如果不定义常量 TAX_RATE 而在计算税款时直接使用字面量 0.03，这个 0.03 就是一个魔幻数。

程序中使用魔幻数，既减弱了程序的可阅读性，同时也增加了程序维护的难度。例如，当税率由 3% 改变为 3.5% 时，逐一修改魔幻数既不方便，也很容易发生错误。因此，建议利用事实上的 "常量" 来代替魔幻数。

3.2 基本数据类型

微课视频

计算机能够处理数值、文本、图形、音频、视频以及网页等不同性质的数据。数据性质不同，意味着数据类型不同。数据类型就是数据的种类。例如，小学年级级别为 1~6 的整数，学生的成绩为 0~100 范围内的浮点数，学生的姓名为字符串等。数据类型不同，数据在计算机内存中的存储方式不同，可执行的操作也不同。

Python 3 内置的数据类型如表 3.5 所示。

表 3.5 Python 内置的数据类型

数据类型	说明
数值类型	int：整数类型。float：浮点数类型。complex：复数类型
字符串类型	str：字符串类型
序列类型	list：列表类型。tuple：元组类型。range：范围类型
映射类型	dict：字典
集合类型	set：集合类型。frozenset：冻结集合类型
布尔类型	bool：布尔类型
二进制类型	bytes：字节类型。bytearray：字节序列类型。memoryview：内存视图类型

尽管 Python 中内置的数据类型繁多，但最为常用和最为基本的数据类型是数值类型、字符串类型和布尔类型。本章将详细介绍这 3 种基本数据类型。

3.2.1 整数类型和浮点数类型

例题 3.1 输入半径求取圆的面积。

1. 数值类型的声明

```
   import math                             # 导入 math 模块，以便引用 π 的高精度值，如语句①所示
① pi = math.pi
   print(pi)                               3.141592653589793 # 高精度 π 值
```

< 31 >

```
    radius = eval(input("输入半径: "))          输入半径: 10 [Enter]
②  print(type(radius))                         <class 'int'>
③  print("半径: ",radius)                      半径: 10
    area = 2 * pi * radius ** 2                 # **表示乘幂
④  print(type(area))                           <class 'float'>
⑤  print("面积: ",area)                        面积: 628.3185307179587
```

语句②显示变量 radius 的类型为 int（即整数类型），这是因为其值为 10（见语句③）没有小数点。Python 是动态类型语言，变量无须显式地声明数据类型，Python 解释器会根据数值字面量的类型定义变量的类型。同理，语句⑤显示变量 area 的值为 628.3185307179587，有小数点，因此 area 的类型为 float（即浮点数类型）。浮点数类型用于表示有小数点的数值。因此，1 和 1.0 是两种类型的数值，在计算机中的存储方式和占用的存储空间并不相同。

2．数值类型支持的常见运算符

Python 是强类型语言，对某个类型的变量只能进行某些特定的运算操作。示例中数值类型的数据可以进行乘幂运算（**）和乘法运算（*）。数值类型支持的常见运算符如表 3.6 所示。

表 3.6　数值类型支持的常见运算符

运算符	含义	举例	结果	运算符	含义	举例	结果
+	加法	25 + 2	27	−	减法	3.0−1	2.0
*	乘法	1.0*3	3.0	/	除法	1/2	0.5
%	求余数	4%3	1	**	乘幂	4**0.5	2.0
//	整除，结果为整数，舍弃小数部分	5 // 2	2	—	—	—	—

3．运算符优先级

Python 中算术运算符的优先级与相对应的算术表达式相同。同样，括号可以改变运算顺序。例如，写出下列算术表达式的 Python 代码。

$$\frac{3+4x}{5}+\frac{10\times(y-5)\times(a+b+c)}{x}+9\times\left(\frac{4}{x}+\frac{9+x}{y}\right)$$

根据算术运算符的优先级，Python 代码表达式可以写为：

$$(3+4*x)/5+10*(y-5)*(a+b+c)/x+9*(4/x+(9+x)/y)$$

4．增强型赋值运算符

运算符+、−、*、/、//、%和**可以与赋值运算符 "=" 构成增强型赋值运算符，如表 3.7 所示。

表 3.7　增强型赋值运算符

运算符	名称	举例	含义
+=	加法赋值运算符	i += 5	i = i+5
−=	减法赋值运算符	i −= 5	i = i−5
*=	乘法赋值运算符	i *= 5	i = i*5
/=	除法赋值运算符	i /= 5	i = i/5
//=	整除赋值运算符	i //= 5	i = i//5

< 32 >

续表

运算符	名称	举例	含义
%=	求余赋值运算符	i %= 5	i = i%5
**=	乘幂赋值运算符	i **= 5	i = i**5

有一点需要注意，增强型赋值运算符中间不能有空格，例如，+=不能写为+ =。

```
summ = 0.0;summ += 90;print(summ)                90.0
```

5．类型转换

在对两个操作数进行数学运算时，运算结果的数据类型取决于操作数的数据类型，Python 解释器会按照下述原则返回运算结果。

- 两个操作数为整数，运算结果为整数。
- 两个操作数为浮点数，运算结果为浮点数。
- 一个操作数为整数，另一个为浮点数时，Python 解释器会将整数临时转换为浮点数，因此运算结果为浮点数。例如，执行语句 5*3.0 时，数值 5 将自动转换为浮点数 5.0，再执行乘法运算，得到浮点数 15.0。

计算混合数据类型的表达式结果时，整数转换成浮点数是隐含的。除了 Python 解释器自动进行类型转换外，也可以利用 int()或 float()函数显式地进行类型转换。

```
>>> int(3.8)   Enter              3    # 舍弃小数部分只取整数部分
>>> int(-3.8)  Enter             -3    # 舍弃小数部分只取整数部分
>>> float(4)   Enter              4.0  # 将整数转换为浮点数
```

6．常用内置函数

我们已经接触过诸如 eval()、input()、print()和 int()等函数，这些都是内置在 Python 解释器中的函数，无须导入任何模块就可以直接使用。除此之外，适用于整数和浮点数的常用内置函数如表 3.8 所示。

表 3.8　常用内置函数

函数	含义	举例	结果
abs(x)	返回 x 的绝对值	abs(−2)	2
max(x1,x2,...)	返回 x1,x2,...的最大值	max(1,4,2.0)	4
min(x1,x2,...)	返回 x1,x2,...的最小值	min(1,4,2.0)	1
pow(a,b)	返回 a^b 的值，等同于 a**b	pow(2,3)	8
round(x)	返回与 x 最接近的整数。如果 x 与两个整数接近程度相同，则返回偶数值	round(5.4) round(5.5) round(4.5) round(−1.2) round(−2.5)	5 6 4 −1 −2
round(x,n)	保留小数点后 n 位小数	round(3.285,2) round(3.284,2)	3.29 3.28

7．math 模块中的常用数学函数

整数和浮点数都是数值，通常情况下都会参与较为复杂的数值计算。为了解决数值计算问题，Python 内置的 math 模块提供了许多有用的数学函数，math 模块中常用的数学函数如表 3.9 所示。

< 33 >

表3.9　math 模块中的常用数学函数

函数	含义	举例	结果
fabs(x)	将 x 看成浮点数，返回其绝对值	fabs(−2)	2.0
ceil(x)	上取整：大于或等于 x 的最小整数	ceil(2.1) ceil(−2.1)	3 −2
floor(x)	下取整：小于或等于 x 的最大整数	floor(2.1) floor(−2.1)	2 −3
exp(x)	返回幂函数 e^x 的值	exp(1)	2.71828
log(x)	返回 x 的自然对数	log(2.71828)	1
log(x,base)	返回 $\log_{base} x$ 的值	log(100,10)	2.0
sqrt(x)	返回正数 x 的平方根	sqrt(4)	2.0
sin(x)	返回 x 的正弦值，x 的单位为弧度	sin(3.14/2)	1.0
asin(x)	返回 x 的反正弦值（弧度）	asin(1.0)	1.57
acos(x)	返回 x 的反余弦值（弧度）	acos(1.0)	0.0
tan(x)	返回 x 的正切函数值，x 的单位为弧度	tan(3.14/4)	1.0
degrees(x)	将 x 从弧度转换为角度	degrees(3.14)	179.9
radians(x)	将 x 从角度转换为弧度	radians(90)	1.57

例题 3.2　圆周率 π 的值可用下式估算：

$$\pi = \sqrt{12} \times \left(1 - \frac{1}{3 \times 3} + \frac{1}{5 \times 3^2} - \frac{1}{7 \times 3^3} + \cdots\right)$$

现取求和项中的前 10 项，计算 π 的近似值。

```
import math                                              # 导入math 模块
part1 = 1 - 1/(3 * 3)
                                      行连接符
① part2 = 1/(5 * 3 **2) - 1/(7 * 3 **3)+ 1/(9 * 3 **4)\  # 行连接符\表明行①和行②是一行内容
②        -1/(11 * 3 **5)+ 1/(13 * 3 **6) - 1/(15 * 3 **7)
   part3 = +1/(17 * 3 **8) - 1/(19 * 3 **9)+ 1/(21 * 3 **10)
                                    左括号
③ pi_approx = math.sqrt(12) * (part1                     # 行③与行④括号之间的内容为一行
                              +
                              part2
                              +
④                            part3)
                                    右括号

error = abs(pi_approx - math.pi)                          # 引用math 模块中圆周率 π 的高精度值
print("估计的圆周率: ",pi_approx)                          # 估计的圆周率: 3.1415933045030813
print("估计误差: ",error)                                  # 估计误差: 6.509132881582502e-07
```

3.2.2　复数类型

复数广泛应用于理论研究和工程实践等领域，如流体力学、相对论、量子力学、应用数学、普通物理、系统分析、信号分析和电路分析等。Python 中提供了复数（complex）类型。

< 34 >

1. 复数声明

复数可以用使用 complex(实部,虚部)函数或者带有后缀 j 的实数来指定。

```
a = complex(2,4.0)            # 实部=2，虚部=4.0
print(a)                      (2 + 4j)
b = 1.0 + 2j                  # 实部=1.0，虚部=2
print(b)                      (1 + 2j)
```

2. 针对复数的常见操作

适用于整数类型和浮点数类型的算术运算（如加、减、乘、除以及增强型赋值运算符对应的运算等）同样也适用于复数类型。除此之外，还可以求取复数的实部、虚部和共轭，如表 3.10 所示。

表 3.10　复数的常见操作

举例	含义	结果	举例	含义	结果
a.real	a 的实部	2.0	a.imag	a 的虚部	4.0
a.conjugate()	a 的共轭	(2−4j)	—	—	—

3. 处理复数的模块

Python 解释器不能处理诸如 $\sqrt{-1}$ 、sin(2+4j)和 $e^{1.0+2j}$ 等函数，但可以导入 cmath 模块进行此类运算。

```
import cmath                  # 导入 cmath 模块，用于处理复数
print(cmath.sqrt(-1))         1j
a = 1.0 + 2j
print(cmath.sin(a))           (3.165778513216168+1.959601041421606j)
print(cmath.exp(a))           (−1.1312043837568135+2.4717266720048188j)
```

3.3　布尔类型

Python 布尔数据类型，简称布尔类型，在 Python 中用 bool 表示。究其本质来说，bool 类型是 int 类型的子类型，但因为其取值和用途较为特殊，故单列为一种类型。

布尔类型提供了两个布尔值来表示真（对）和假（错），在 Python 中分别用 True（真或对）和 False（假或错）来表示。True 和 False 是 Python 关键字。

```
>>> type(True)                <class 'bool'> # True 的类型
>>> type(False)               <class 'bool'> # False 的类型
```

1. 定义和赋值

在 Python 中，任何对象都可以进行真假判断，从而得到布尔类型的变量。

```
>>> 4 > 3          True              >>> bool(0)      False # 零值为 False
>>> 4 < 3          False             >>> bool(0.0)    False # 零值为 False
>>> a = 2 > 4      # 不等式判断结果赋给 a   >>> bool(2)      True # 非零值为 True
>>> print(a)       False             >>> bool(-1)     True # 非零值为 True
```

< 35 >

2. 参与数值运算

布尔值可以当成整数参与数值运算：True 相当于整数值 1，False 相当于整数值 0。这是因为布尔类型为整数类型的子类型。

```
>>> 5 + True    6        >>> 3 *False    0        >>> 2 **True    2
```

尽管布尔值可以参与数值运算，但编写程序时最好不要这样做。

3. 逻辑运算符

正如整数和浮点数可以参与数值运算一样，布尔类型的数据可以参与逻辑运算，逻辑运算的结果为 bool 值（True 或 False），Python 中常见的逻辑运算及其对应的逻辑运算符如表 3.11 所示。

表 3.11　Python 中常见的逻辑运算及其对应的逻辑运算符

逻辑运算符	逻辑运算	含义	优先级	举例	结果
not	逻辑非	操作数为 True 时返回 False 操作数为 False 时返回 True	1	**not** True **not** False	False True
and	逻辑与	两个操作数均为 True 时返回 True，否则返回 False	2	True **and** True True **and** False False **and** True False **and** False	True False False False
or	逻辑或	两个操作数有一个为 True 时返回 True，否则返回 False	3	True **or** True True **or** False False **or** True False **or** False	True True True False

由所举实例可知，逻辑非（not）为一元运算；其他两个为二元运算，即需要两个操作数。

4. 逻辑运算操作数为表达式

Python 中任意表达式都可以作为操作数参与逻辑运算。

（1）not 表达式

表达式结果非零时，表达式结果视作布尔真值（True）参与逻辑运算；表达式结果为零（或 None）时，表达式结果视作布尔假值（False）参与逻辑非运算。

```
>>> not 0      True       >>> not None    True       >>> not 0 *5    True
>>> not 5 *2   False      >>> not 'L'     False      >>> not ''      True
```

（2）C = A or B

如果表达式 A 的值为 True（或与其等价的非零值、非 None 值），则逻辑非运算的结果为 True，因此 C=A。此时无须再计算 B 的值，这称为短路计算。如果 A 的值为 False（或等价的零值或 None 值），则 C=B。

```
>>> True or 0 *2    True     >>> 2 *2 or True    4       >>> 'L' or 0    'L'
>>> 0 or False      False    >>> False or 0      0       >>> '' or 5     5
```

（3）C = A and B

如果 A 为布尔假值（False 或与其等价的零值、None 值），则 C=A。此时无须再计算 B 的值，也就是短路计算。如果 A 为布尔真值（True 或等价的非零值、非 None 值），则 C=B。

```
>>> True and 0 *2    0       >>> 2 *2 and True    True    >>> 'L' and 0    0
>>> 0 and False      0       >>> False and 0      False   >>> '' and 5     ''
```

< 36 >

3.4 字符串类型

字符串（str）类型的数据称为字符串，是一个由有序字符所组成的字符序列。Python 中没有单独的字符类型，但可以将长度为 1 的字符串看成字符。由于没有单独的字符类型，因此无法更改字符串的值。

微课视频

3.4.1 字符串字面量

由单引号或双引号括起来的字符序列即字符串字面量（string literal），Python 会根据界定符（单引号或双引号）自动创建字符串类型的对象。根据其概念，我们可以利用 4 种方式定义字符串字面量。

- 单引号：包含在单引号（''）中的字符序列，其中可以包括双引号。
- 双引号：包含在双引号（""）中的字符序列，其中可以包括单引号。
- 三单引号：包含在三单引号（''''''）中的字符序列，可以跨行。
- 三双引号：包含在三双引号（""""""）中的字符序列，可以跨行。

```
>>> type('9')          <class 'str'>          >>> "'Linda's cat"    "'Linda's cat"
>>> type('He said:"I like cat"')
    <class 'str'>
```

3.4.2 转义序列与原义字符串

引例 3.3　下面的语句能打印出带有引号的字符串吗?

```
print("He said,"How are you?"")
```

1. 转义序列

对于引例 3.3 中的问题，其答案是不能。这条语句有一个错误：双引号在 Python 中具有特殊用途，用来定义字符串字面量。Python 认为上述语句中第 1 个双引号与第 2 个双引号之间的字符序列为字符串，因此它不知道如何处理剩下的字符串，从而抛出下面的语法错误。

```
SyntaxError: invalid syntax. Perhaps you forgot a comma?
```

为了解决这一问题，Python 使用转义序列来表示某些特殊符号（如用于定义字符串字面量的单引号、双引号及不可打印字符等）。转义序列主要是由反斜杠"\"和字母（或数字）组成的特殊符号，其中反斜杠"\"称为转义符。Python 中常用的转义序列如表 3.12 所示。

表 3.12　Python 中常用的转义序列

转义序列	对应的字符	转义序列	对应的字符
\'	单引号（'）	\"	双引号（"）
\\	反斜杠（\）	\a	响铃（BEL）
\b	退格（Backspace）	\f	换页（Form Feed）
\n	换行（Line Feed）	\r	回车（CR）
\t	水平制表符（HT）	\v	垂直制表符（VT）

< 37 >

2. 转义序列的应用

（1）显示具有特殊用途的字符

根据转义序列的含义，对于引例 3.3 中的语句可以修改如下。

```
>>> print("He said,\"How are you?\"")        He said,"How are you?"
```

（2）显示不可打印字符

转义序列可以用来显示不可打印字符。

```
>>> s = "A\tB\t\\tC"
>>> s "A\tB\t\\tC"
>>> print(s)                    A    B    \tC
```

（3）控制输出格式

换行符\n（New Line 或 Line Feed）表示要开始新的一行，此时打印位置处于下一行起始处。

```
>>> print("*\n**\n***")                *
                                       **
                                       ***
```

3. 原义字符串

引例 3.4 现有一个含 5 个字符的字符串：\\\"。这一字符串中第 1 个字符是反斜杠，第 2 个字符是单引号，第 3 个和第 4 个字符都是反斜杠，第 5 个字符是双引号。Python 会如何输出此字符串呢？

这 5 个字符都是 Python 中的特殊字符，要输出这 5 个字符，需要在每个字符前面加一个转义符"\"，因此输出语句如下。

```
print('\\\'\\\\\"')                    \'\\"
```

以上代码看着有些令人眼晕，也非常容易出错，排查错误也有些困难。为了解决此类问题，Python 提供了原义字符串（raw string，或称为原生字符串）：r'。利用原义字符串，输出语句可以修改如下。

```
print(r'\'\\"')                        \'\\"
```

原义字符串只对转义符 "\" 起作用，表示取消转义符的转义作用，恢复其符号的本义。

3.4.3 字符串编码

计算机使用二进制的 0 和 1 序列存储、处理数据，包括构成字符串的各个字符。将字符映射为二进制序列的过程称为字符编码。字符编码的方式多种多样，Python 支持两种常用的编码方式：ASCII（美国信息交换标准代码）和 Unicode 码（统一码）。

1. ASCII

ASCII 由美国国家标准学会（American National Standard Institute，ANSI）制定，采用 1 字节（8位）表示所有的大小写字母、数字、标点符号以及控制字符，因此 ASCII 采用码值从 0 到 127 的二进制序列来表示这些字符。

2. Unicode 码

8 位二进制序列只能表示英文字符，无法表示非英文字符（如中文汉字）。国际标准化组织（ISO）采纳了统一码协会（Unicode Consortium）所提出的 Unicode 编码标准，利用 4 个十六进制数字来表示

< 38 >

世界上各种语言所使用的字符。为区别于 ASCII，Unicode 码以符号 U+开头。例如，中文字符"欢"和"迎"的 Unicode 码分别为：U+6B22 和 U+8FCE。

Unicode 仅仅规范了字符编码方案，未规定编码的存储方式。ASCII 是 Unicode 码的子集，即 Unicode 编码方案仍然采纳了 ASCII 中 128 个英文字符的编码值，只不过将其表示为 4 个十六进制数值。这样，原本仅需 1 字节就可以表示的字符，在 Unicode 码中却需要 4 字节，这造成了内存空间的低效率使用问题。为解决这一问题，人们提出了 UTF-8 和 UTF-16 等编码方式，即 UTF-8 和 UTF-16 是 Unicode 码的存储方案。默认情况下，Python 3 采用 UTF-8 编码。

Python 提供了 **ord**(*) 函数返回字符*的 ASCII 所对应的十进制数，**chr**(*)函数则返回十进制数*所表示的字符。其中，**ord** 是英文单词 ordinal（序号）的缩写。由于 ASCII 是 Unicode 码的子集，因此 ASCII 的码值也是 Unicode 码的码值。

```
>>> ord('a')   97            >>> chr(98)    'b'            >>> ord('A')   65
```

根据示例可知，字符'a'的 ASCII 值是 97，而字符'b'的 ASCII 值为 98，即小写英文字母从'a'到'z'，所对应的 ASCII 值依次递增 1；大写英文字母也是如此，从'A'到'Z'，所对应的 ASCII 值依次递增 1。小写字母与大写字母的 ASCII 值相差一个常数：ord('a')−ord('A')=32。这是一个很有用的性质，可以用于大小写转换。

```
>>> offset = ord('a') - ord('A')
>>> low = 'm'
>>> up = chr(ord(low) - offset)
>>> up    'M'
```

3.4.4 数值转换为字符串

print()显示数值时会自动调用 str()函数将数值转换为字符串后再显示。

```
>>> str(3.14)      '3.14'     # str()函数将数值转换为字符串
>>> str(5 * 2)     '10'       # 先求取表达式值再转换为字符串
>>> str(True)      'True'     # str()函数将布尔值转换为字符串
>>> str(5 < 3)     'False'    # 先求取表达式值再转换为字符串
```

3.5 字符串的格式化

程序运行的结果往往需要输出（显示），这时就要利用字符串来输出有关结果。为了体现输出的灵活性和可编辑性，Python 允许控制字符串的输出格式，即字符串的格式化。Python 中字符串格式化有两种方式：一种是利用格式化操作符"%"，另一种是利用字符串的 format()方法。Python 的后续版本不再改进"%"操作符方式，而主要利用字符串的 format()方法。

3.5.1 用%操作符格式化字符串

1. 字符串模板

在利用%操作符格式化字符串时，会使用字符串模板概念。字符串模板是一个带有%操作符、显示内容和显示格式的字符串。字符串模板中的%操作符会为数据预留位置并指定显示格式。

< 39 >

```
>>> "x 的值: %d" % (25.6)                    x 的值: 25
        └─┬─┘    └─┬─┘
         模板      元组
>>>"x 的值: %d; y 的值: %f"%(12,23)          x 的值: 12; y 的值: 23.000000
>>>print("x 的值: %d"%25.6)                  x 的值: 25
```

　　根据上述的例子可知，需要输出的数据放于一对小括号()中，并用逗号分隔不同的数据（称为元组类型，将在后续章节讲述）。如果只有一个数据，则可以省略小括号。字符串模板的语法格式如下。

👉 `%|[(name)][flags][width],[precision] typecode`
　　　　　　　　　　　　　　└──────────┬──────────┘
　　　　　　　　　　　　　　　字符串模板参数

其中，由方括号[]括起来的参数为可选参数；typecode 为类型转换码，表示数据类型，例如，上例中的"d"和"f"分别表示整数类型和浮点数类型。typecode 是必需的参数。

2. 字符串模板参数

　　下面介绍每个字符串模板参数的具体含义，如表 3.13 所示。

表 3.13　字符串模板参数的含义

字符串模板参数	说明	举例	结果
name	可选参数，需要格式化的字符串为字典类型数据时，用于指定字典的键（字典属组合数据类型，将在后续章节介绍）	print ("%(stu)s"%{"stu":"Linda"}) 字典类型，键: **stu**	# stu 赋值为 Hello Hello,Linda
width	可选参数，指定字符串的占用宽度	**print**("%3d"%3)	□□3
precision	可选参数，指定数值类型数据保留的小数点位数	**print**("%.2f"%3.1415)	3.14
flags	可选参数，其可供选择的值如下		
	+表示右对齐: 正数前加正号; 负数前加负号	**print**("%+6.2f"%3.1415) **print**("%+6.2f"%-3.1415)	□+3.14 □−3.14
	−表示左对齐: 正数前无符号; 负数前加负号	**print**("%-6.2f"%3.1415) **print**("%-6.2f"%-3.1415)	3.14 −3.14
	空格表示右对齐: 正数前添加空格; 负数前添加负号; 可省略	**print**("%□6.2f"%3.1415) **print**("%□6.2f"%-3.1415) **print**("%6.2f"%3.1415) **print**("%6.2f"%-3.1415)	□□3.14 □−3.14 □□3.14 □−3.14
	0 表示右对齐: 正数前无符号; 负数前加负号; 用 0 填充空白部分	**print**("%06.2f"%3.1415) **print**("%06.2f"%-3.1415)	003.14 −03.14
typecode	必选参数，类型转换码	见表 3.14 的介绍	

3. 类型转换码

　　类型转换码 typecode 用于转换数据类型，Python 中常用的类型转换码如表 3.14 所示。

< 40 >

表 3.14　Python 中常用的类型转换码

类型转换码	说明	举例	结果
s	转换为字符串类型	**print**("%s"%3.14)	3.14
d	数值类型转换为整数类型	**print**("%d"%3.14)	3
f	数值类型转换为浮点数类型	**print**("%f"%3)	3.000000
e	数值类型转换为科学记数法表示	**print**("%e"%3)	3.000000e+00

3.5.2　用 format() 方法格式化字符串

从 Python 2.6 开始，Python 增加了 str.format() 方法来格式化字符串，这种方法有利于用户对字符串进行格式化处理。

1．模板字符串

str.format() 方法中的 str 称为模板字符串。模板字符串包含若干个由 "{}" 表示的占位符，占位符中可以加入格式限定符来指定字符串格式。

```
>>>"{} or {:*<+7.2f }".format(1,2)          '1 or +2.00**'
```

　　　　格式限定符

2．占位符与输出数据的匹配

根据前述的示例可知，模板字符串中占位符与输出数据间有一定的匹配关系，如表 3.15 所示。

表 3.15　占位符与输出数据的匹配关系

匹配关系	举例	结果	说明
位置匹配	>>>"{}+{}={}".**format**(1,2,3) >>>"{0}+{0}={1}".**format**(1,2,3)	'1+2=3' '1+1=3'	若占位符{}为空，则按照数据出现的次序匹配； 若占位符{}指定了参数的序号，则按照序号匹配
关键字匹配	**print**("姓名：{name}，年龄：{age}".**format**(name= "Linda",age="15"))	姓名：Linda，年龄：15	
索引匹配	student = ["Linda",15] school =("Yale","2020") **print**("姓名：{0[0]}\t 年龄：{0[1]}\t 学校：{1[0]}\t 届别：{1[1]}".**format**(student,school))		

索引匹配示例的输出结果为：姓名：Linda　　年龄：15　　学校：Yale　　届别：2020。

对此结果说明：student 和 school 均为组合数据（将在后续章节中介绍），若单独引用组合数据中的某个元素，可利用组合数据的索引，示例中的 0[1] 表示变量 student 中索引为 1 的元素 15（组合数据的索引是从 0 开始的）。

3．格式限定符

如前所述，模板字符串利用格式限定符（format specifier）指定字符串格式，其语法格式如下。

```
[[fill]align][sign][width][,][.precision][type]
```

对上述格式限定符的说明如表 3.16 所示。

< 41 >

表 3.16　格式限定符说明

格式限定符	说明	举例	结果
fill	空白处填充的字符	>>>"{:$>3d}".format(3)	'$$3'
align	可选参数，对齐方式。上述语法中[[fill]align]表示：如果指定了 fill，则需指定 align；如果指定了 align，则 fill 可选。align 取值如下		
	<：左对齐	>>>"{:*<3d}".format(3)	'3**'
	>：右对齐	>>>"{:*>3d}".format(3)	'**3'
	^：居中对齐	>>>"{:*^3d}".format(3)	'*3*'
sign	可选参数，数值前的符号。sign 取值如下		
	+：正数前加正号； 负数前加负号	>>>"{:*<+3d}".format(3) >>>"{:*<+3d}".format(−3)	'+3*' '−3*'
	−：正数保持不变； 负数前加负号	>>>"{:*<−3d}".format(3) >>>"{:*<−3d}".format(−3)	'3**' '−3*'
	空格：正数前加空格； 负数前加负号	>>>"{:*<□3d}".format(3) >>>"{:*<□3d}".format(−3)	'□3*' '−3*'
width	可选参数，字符串宽度	>>>"{:5d}".format(−3)	'□□□−3'
,	可选参数，添加千分位分隔符	>>> "{:,}".format(−1234567)	'−1,234,567'
precision	可选参数，浮点数精度	>>> "{:.4}".format(−3.14159)	'3.142'
type	可选参数，格式化类型。不同的数据类型，此参数的取值不同，分述如下		
	①整数的 type 参数取值		
	b：十进制整数转换为二进制形式 并按照格式限定符格式化	>>> '{:*<4b}'.format(4)	'100*'
	c：十进制整数转换为 Unicode 字符 并按照格式限定符格式化	>>> '{:<4c}'.format(65)	'A '
	d：十进制整数	>>> '{:<4d}'.format(6)	'6 '
	o：十进制整数转换为八进制形式 并按照格式限定符格式化	>>> '{:<4o}'.format(8)	'10 '
	x：十进制整数转换为小写十六进制形式 并按照格式限定符格式化	>>> '{:<4x}'.format(15)	'f '
	X：十进制整数转换为大写十六进制形式并按照格式限定符格式化	>>> '{:<4X}'.format(10)	'A '
	②浮点数的 type 参数取值		
	e：转换为小写科学记数法形式 并按照格式限定符格式化	>>> '{:*<4.2e}'.format(3)	'3.00e+00'
	E：转换为大写科学记数法形式 并按照格式限定符格式化	>>> '{:*<4.2E}'.format(3)	'3.00E+00'
	f：转换为浮点数，默认保留小数点后 6 位 并按照格式限定符格式化	>>> '{:f}'.format(3)	'3.000000'
	F：转换为浮点数，默认保留小数点后 6 位 并按照格式限定符格式化	>>> '{:<4.1F}'.format(3)	'3.0 '
	%：转换为百分比形式并按照格式限定符格式化	>>> "{:<8.2%}".format(3)	'300.00% '

< 42 >

3.6 标准输出函数 print()

Python 解释器中标准输出函数为 print()函数，print()函数在程序与用户的交互过程中具有重要的作用。同时，print()函数以字符串的形式输出有关信息，而字符串也往往需要 print()函数来输出。因此，字符串与 print()函数的关系非常密切。

3.6.1 print()函数的语法

首先分析一下 print()函数的语法。其语法格式如下。

☞ **print**(value, ..., sep = '', end = '\n', **file** = sys.stdout, flush = False)

由上述语法可知，print()函数有 5 个参数。第 1 个参数 value 为 print()函数要显示的格式化字符串，需要用户指定；其余 4 个参数指定了默认值，如果用户未指定参数值，则这 4 个参数使用指定的默认值。

- sep="：输出数据项之间的间隔符号，默认为空格；用户可以通过 sep 指定任意符号。

```
>>> print("How","r",'u?')              How□r□u?   # 默认分隔符
>>> print("How","r",'u?',sep = '*')    How*r*u?   # 指定分隔符为'*'
```

- end='\n'：行结尾符号，默认为'\n'（即换行符，将当前显示位置切换到下一行起始处）；用户可以通过 end 设置行结尾符号。

```
print('1')                1    # 以默认值（换行符）结尾，转到下一行起始处
print('2')                2    # 以默认值（换行符）结尾，转到下一行起始处
print(1,end = '@')        1@   # 以'@'结尾，不换行
print(2,end = '!')        2!   # 以'!'结尾，不换行
```

- **file**=sys.stdout：**file** 参数指定了 print()函数的数据输出文件，默认值为 sys.stdout（即系统标准输出文件，就是显示终端）。
- flush=False：flush 参数则指定内存是否需要刷新，可忽略此参数。

3.6.2 print()函数中字符串的格式化

print()函数中的参数 value 是待输出的一个或多个字符串，其值可以是%操作符或 str.format()函数格式化后的字符串，也可以是原始字符串，在 print()函数中可以对原始字符串进行格式化处理。

1. format()函数的语法

print()函数中，对字符串进行格式化处理的方法是调用 format()函数，这个函数与前述的 str.format()在使用方法上相同。

☞ **format**(item,format-specifier)

参数 item 是需要显示的内容（数值或字符串），参数 format-specifier 为格式限定符，可用于指定 item 的格式。format()函数的返回值为字符串，下面对不同数据类型分别说明。

2. 格式化浮点数

如果 format()函数中 item 是浮点数，格式限定符可采取下面的形式来指定浮点数的输出格式（其中数值精度表示小数点后面的位数）。

< 43 >

字符串宽度　　数值　　精度

👉 "width.precision**f**"

浮点数转换码

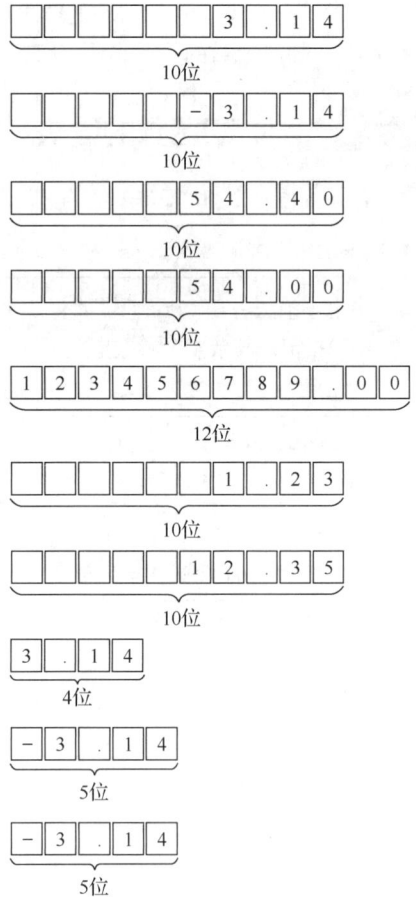

```
>>> print(format(3.1415926,"10.2f"))
        # 字符串宽度为 10 位, 小数点占 1 位
>>> print(format(-3.1415926,"10.2f"))
                    # 负号 "-" 占 1 位
>>> print(format(54.4,"10.2f"))
                # 小数点后有 2 位
>>> print(format(54,"10.2f"))
        # 小数点后有 2 位, 不足 2 位的补充空格
>>> print(format(123456789,"10.2f"))
        # 保证小数点占 1 位, 小数点后有 2 位
        # 若所需位数超过 10 位, 则显示完整数值, 不截断
>>> print(format(1.23456789,"10.2f"))
                # 四舍五入到小数点后 2 位
>>> print(format(12.3456789,"10.2f"))
                # 四舍五入到小数点后 2 位
>>> print(format(3.14,".2f"))
# 未指定参数 width 的值, 则为默认值 0, 显示宽度为所需宽度
>>> print(format(-3.14,".2f"))
                # 未指定参数 width 的值, 则为默认值 0
                # 负号 "-" 占 1 位, 显示宽度为所需宽度
>>> print(format(-3.14,"4.2f"))
# 指定参数 width 的值小于必需宽度, 则显示完整数值, 不截断
```

3. 科学记数法格式

转换码由 **f** 改为 **e**, 则数值将以科学记数法格式显示。

字符串宽度　　数值　　精度

👉 "width.precision**e**"

科学记数法转换码

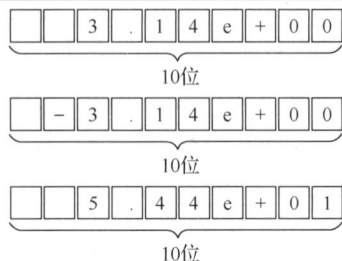

```
>>> print(format(3.1415926,"10.2e"))
    # 字符串宽度为 10 位, 小数点、"e" 和 "+" 各占 1 位
>>> print(format(-3.1415926,"10.2e"))
                    # 负号 "-" 占 1 位
>>> print(format(54.4,"10.2e"))
                # 四舍五入到小数点后 2 位
```

< 44 >

```
>>> print(format(0.0544,"10.2e"))
```
                # 负号 "−" 占1位

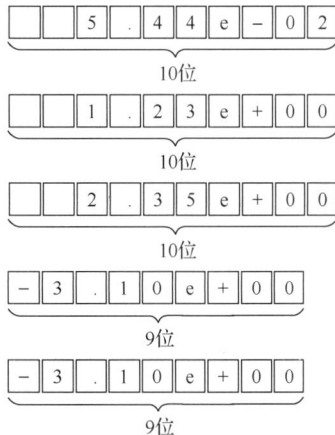

```
>>> print(format(1.23456789,"10.2e"))
```
                # 四舍五入到小数点后2位

```
>>> print(format(2.3456789,"10.2e"))
```
                # 四舍五入到小数点后2位

```
>>> print(format(-3.1,".2e"))
```
未指定参数 width 的值，则默认为 0，显示宽度为所需宽度

```
>>> print(format(-3.1,"7.2e"))
```
指定参数 width 的值小于必需宽度，则显示完整数值，不截断

4. 百分数格式

转换码指定为 "%"，则可将数值转换为百分数。

   字符串宽度　 数值　 精度
☞   "width.precision%"
百分数转换码

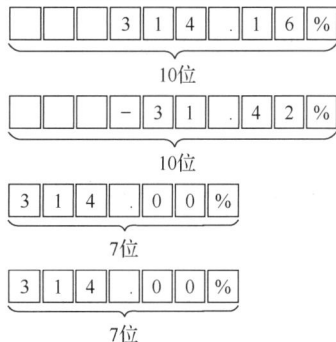

```
>>> print(format(3.1415926,"10.2f"))
```
              # 字符串宽度为 10 位，百分号 "%" 占1位

```
>>> print(format(-0.3141592,"10.2%"))
```
              # 四舍五入到小数点后2位

```
>>> print(format(3.14,".2%"))
```
 # 未指定参数 width 的值，则为默认值 0，显示宽度为所需宽度

```
>>> print(format(3.14,"5.2%"))
```
 # 指定参数 width 的值小于必需宽度，则显示完整数值，不截断

注：前面讨论过，符号 "%" 可用于求取余数，但其条件是仅当 "%" 运算符的左右操作数都是数值时才是取余运算。如果运算符 "%" 左边的操作数是字符串，则符号 "%" 将解释为字符串格式说明符。

5. 格式化整数

整数无须指定数值精度 precision，因此整数的格式限定符如下。

   字符串宽度
☞   "width*"
整数转换码

* 表示整数转换码，共有以下 4 种整数转换码。

- "d": 表示十进制整数。

```
>>> print(format(110,"5d"))
```

- "x": 表示十六进制整数。

```
>>> print(format(110,"5x"))
```

< 45 >

- "o": 表示八进制整数。

```
>>> print(format(110,"5o"))
```
`|  |  | 1 | 5 | 6 |`

- "b": 表示二进制整数。

```
>>> print(format(110,"5b"))
```
`| 1 | 1 | 0 | 1 | 1 | 1 | 0 |`
位数超过 width 指定的值，则显示完整的整数值

6. 格式化字符串

如果要格式化字符串，可以使用字符串转换码 "s"。

☞
字符串宽度
"width**s**"
　　　　字符串转换码

```
>>> print(format("圆周率: ","10s"),format("3.14","10s"))
```
默认分隔符sep=' '添加的空格 ↑

`| 圆 | 周 | 率 | : |  |  |  |  |  |  |` `|  |` `| 3 | . | 1 | 4 |  |  |  |  |  |  |`
10位，默认左对齐，右侧补6个空格　　　10位，默认左对齐，右侧补6个空格

```
>>> print(format("welcome!","5s"))
```
若字符串比 width 的值长，width 会自动取字符串长度
`| w | e | l | c | o | m | e | ! |`
8位

7. 对齐方式

根据前面的示例，可以看到数值是右对齐的，不足的位数在数值左侧填充空格。这是默认的对齐方式，但也可以利用符号 "<" 指定为左对齐。

```
>>> print(format(3.14,"<10.2%"),format(3.1,"9.2f"))
```
默认分隔符sep=' '添加的空格 ↑

`| 3 | 1 | 4 | . | 0 | 0 | % |  |  |  |` `|  |` `|  |  |  |  |  | 3 | . | 1 | 0 |`
10位，左对齐，右侧加3个空格　　　9位，默认右对齐，左侧加5个空格

字符串默认为左对齐，在字符串转换码前加字符 ">" 设置为右对齐。

```
>>> print(format("圆周率: ","10s"),format("3.14",">10s"))
```
默认分隔符sep=' '添加的空格 ↑

`| 圆 | 周 | 率 | : |  |  |  |  |  |  |` `|  |` `|  |  |  |  |  |  | 3 | . | 1 | 4 |`
10位，默认左对齐，右侧补6个空格　　　10位，右对齐，左侧补6个空格

3.7 案例：日期和时间

例题 3.3 利用 Python 内置的 time 模块将格林尼治标准时间（Greenwich Mean Time，GMT）显

< 46 >

示为"小时∶分钟∶秒"。

3.7.1　GMT 时间

time 模块中的 time()函数可以返回一个时间值，此值表示从 1970 年 1 月 1 日 00∶00∶00（称作 UNIX 时间点）开始计时到当前时刻的时间间隔（如图 3.3 所示），以 s 为单位。之所以称为 UNIX 时间点，是因为 UNIX 操作系统于 1970 年正式发布。

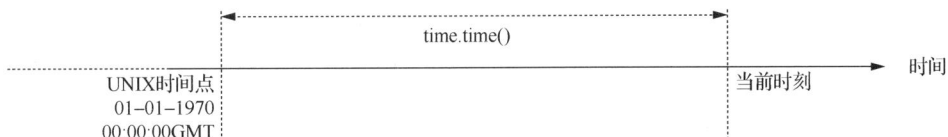

图 3.3　time.time( )函数返回的时间

3.7.2　显示当前时间

利用 time 模块中的 time()函数可以获取当前时间。

```
import time                                      # 导入 time 模块
current_time = time.time()                       # 调用 time 模块中的 time( )函数
total_seconds = int(current_time)                # 总秒数
current_second = total_seconds % 60              # 取余运算获取当前秒数
total_minutes = total_seconds // 60              # 取整运算获取总分钟数
current_minute = total_minutes % 60              # 取余运算获取当前分钟数
total_hours = total_minutes // 60                # 取整运算获取总小时数
current_hour = total_hours % 24                  # 取余运算获取当前小时数
print(current_hour,":",current_minute,":",current_    7:1:24
second)
```

3.7.3　程序运行时间

程序运行时间是评估程序性能的一个重要参数，用户可以利用 time.time()函数来获取程序运行时间。

```
import time                                      # 导入 time 模块
start_time = time.time()                         # 开始时间
...                                              # 需测试的代码
end_time = time.time()                           # 结束时间
running_time = end_time - start_time             # 代码运行时间
```

除了上述的方法外，还可以利用 time 模块所提供的其他函数来测量程序运行时间，如表 3.17 所示。

表 3.17　可用于测量程序运行时间的函数

函数	说明
process_time()	返回当前进程的运行时间
perf_counter()	返回性能计数器
monotonic()	返回单向时钟，两个返回值的差可表示运行时间

< 47 >

3.7.4　time 模块的格式转换

1．struct_time 格式

利用 time 模块中的 localtime()函数可以得到本地时间和日期，以 struct_time 格式返回到调用处；此外，也可以利用相应语句分别提取年、月、日等信息。

```
>>> import time                    time.struct_time(tm_year=2022,
>>> dt = time.localtime()          tm_mon=3,tm_mday=21,tm_hour=17,
>>> dt                             tm_min=20,tm_sec=14,tm_wday=0,
                                   tm_yday=80,tm_isdst=0)

>>> dt.tm_year 2022                # 当前年份
>>> dt.tm_hour 17                  # 当前小时
```

2．将 struct_time 格式转换为字符串

利用 time 模块中的 strftime()函数可以将 struct_time 对象中包含的数据转换为字符串。

```
import time                        # 导入 time 模块
dt = time.localtime()              # 获取本地时间和日期
dt_str = time.strftime('%c',dt)    # 转换为字符串
print(dt_str)                      Mon Mar 21 18:12:28 2022
```

3．将字符串转换为 struct_time 格式

利用 time 模块中的 strptime()函数可以将含有时间和日期信息的字符串转换为 struct_time 格式。

```
import time                                        # 导入 time 模块
          星期   月   日   小时  分钟   秒   年份
dt_str = "Mon  Mar  21  18:  12:  28  2022"         # 含有时间和日期信息的字符串
  格式符号：%a   %b   %d   %H    %M   %S    %Y
dt = time.strptime(dt_str,'%a %b %d %H:%M:%S %Y')   # 转换为 struct_time 格式
print(dt)         time.struct_time(tm_year=2022,tm_mon=3,tm_mday=21,tm_hour=18,
                  tm_min=12,tm_sec=28,tm_wday=0,tm_yday=80,tm_isdst=-1)
```

3.7.5　datetime 模块

Python 内置模块 datetime 包含表示日期的 date 对象、表示时间的 time 对象和表示日期及时间的 datetime 对象，还包含表示差值的 timedelta 对象。

1．日期和时间格式

date 函数中日期和时间的默认书写格式与我国的日期和时间表达方式一致。

```
>>> import datetime                # 导入 datetime 模块
>>> datetime.date.today()          datetime.date(2022,3,21)
>>> datetime.datetime.now()        datetime.datetime(2022,3,21,19,41,12,214902)
```

2．当前日期和时间

利用有关函数可以对当前日期和时间格式进行获取并输出。

< 48 >

```
import datetime                        # 导入 timedate 模块
d = datetime.date.today()              # 获取当前日期
dt = datetime.datetime.now()           # 获取当前日期和时间
print("日期: ",d)                       日期: 2022-03-21
print("日期和时间: ",dt)                日期时间: 2022-03-21 16:08:24.89
print("ISO 格式: ",dt.isoformat())      ISO 格式: 2022-03-21T16:08:24.89
print("年份: ",dt.year)                 年份: 2022
print("月份: ",dt.month)                月份: 3
print("日子: ",dt.day)                  日子: 21
print("小时: ",dt.hour)                 小时: 16
print("分钟: ",dt.minute)               分钟: 8
print("秒数: ",dt.second)               秒数: 24
```

3. 转换为字符串

与 time 模块一样，利用模块 datetime 获取 datetime 格式的日期和时间数据后，可以利用 strftime() 函数通过指定格式符号将 datetime 格式转换为字符串。

```
>>> import datetime
>>> now = datetime.datetime.now()
>>> print(datetime.datetime.strftime(now,'%a,%b %d %H:%M'))
Mon,Mar 21 20:07
```

习题

一、选择题

1. 下列（　　）不是合法的标识符。

    A. for　　　　　　　　B. User_Name　　　　　C. day_　　　　　　　D. InputName

2. 下列（　　）不是正确的赋值语句。

    A. a=1　　　　　　　B. A==1　　　　　　　C. a=B=c=1　　　　　D. s="hello!"

3. 下列关于变量的命名规则中，（　　）是正确的。

    A. 变量名不区分大小写

    B. 变量名的第一个字符可以是下画线

    C. 变量名可以是关键字

    D. 变量名中可以使用空格

4. 下列关于变量的描述中，（　　）是错误的。

    A. 程序运行过程中可以改变变量的值

    B. 变量在使用前必须赋值

    C. Python 允许多个变量指向同一个值

    D. 变量在使用前必须声明其类型

5. 下列关于变量的说法中，（　　）是正确的。

    A. 变量的名称可以改变　　　　　　　　B. 变量的值可以改变

    C. 变量的值必须为整数　　　　　　　　D. 程序中必须有一个变量

< 49 >

6. 下列变量名中，（　　）不符合变量命名规则。
   A. ID 　　　　　　　B. _age 　　　　　　　C. 5_age 　　　　　　　D. num_8
7. 下列变量名正确的是（　　）。
   A. print 　　　　　　B. print_3 　　　　　　C. 3_print 　　　　　　D. if
8. 下列（　　）不是 Python 的关键字。
   A. while 　　　　　　B. for 　　　　　　　C. break 　　　　　　D. goto
9. Python 不支持的数据类型是（　　）。
   A. char 　　　　　　B. int 　　　　　　　C. float 　　　　　　D. str
10. 下列关于 Python 中的浮点数类型，（　　）是错误的描述。
    A. 小数部分不可以为 0
    B. 浮点数与数学中实数的概念一致
    C. 浮点数类型表示带有小数的数值
    D. Python 语言中所有浮点数必须带有小数部分
11. 下列关于 Python 的数值操作符，（　　）是错误的描述。
    A. x//y 表示 x 除以 y 的整数商　　　　　　B. x**y 表示 x^y，要求 y 必须是整数
    C. x%y 表示 x 除以 y 所得的余数　　　　　D. x/y 表示 x 除以 y
12. 下列不属于 Python 中数值的选项是（　　）。
    A. −12 　　　　　　B. 2.0e−9 　　　　　　C. "12.0" 　　　　　　D. 0x15
13. Python 表达式中，（　　）可以调整运算优先级。
    A. 尖括号<> 　　　　B. 方括号[] 　　　　　C. 圆括号() 　　　　　D. 大括号{}
14. 下列值为整数的选项是（　　）。
    A. −25 　　　　　　B. −25.00 　　　　　　C. "−25" 　　　　　　D. −25e0
15. 下列与 not(x or y)语句等价的语句是（　　）。
    A. not x and not y 　　B. not x or not y 　　C. not x or y 　　　　D. not x and y
16. 表达式 2 or 4 的输出结果是（　　）。
    A. 2 　　　　　　　B. True 　　　　　　　C. False 　　　　　　D. 4
17. 下列与表达式 x= =0 等价的表达式为（　　）。
    A. not x 　　　　　B. x!=1 　　　　　　　C. x=1 　　　　　　　D. x
18. 下列布尔值不为 False 的选项是（　　）。
    A. 0 　　　　　　　B. "False" 　　　　　　C. "" 　　　　　　　D. 0x00
19. 下列表达式中，值不是 1 的选项是（　　）。
    A. 1 or True 　　　　B. 3//2 　　　　　　　C. 1 and True 　　　　D. 16%3
20. 下列结果为布尔值的选项是（　　）。
    A. "True" 　　　　　B. True 　　　　　　　C. "False" 　　　　　D. 'False'
21. 下列关于数值运算符，错误的选项是（　　）。
    A. Python 提供了诸如+、−、*、/等基本的数值运算符
    B. Python 数值运算符也称为内置操作符
    C. Python 二元数学运算符都有与之对应的增强型赋值运算符
    D. Python 数值运算符需要导入第三方库 math
22. 下列关于字符串，错误的选项是（　　）。
    A. 字符可以看成长度为 1 的字符串
    B. 利用单引号、双引号和三单引号可以创建字符串
    C. 字符串中使用"/"对特殊字符进行转义
    D. 三单引号中的字符串可以包含换行符等特殊字符

< 50 >

23. 下列会导致程序报错的运算是（　　　）。

　　A. −120/6　　　　　　B. 5+"0"　　　　　　C. "Hi"*5　　　　　　D. 'Hi'+'World'

24. 下列错误的选项是（　　　）。

　　A. a=b−c=1　　　　　B. x=y=z=10　　　　　C. a,b=b,a　　　　　D. a%=b

25. 下列运算符中优先级最高的是（　　　）。

　　A. +　　　　　　　　B. ==　　　　　　　　C. **　　　　　　　　D. *

26. 假设变量 a=3，b=8，表达式值为 True 的选项是（　　　）。

　　A. a+b>=10　　　　　B. a>0 and b!=8　　　　C. a>3 or b<9　　　　D. not b>a

二、填空题

1. 表达式 3>2>2 的结果是＿＿＿＿＿＿＿。

2. 表达式 3>2 and 2>2 的结果是＿＿＿＿＿＿＿。

3. 表达式 3>2= =2 的结果是＿＿＿＿＿＿＿。

4. 表达式 3>2 and 2= =2 的结果是＿＿＿＿＿＿＿。

5. 表达式 1 or True 的结果是＿＿＿＿＿＿＿。

6. 表达式 0 or True 的结果是＿＿＿＿＿＿＿。

7. 表达式 0 and True 的结果是＿＿＿＿＿＿＿。

8. 表达式 1 or True 的结果是＿＿＿＿＿＿＿。

9. 空字符串可以表示为＿＿＿＿＿＿或＿＿＿＿＿＿。

10. 字符串'scripts\\pro.py'中第一个"\"为＿＿＿＿＿＿＿。

11. 由一个汉字组成的字符串，其长度为＿＿＿＿＿＿＿。

12. 创建字符串既可以用单引号，也可以用＿＿＿＿＿＿＿。

13. 在＿＿＿＿＿＿＿字符串中，可以包含换行、回车等特殊字符。

14. 语句 print("%8.2f"%3.1425926)的输出结果是＿＿＿＿＿＿＿。

15. 语句 print("%08.2f"%3.1425926)的输出结果是＿＿＿＿＿＿＿。

16. 语句 print("%.2f"%3.1425926)的输出结果是＿＿＿＿＿＿＿。

17. 语句 print("%0.2f"%3.1425926)的输出结果是＿＿＿＿＿＿＿。

18. 从键盘中输入一个整数赋值给 number 的语句是＿＿＿＿＿＿＿。

三、思考题

1. 已给定 Python 语句，即 a＝70，分别绘制执行完语句①和②后变量名称与对象之间的引用关系。

① b＝a

② a＝80

2. 简述 Python 中字符串格式化的方法。

3. Python 3 的 print()函数包括哪些可选参数？它们的功能是什么？

四、编程题

1. 编写程序，提示用户从键盘输入一个 3 位自然数，程序以倒序输出此自然数。例如，用户输入自然数 123，程序输出 321。

2. 编写程序，实现输入一个不超过 5 位的自然数，倒序输出此自然数。

3. 编写程序，实现利用 Python 转义符中的制表符'\t'，将 3 名学生的学号、姓名以及语文、数学和英语成绩，按表格对齐的方式输出，要求每名学生占一行。

4. 编写程序，实现输入一个字符，利用此字符输出底边长为 5 个字符、高为 3 个字符的等腰三角形。

< 51 >

第 4 章　程序流程控制

迄今为止，我们编写的程序都是按照先后顺序依次执行程序中的每条语句的，但实际问题往往较为复杂：有时需要根据情况做出判断，根据判断结果再执行相关代码；有时需要多次重复执行某个代码块。为了解决这些实际问题，Python 提供了 3 种基本的语句执行控制结构：顺序结构、选择结构和循环结构。本章将详细介绍这 3 种结构。

4.1　顺序结构

若语句按照先后次序顺序执行，称这种结构为顺序结构。如图 4.1 所示，首先执行语句块 1，再执行语句块 2，最后执行语句块 3。3 个语句块为顺序执行关系。

顺序结构是最简单的程序结构，也是最常用的程序结构：自上而下，依次执行。不过大多数情况下，顺序结构都是作为程序的一部分，与其他结构一起构成一个完整的程序。

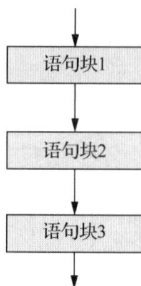

图 4.1　顺序结构示意图

4.2　选择结构

引例 4.1　输入学生的考试成绩，如果小于 60 分，显示未通过信息，否则显示通过信息。

微课视频

```
# 程序
   score = eval(input("输入成绩: "))
① if score < 60:
②     print("可惜，未通过考试")
③ else:
④     print("恭喜，通过考试了! ")
```

```
# 第 1 次运行结果
输入成绩: 52 [Enter]
可惜，未通过考试
```

```
# 第 2 次运行结果
输入成绩: 92 [Enter]
恭喜，通过考试了!
```

引例 4.1 中，**input()** 函数提示用户输入成绩，**eval()** 函数将键盘输入的字符串转换为浮点数，赋值给变量 score。①中 **if** 语句判断表达式 score<60 的值，如果 score 小于 60，表达式 score<60 的值为 True，执行②，输出未通过信息；否则执行④，输出通过信息。语句①、②、③、④就构成了选择结构。

4.2.1　选择结构的概念

选择结构根据条件来控制代码的执行顺序，也称为分支结构。Python 使用 **if** 和 **else** 语句的组合来实现分支结构。选择结构包含若干分支，用户根据分支数量，可以将选择结构分为单分支、双分支和多分支 3 种形式。

4.2.2　条件测试

引例 4.1 中①是一个 **if** 语句。**if** 语句的核心是值为布尔值的表达式，称为条件测试或布尔表达式。根据前面的介绍，布尔值要么是 True（或等价的非零值、非 None 值），要么是 False（或等价的零值、None 值）。Python 根据条件测试的值决定是否执行 **if** 语句中的代码：如果条件测试的值为 True，则将执行 **if** 语句中的后续代码；如果为 False，则 Python 会忽略这些代码。

1．单条件测试

很多情况下，条件测试用于比较两个值，例如，引例 4.1 中语句①测试 score<60。比较符号 "<"称为关系运算符（Relational Operator）。Python 有 6 个关系运算符，如表 4.1 所示。

表 4.1　关系运算符

关系运算符	数学符号	说明	举例	结果
>	>	大于	5 > 3+2	False
>=	⩾	大于或等于	5 >= 3+2	True
<	<	小于	4 < 4	False
<=	⩽	小于或等于	4 <= 4	True
==	=	等于	"Linda"== "linda"	False
!=	≠	不等于	4 != 8	True

2．多条件测试

单个条件往往难以解决所有的实际问题，例如，个人所得税税率分为 8 档，中间 6 档税率需要利用两个条件确定：假设某位居民个人收入适用税率为 0.2，那么其年收入要大于 20.4 万元但需小于或等于 36 万元，即年收入 income 需满足两个条件，如表 4.2 所示。

表 4.2　年收入需满足的两个条件

数学表达式	布尔表达式	
36⩾income>20.4	36>=income>20.4	# 第 1 种布尔表达式
	(36>=income) **and** (income>20.4)	# 第 2 种布尔表达式

第 2 种布尔表达式利用了逻辑运算符 **and**。除了 **and**，逻辑运算符还有 **or** 和 **not**。这 3 个逻辑运算符除了表示数学表达式外，还可以表示更多的条件测试。

```
gender = 'female'
age = 16
grade = 10
```

< 53 >

gender == "female" **and** age >= 16	True	# 年龄大于或等于 16 岁的女学生
age == 16 **or** grade == 10	True	# 年龄 16 岁或为 10 年级的学生
not(grade == 10)	False	# 不是 10 年级的学生

4.2.3 单分支结构

单分支结构只包括一个 **if** 语句，其语法格式如下。

👉 **if**□布尔表达式:
　　□□□□语句块 1

if 和语句块 1 通过符号 ":" 构成一个复合语句。如果布尔表达式的值为 True 或等价的非零、非 None 值，则 Python 执行 **if** 复合语句中的语句块 1。语句块 1 执行完后，这个单分支结构完成，Python 会按照逻辑顺序接着执行语句块 2。如果布尔表达式的值为 False 或等价的零值、None 值，则 Python 忽略语句块 1，跳过单分支结构的 **if** 语句，按逻辑顺序接着执行语句块 2，如图 4.2 所示。

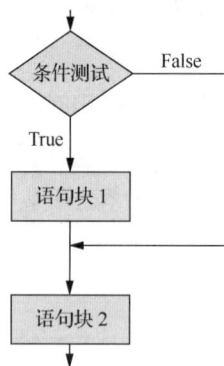

图 4.2　单分支结构示意图

例题 4.1　我国现行个人所得税税率如下所示，编写程序根据收入显示应缴税额。

0.0	0.03	0.1	0.2	0.25	0.3	0.35	0.45	◀ 税率
0	6.0	9.6	20.4	36.0	48.0	72.0	102.0	◀ 收入（万元）

```
tax_003 = 0.03 *3.6                          # 税率为 0.03 的应缴税
tax_010 = 0.10 *10.8                         # 税率为 0.10 的应缴税
tax_sum = 0.0                                # 初始化所有应交税
income = 25.0
① if (income > 20.4) and (income <= 36.0):
      print('0.03 part:',tax_003)            0.03 part: 0.108
      tax_sum = tax_sum + tax_003
      print('0.10 part:',tax_010)            0.10 part: 1.08
      tax_sum = tax_sum + tax_010
      tax_20 = 0.20 * (income - 20.4)        # 税率为 0.20 部分应交税
      print('0.20 part:',tax_20)             0.20 part: 0.92
      tax_sum = tax_sum + tax_20
② print('the total tax:',tax_sum)           the total tax: 2.108
```

例题 4.1 中①是 **if** 复合语句，冒号后面具有相同缩进的 7 行语句都是 **if** 语句的一部分，这些语句

< 54 >

构成一个单分支结构。由于 income=25.0，语句①中 **and** 运算的结果为 True，Python 执行冒号后面的 7 行语句。执行完 **if** 复合语句后，按照逻辑顺序接着执行语句②并输出 the total tax: 2.108。如果 income=12.0，则语句①中 **and** 布尔表达式的值为 False，Python 将忽略 **if** 语句冒号后面的 7 行语句，直接运行语句②，输出 the total tax: 0.0。

4.2.4 双分支结构

例题 4.1 中，仅针对 20.4 万元到 36.0 万元之间的年收入计算了应缴税额，如果年收入不在此范围，则直接显示 the total tax: 0.0，这显然会误导用户。为了妥善处理不在此收入范围的情况，用户可以利用双分支结构。双分支结构的语法格式如下。

☞
if□布尔表达式：
　□□□□语句块 1
else：
　□□□□语句块 2

在双分支结构中，如果布尔表达式的值为 True 或等价的非零、非 None 值，则执行语句块 1；否则执行语句块 2。Python 处理完双分支结构后，会按照逻辑顺序接着执行语句块 3，如图 4.3 所示。

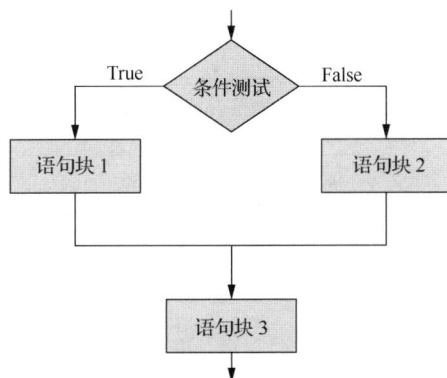

图 4.3 双分支结构示意图

利用双分支结构可以妥善处理年收入在区间[20.4,36.0]和不在此区间这两种情况。

```
income = 15.0
tax_03 = 0.03 * 3.6
tax_10 = 0.10 * 10.8
tax_sum = 0.0
① if (income > 20.4) and (income <= 36.0):
       tax_sum = tax_sum + tax_03
       tax_sum = tax_sum + tax_10
       tax_20 = 0.20 * (income - 20.4)
       tax_sum = tax_sum + tax_20
   else:
       print("Sorry, no tax available.")      Sorry, no tax available.
       print('Please come here late!')        Please come here late!
       tax_sum = 'not available'               # 强制类型转换
② print('the total tax:',tax_sum)             the total tax: not available
```

< 55 >

本例中，语句①的布尔表达式值为 False，程序执行 else 复合语句，输出两条信息，复合语句结束；然后按照逻辑顺序开始执行语句②，输出相关信息。

4.2.5 多分支结构

if-else 结构的判断语句只提供了非此即彼的两种场景，但实际问题往往存在多种场景，例如，个人所得税税率存在 8 种情况，如何针对每种情形计算应交税款呢？Python 提供的 if-elif-else 结构构成了多分支结构，可以方便地解决多种场景的判断选择问题，多分支结构示意图如图 4.4 所示。

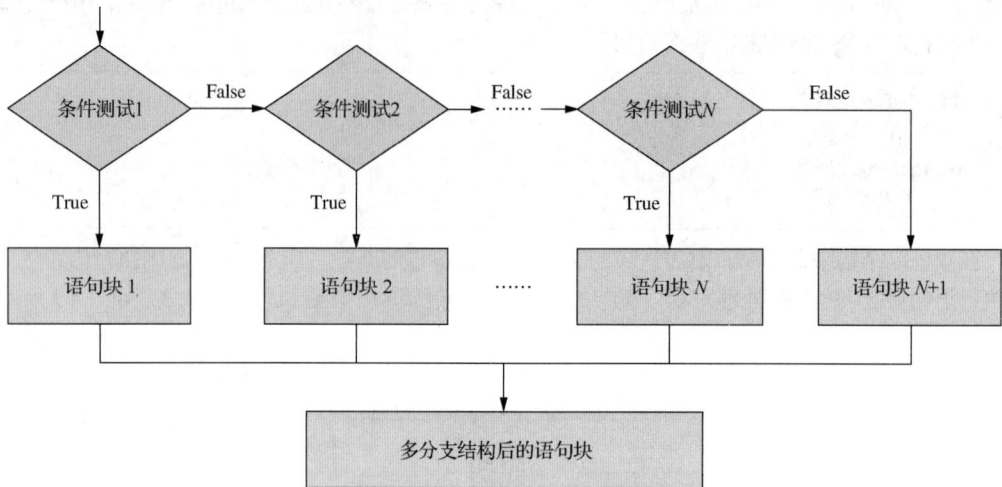

图 4.4　多分支结构示意图

多分支结构的语法格式如下。

```
if□条件测试 1:
□□□□语句块 1
elif□条件测试 2:
□□□□语句块 2
    ⋮
任意多的 elif 语句
    ⋮
else:
□□□□语句块 N+1
```

利用多分支结构实现个税计算的代码如下。

文件名: elif.py

```
income = 45.0
tax_03 = 0.03 * (9.6 - 6.0)          # 税率为 0.03 的应缴税额
tax_10 = 0.10 * (20.4 - 9.6)         # 税率为 0.10 的应缴税额
❶ tax_20 = 0.20 * (36.0 - 20.4)       # 税率为 0.20 的应缴税额
tax_25 = 0.25 * (48.0 - 36.0)        # 税率为 0.25 的应缴税额
tax_30 = 0.30 * (72.0 - 48.0)        # 税率为 0.30 的应缴税额
tax_35 = 0.35 * (102.0 - 72.0)       # 税率为 0.35 的应缴税额
tax_sum = 0.0                        # 应缴税总额
```

< 56 >

```
① if (income > 20.4)  and (income <= 36.0):
       tax_sum += tax_03 + tax_10
❷      tax_20 = 0.20 * (income - 20.4)        # 更改 tax_20 的值
       tax_sum += tax_20
② elif (income > 36.0)  and (income <= 48.0):
❸      tax_sum += tax_03 + tax_10 + tax_20
       tax_sum += 0.25 * (income - 36.0)
③ elif (income > 48.0) and (income <= 72.0):
       tax_sum += tax_03 + tax_10 + tax_20 + tax_25
       tax_sum += 0.30 * (income - 48.0)
④ else:
       tax_sum = 'sorry, no tax available.'
⑤ print('the total tax:',tax_sum)              the total tax: 6.558
```

这个多分支结构的示例明确了 3 种情形下的个人应缴税额，分别对应语句①、②、③；不属于这 3 种情形时，均会执行语句④。这样，我们可以利用多个 elif 语句来区分多种情形，并利用最后的 else 语句区分剩余的情形。也就是说，可以使用任意数量的 elif 代码块。

同时，Python 并不要求 if-elif 结构后面必须有 else 代码块。因为 else 是一条包罗万象的语句，只要不满足 if 和 elif 中的条件测试，else 中的代码块就会被执行，很可能会引入无效，甚至恶意的数据。如果操作执行条件很明确，则应该使用 elif 代码块来代替 else 代码块。这样就可以很明确地表示出只有满足相应条件时，代码才会被执行。

语句❶已经定义 tax_20 的值，语句❷修改了 tax_20 的值，语句❸又引用了 tax_20 的值，但此时变量 tax_20 引用的是语句❶所定义的值；语句❷所定义的新值只在其所在的 elif 复合语句中才起作用。

4.2.6　选择结构嵌套

分支结构可以嵌套使用，即在一个分支结构内部还可以加入另一个分支结构。

例题 4.2　编写程序判断是否为闰年。

判断是否为闰年，应先了解闰年的判断规则。

- 被 4 整除的年份可能为闰年。地球绕太阳一周约为 365 天 5 小时 48 分 46 秒，即 365.242199 天。公历平年 365 天，少算了 0.242199 天（约 5.813 小时）。每四年少算 $4 \times 0.242199 = 0.968796$ 天 ≈ 0.97 天 ≈ 1 天，为弥补误差，规定每四年增加一天定为 2 月 29 日，这一年称为闰年（年份为 4 的倍数）。

- 被 100 整除但不能被 400 整除的年份不是闰年。四年增加一天的做法会带来新的误差：每四年多算了 $1-0.968796 = 0.031204$ 天，每 400 年就会多出 $0.031204 \times 100 = 3.1204 \approx 3$ 天。为弥补误差，规定每 400 年去掉 3 个闰年，去掉的 3 个闰年为前 3 个百年（如公元 100、200 和 300 年不是闰年，而公元 400 年则是闰年）。因此能被 100 整除的年份中（如 1900 年和 2000 年），能被 400 整除的年份（如 2000 年）为闰年，不能被 400 整除的年份（如 1900 年）则不是闰年。

```
  year = eval(input("输入年份: "))
① if (year % 4 == 0):                          # 被 4 整除的年份
②     if year % 100 == 0 and not year % 400 == 0: # 被 100 整除但不能被 400 整除的年份
          print(year,"年不是闰年",sep = '')        # ②、③组成的选择结构嵌套在①组成的选
③     else:                                         择结构内
          print(year,"年是闰年",sep = '')
  else:
      print(year,"年不是闰年",sep = '')
```

< 57 >

4.3 循环结构

微课视频

引例 4.2　为了对到访的客人表示欢迎，在程序控制的显示屏上显示 5 次"热烈欢迎！"

① `print`("热烈欢迎！")	热烈欢迎！
② `print`("热烈欢迎！")	热烈欢迎！
③ `print`("热烈欢迎！")	热烈欢迎！
④ `print`("热烈欢迎！")	热烈欢迎！
⑤ `print`("热烈欢迎！")	热烈欢迎！

4.3.1　循环结构的引入

引例 4.2 将显示语句 **print**("热烈欢迎！")重复了 5 次，虽然问题解决了，但如果要求显示 100 次欢迎信息呢？如果要将欢迎信息修改为"热烈欢迎 Python 先生！"呢？重复输入 100 条 **print** 语句，并根据需要重复修改代码非常无聊，也很容易出错。利用 Python 语言中的循环结构可以轻松实现上述要求。

```
    message = "热烈欢迎！"        # 定义欢迎信息      # 执行结果
    num_iteration = 5           # 设置重复次数       热烈欢迎！
    counter = 1                 # 设置计数器初值      热烈欢迎！
①  while counter <= num_iteration:  # 计数器≤重复次数时  热烈欢迎！
②      print(message)          # 显示欢迎信息       热烈欢迎！
③      counter += 1            # 计数器加 1        热烈欢迎！
```

语句①使用了 **while** 结构的循环，语句②、③是循环体，即循环执行的代码块。当语句①中 counter <=num_iteration 的值为 True 时，Python 不断重复执行循环体（即语句②、③），直至其值变为 False。

循环是控制语句块重复执行的一种结构，循环的概念非常重要。它是程序设计的基础，也是计算机自动完成重复工作的常见方式之一。Python 中提供了两种循环结构：**while** 循环和 **for** 循环。

4.3.2　while 循环

1．while 循环的概念

下面通过 while 循环的语法来理解 while 循环的基本概念。while 循环的语法格式如下。

☞　　**while**□布尔表达式:
　　　□□□□循环体

由语法可知，while 语句与循环体共同构成循环结构。while 循环结构是一种条件控制循环结构：程序遇到 while 语句时，计算 while 语句中布尔表达式的值。当值为 True（或等价的非零、非 None 值）时，执行冒号后面的循环体，然后返回到 while 语句重新计算布尔表达式的值。不断重复上述过程，直至布尔表达式的值为 False（或等价的零值、None 值）时退出 while 循环结构，接着执行循环结构后面的语句块。while 循环的流程图如图 4.5 所示，在该图中循环体部分特意标出了一个语句：更改循环变量的值。关于这条语句的含义，可结合图 4.6 理解。

< 58 >

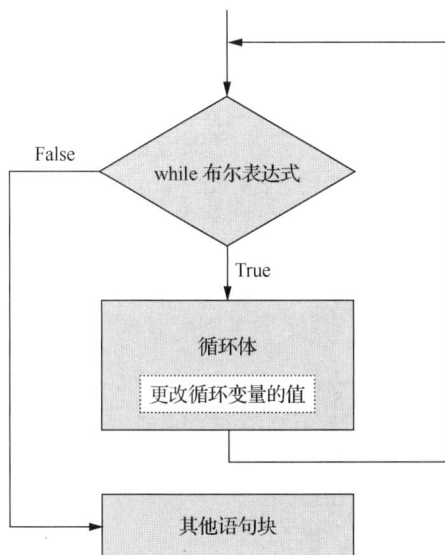

图 4.5　while 循环的流程图

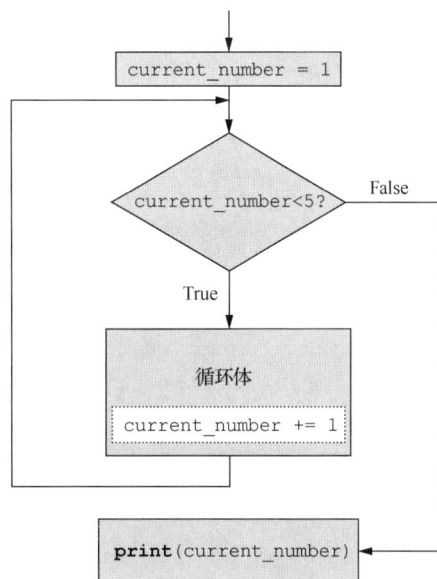

图 4.6　while 循环的迭代机制

2．while 循环结构的迭代机制

循环体的重复执行称为迭代，循环体执行一次就是一次迭代。下面通过一个例子分析 while 循环结构会不断迭代的原理。

```
①  current_number = 1                           1
②  while current_number <= 5:                   2
        print(current_number)                   3
③      current_number += 1                       4
                                                5
④  print(current_number)                         6
```

语句①将变量 current_number 的初值设置为 1；程序开始执行复合语句②中的 while 语句，此时计算得到布尔表达式的值为 True。因此程序开始执行 while 复合语句中的循环体部分：显示变量 current_number 的值，然后加 1（见语句③），其值变为 2。此时循环体执行结束，程序完成了一次迭代。

当前迭代结束后，程序流程重新回到语句②处：变量 current_number 的值已经变为 2，计算语句②中布尔表达式的值为 True，程序再次执行 while 复合语句中的循环体部分，只不过此时变量 current_number 的值已经改变。程序不断重复上述过程，一旦语句③执行完后 current_number 的值变为 6，程序重新回到语句②时，布尔表达式的值变为 False，不再满足 while 循环的条件，程序就会退出 while 循环，按照逻辑顺序执行语句④，输出 current_number 的值为 6。

在这个示例中，变量 current_number 就是循环变量。while 循环之所以不断迭代，是因为含有循环变量的布尔表达式的值为 True；while 循环之所以结束，是因为循环体中含有改变循环变量值的语句，从而进一步改变了布尔表达式的值。由此可见，while 循环能够正确迭代并退出循环的关键在于循环变量的值会不断变化。

3．案例：循环结构实现交互程序

设计交互程序时，可以利用 while 循环让程序不断重复执行，当用户选择结束时可退出程序（如游戏）。

例题 4.3　编写程序测试小学生的减法运算能力，当学生选择结束时退出测试并统计答题情况。

< 59 >

```
        import random                                          # 导入 ramdom 模块
        import time                                            # 导入 time 模块
        total_counter = 0                                      # 初始化题目总数
        correct_counter = 0                                    # 初始化答对题目数量
        prompt_quit = "结束? y 或 n: "                          # 是否结束测试的提示信息
①      isQuit = 'n'                                           # 初始化学生回答
        start_time = time.time()                               # 测试开始时间
②      while isQuit == 'n':                                   # 学生回答 "n"，继续迭代
            number1 = random.randint(0,100)                    # 生成 0 到 100 之间的随机整数
            number2 = random.randint(0,100)                    # 生成 0 到 100 之间的随机整数
            if number1 < number2:
③              number1,number2 = number2,number1              # 确保 number1>number2
            result = number1 - number2                         # 两数相减的正确结果
            question = str(number1)                            # 整数转换为字符串用于显示
            question += '-'                                    # 拼接字符串
            question += str(number2)+ '='                      # 拼接字符串
            prompt = "输入计算结果: "+ question                 # 屏幕显示信息
            answer = int(input(prompt))                        # 学生的计算结果
            total_counter += 1                                 # 题目总数加 1
            if result == answer:                               # 学生回答正确
                print("恭喜你! 答对了! ")                       # 显示恭喜信息
                correct_counter += 1                           # 回答正确数量加 1
            else:
                print("答错了，继续努力! ")                      # 学生回答错误，显示鼓励信息
④          isQuit = input(prompt_quit)                        # 学生回答是否要结束测试
        end_time = time.time()                                 # 结束时间
        test_time = int(end_time - start_time)                 # 计算测试时间
        correct_rate = correct_counter/total_counter
⑤      print(format("total","10s"),\                          # format 用于定义字符串格式
            format("correct","10s"),\                          # 10s 表示字符串占 10 位
            format("percent","10s"),\                          # \表示行连接符
            format("time","10s"),sep = '')                     # sep=''表示输出项间没有空格
        print(format(total_counter,"<10d"),\
            format(correct_counter,"<10d"),\                   # 10d 表示数值占 10 位
            format(correct_rate,"<10.1%"),\                    # <表示指定数值左对齐
            format(test_time,"<10d"),sep = '')                 # 字符串默认左对齐
```

　　为了至少执行一次 while 中的循环体（即至少迭代一次），语句①将学生是否结束测试的回答初始化为"n"；语句③是 Python 语言中所说的"**number1,number2=number2,number1 语句可以'优雅地'互换两个变量的值**"；语句④是 while 循环结构的最后一句，询问学生是否愿意结束测试，执行完语句④后返回语句②并根据学生的回答计算布尔表达式 isQuit=='n'值：如果其值为 True 则继续迭代，如果其值为 False 则退出循环；程序退出 while 循环后先统计结束时间，计算测试时间和正确率，然后执行语句⑤显示统计信息。有一点需要注意，语句⑤在显示统计信息项目时，使用了英文。之所以未使用中文，是因为中文字符在显示时所占宽度较大，与数字不容易对齐。运行的一个实例如下所示。可以注意到，运行结果增加了 4 个空行，如❶、❷、❸、❹所示，这是因为 input()函数在显示提示信息时，首先输出一个换行符"n"；学生回答问题时会按 Enter 键（如❺），增加一个换行符。

< 60 >

❶
输入计算结果：75-13=62 Enter
恭喜你! 答对了!

结束? y 或 n: n Enter
❸
输入计算结果：52-35=17 Enter
恭喜你! 答对了!
语句⑤的输出结果
total□□□□□correct□□□percent□□□time□□□□□□□
3□□□□□□□□□□2□□□□□□□□□66.7%□□□□□32□□□□□□□□

❷
输入计算结果：11-3=9 Enter
答错了，继续努力!

结束? y 或 n: n Enter
❹
结束? y 或 n: y Enter **❺**

4. 循环标志

例题 4.3 中利用布尔表达式 isQuit == 'n'定义了 while 循环的条件，这是比较简单的情形。当需要满足多个条件才能执行循环时，直接在 while 后面罗列布尔表达式既复杂又困难，这时可以定义一个变量作为循环标志（flag）。

```
    prompt = "请输入你的回答: "
①  toDo = True                     # 定义一个布尔类型的变量, 并初始化为 True
    while toDo:                     # toDo 初值为 True, while 循环得以执行
        message = input(prompt)
        if message == 'quit':       # 输入 "quit" 时,
            toDo = False            # 布尔变量 toDo 的值更改为 False
        elif message == 'exit':     # 输入 "exit" 时,
            toDo = False            # 布尔变量 toDo 的值更改为 False
        elif message == 'shut':     # 输入 "shut" 时,
            toDo = False            # 布尔变量 toDo 的值更改为 False
        else:
            print(message)
```

语句①声明变量 toDo 的值为 True，这样后续的 while 就得以执行。while 循环根据接收到的 message 值修改 toDo 的值：如果 message 值是 "quit" "exit" 或 "shut" 中的任一种，变量 toDo 的值就修改为 False，从而终止 while 的下一次循环。如果 message 的值不是上述 3 种情况，程序将显示 message 值，变量 toDo 的值仍为 True，while 循环会不断迭代，直至 toDo 的值变为 False。变量 toDo 就是循环标志。这个循环标志变量很有用——循环标志变量的值更改为 False 时，程序就会退出迭代。

5. 死循环

如果 while 循环结构中的循环控制条件一直为 True，则循环将无限执行，程序会一直运行下去，从而形成死循环。

```
i = 1                    '''
while i <= 5:            循环变量 i 的初始值为 1, 但在循环体中并未改变, 一直满足循环控制条件
    print(i)            i<=5, 导致 while 循环不断地执行 print 语句, 程序陷入死循环
                         '''
```

如果出现死循环，通常情况下可按 Ctrl+C 组合键结束程序运行，也可关闭用于显示程序输出的终端窗口。

< 61 >

6. 案例：浮点数的近似表示

例题 4.4 利用循环迭代的方法求取等差数列 0.01,0.02,0.03,…,0.99,1.0 中各项的和。

# 程序 1	# 程序 2

`summ = 0`
`i = 0.01`
① `while i <= 1.0:`
`    summ += i`
②`    i += 0.01`
`print("各项累积和: ",summ)`
`print('i: ',i)`
各项累积和: 49.5
i: 1.0000000000000007
	`summ = 0;i = 0.01;count = 0`
	❶ `while count <= 100 - 1:`
	`    summ += i`
	`    i += 0.01`
	❷`    count += 1`
	`print("各项累积和: ",summ)`
	`print('count: ',count)`
	各项累积和: 50.5
	count: 100

可以看出，右栏的程序得到了正确结果，而左栏的程序则少加了 1.0，其原因在于计算机无法精确表示浮点数，语句①最后一次迭代时变量 i 取值 1.0000000000000007（见语句②的输出结果），大于1.0，致使 1.0 未加入累加和中。右栏的程序使用了整数 count 来控制循环迭代，而整数可以精确表示，因此得到了正确的累加和。当需要数值作为循环变量时，建议使用整数而非浮点数来控制循环。

4.3.3　for 循环

在例题 4.3 中，我们事先并不清楚程序会循环多少次：学生可能想做 10 道题，也可能只想做 5 道题。此时需要利用 while 循环根据布尔表达式的值来确定是否继续循环。但在实际应用中，有一些问题的循环次数很明确，如计算 1 到 10 之间整数的和。对于此类问题，用户可以使用 for 循环。

引例 4.3 利用 for 循环求取 1 到 5 之间整数的和。

`sum = 0`	# 和值初始化为 0
① `for i in [1,2,3,4,5]:`	# for 语句末尾有冒号
② `    print(i,end = '')`	1 2 3 4 5
③ `    summ += i`	# ②、③构成循环体
`message = "1 至 5"+"整数的和: "`	# 定义显示信息
`print(message,summ,sep = '')`	1 至 5 整数的和: 15

语句①、②、③组成了一个完整的 for 循环结构：②、③为循环体，语句①最后的冒号 ":" 表明 for 是复合语句。for 语句使用了关键字 in 和数据序列[1,2,3,4,5]，根据语句②的输出结果可知：循环变量 i 遍历了数据序列[1,2,3,4,5]中的每一个值。

1. for 循环的基本构成

下面通过 for 循环的语法来理解 for 循环的基本构成。for 循环的语法格式如下。

　　　　循环变量　　　序列数据
☞　`for var in sequence:`
　　　□□□□循环体

for 语句后面有一个冒号 ":"，其与随后的循环体组成 for 循环。循环体中可以有多条语句，但要求循环体中的所有语句缩进相同数量的空格。

sequence 是序列数据，意味着多个数据按照先后顺序排列在一起。引例 4.3 中所用的[1,2,3,4,5]（属于列表类型）就是序列数据。除了列表类型，Python 中字符串、元组和字典等类型的数据都是序列数

< 62 >

据，因此这些类型的数据都可以用在 for 语句中（将在以后章节详细介绍）。

序列数据中的每一个或每一组数据称为此序列数据的一个元素，变量 var 用于遍历序列数据 sequence 中的每一个元素，因此变量 var 就是前述的循环变量。与序列数据关联的循环变量 var，其命名是任意的，但将其命名为可以描述序列数据意义的名称显然会更好一些。

2．for 循环的基本原理

下面以引例 4.3 为例介绍 for 循环的基本原理。

程序遇到 for 语句时，首先将 for 语句中的循环变量 i 指向序列数据[1,2,3,4,5]中的第 1 个元素（即整数 1），开始执行 for 循环中的循环体。循环变量 i 引用了序列数据中的第 1 个元素 1，然后按照顺序执行循环体中的语句：显示 i 的当前值 1，计算 summ 的值为 0+1=1。执行完循环体后，程序完成了 for 循环的第 1 次迭代，返回到语句①，发现循环变量 i 还未遍历完序列数据，随后进入第 2 次迭代。

for 循环进行第 2 次迭代时，循环变量 i 引用序列数据中的下一个元素，此时恰巧为整数 2，因此循环变量 i 的值为 2，程序执行循环体中的语句：显示 i 的值为 2，计算 summ 的值为 1+2=3。执行完循环体后，程序返回到语句①，发现循环变量 i 还未遍历完序列数据，随后进入第 3 次迭代。程序会重复上述过程，直到变量 i 遍历完序列数据中的所有数据后退出循环，如图 4.7 所示。

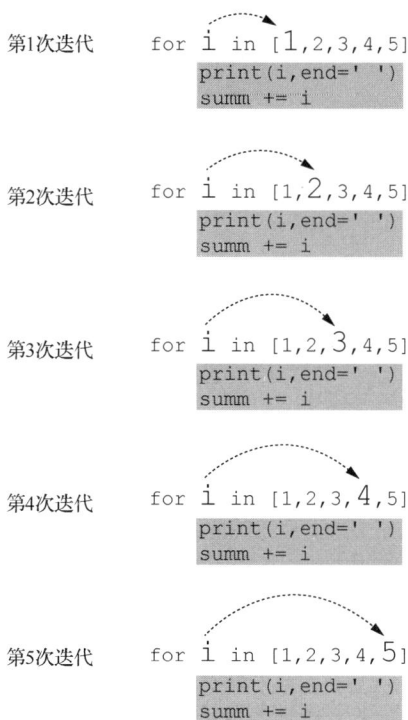

第1次迭代
```
for i in [1,2,3,4,5]
print(i,end=' ')
summ += i
```

第2次迭代
```
for i in [1,2,3,4,5]
print(i,end=' ')
summ += i
```

第3次迭代
```
for i in [1,2,3,4,5]
print(i,end=' ')
summ += i
```

第4次迭代
```
for i in [1,2,3,4,5]
print(i,end=' ')
summ += i
```

第5次迭代
```
for i in [1,2,3,4,5]
print(i,end=' ')
summ += i
```

图 4.7　for 循环的基本原理

由图 4.7 可知，for 循环结构中，程序会遍历序列数据中的每个元素，因此 for 循环是计数控制循环，其迭代执行的次数固定，序列数据中有多少个元素，程序就迭代多少次（除非循环体中有 break 语句，这在以后介绍）。

for 复合语句和 while 复合语句中，循环体起始位置和终止位置是根据缩进量判断的。代码缩进的使用，会让代码更易读，使代码整洁而具有清晰的结构。在较长的 Python 程序中，不同的程序块使用不同的缩进量，从而可以对程序的组织结构有大致了解。

< 63 >

3．range()函数

很多情况下（尤其在数值计算中），我们会使用 for 语句与 range()函数来构建计数控制类的循环。range()函数会返回一个属于序列数据类型的值，range()函数的调用语法格式如下。

👉   **起始值   终止值   步长**
range(start, stop[;step])

对于 range()函数及其 3 个参数的含义，我们将利用下面的例题 4.5 来帮助读者理解。

例题 4.5 输出 3～12 范围内的某些数。

range()函数返回一个等差序列，等差序列中相邻元素的差值为 step，故序列中的值为：start,start+step,…，直至 stop 为止，但并不包括 stop，因此语句②的输出结果为 3,6,9,12。为了得到 12，语句①中使用了赋值语句 stop=12+1。

语句③中使用的函数是 range(a_value,b_value)，根据其结果可知，当参数只有两个数据时，省略的第 3 个参数是步长（step），并且取其默认值 1，参数 a_value 和 b_value 分别是 range()函数的起始值和终止值。

语句④中使用的是只带 1 个参数的 range(one_value)函数，仅有的参数 one_value 解释为 stop。根据上述调用结构可知，range()函数关于参数的规定有一定的逻辑性：最小的自然数是 0，最小的步长是 1，但最大的自然数是没有的，需要用户指定。因此，如果在调用 range()函数时只提供了一个参数，此参数解释为终止值（stop）。

```
   start = 3
① stop = 12 + 1
   step = 3
② for i in range(start,stop,step):      # 语句②运行结果
       print(i,end = ',')                3,6,9,12
   print('\n')
   a_value = step
   b_value = stop
③ for i in range(a_value,b_value):       # 语句③运行结果
       print(i,end = '')                 3 4 5 6 7 8 9 10 11 12
   one_value = stop
④ for i in range(one_value):             # 语句④运行结果
       print(i,end = '')                 0 1 2 3 4 5 6 7 8 9 10 11 12
```

range()函数是一个常用函数，关于 range()函数的参数需要注意的事项如表 4.3 所示。

表 4.3 range()函数参数的注意事项

参数注意事项	说明
仅适用整数	所有参数必须是整数。不能在 start、stop 和 step 参数中使用浮点数类型或任何其他类型
可正可负	**range()**函数中的 3 个参数可以是正数，也可以是负数
步长 **step** 不能为 0	如果步长为 0，则抛出 ValueError 异常
左闭右开	参数的值符合"左闭右开"原则：[start,stop)，即包含 start，但不包含 stop

4．for 循环中的缩进错误

缩进在 Python 语言的程序结构和执行顺序方面具有非常重要的作用，下面列出初学者常见的一些错误。

< 64 >

（1）忘记缩进

属于 for 循环体的语句一定要缩进，否则会出错。

```
names = ['Linda','Emily','Alice']          # 抛出 IndentationError 错误，说明 Python 没有
for name in names:                         # 找到所期望的缩进的代码块
print(name)
```

（2）缩进量错误

循环能够运行，而且没有报告错误，但结果出人意料。很有可能是因为循环体执行多个循环任务，却忘记缩进其中的一些代码块。

```
    names = ['Linda','Emily','Alice']      # 运行结果
    for name in names:                     Linda,you are good!
        print(name,',you are good!')       Emily,you are good!
①   print('Welcome,',name,'!')            Alice,you are good!
                                           Welcome,Alice !
```

很明显，程序本意是对每一位同学说 Welcome；但由于语句①忘记缩进，使其成为循环体后面的第 1 个语句，因此循环体执行结束后，按照顺序执行语句①，输出循环变量 name 的当前值 Alice，只对 Alice 发出了欢迎信息。这是一个逻辑错误，只须让语句①缩进同样的量就可以排除该错误。

同样，多余的缩进也会触发运行错误或者逻辑错误。

```
    names = ['Linda','Emily','Alice']      # 触发错误
    for name in names:                     IndentationError: unexpected indent
        print(name,',you are good!')
①           print('Welcome,',name,'!')
```

（3）循环体后面语句的缩进错误

如果不小心将循环体后面的语句进行了缩进，造成其成为循环体的一部分，则这部分语句将迭代执行，可能触发运行错误，也可能触发逻辑错误，取决于具体的语句情况。

```
    names = ['Linda','Emily','Alice']      # 语句①是对所有人发出欢迎信息，因此不是循环体
    for name in names:                     # 的一部分，不应该和循环体一同缩进
        print('Hello!',name)
①       print('Welcome,everyone!')
```

（4）遗漏冒号

for 循环语句最后的冒号非常重要，Python 由此而知道冒号后面的第 1 个语句为循环体的第 1 个语句。如果忘记了冒号，则会触发语法错误。

4.3.4　嵌套循环

1. 嵌套循环的概念

若在一个循环体内又包含另一个完整的循环结构，则称之为嵌套循环（Nested Loop）。具有嵌套循环的语句结构称为多重循环结构。

例题 4.6　编写程序输出九九乘法表。

九九乘法表是表格数据。处理表格类数据时，往往会使用多重循环结构：第一重循环（即外层循环）处理行所代表的数据，第二重循环（即内层循环）处理列所代表的数据。

< 65 >

```
for i in range(1,9 + 1):          # 外循环：要输出的行。i 表示行序号
    j = 1                         # 列序号 j 初始化为 1
    while j <= i:                 # 内循环：要输出的列。j 表示列序号
        s = str(i) + '*' + str(j) + '='   # 输出的形式：i*j=
①       print(s,i * j,'\t',end = '')      # end='': 不输出 Enter 键
        j += 1                    # 列序号 j 的值加 1
    print()                       # 不输出内容，但默认输出 Enter 键
```

程序的运行结果如下。

```
1*1=1
2*1=2   2*2=4
3*1=3   3*2=6   3*3=9
4*1=4   4*2=8   4*3=12  4*4=16
5*1=5   5*2=10  5*3=15  5*4=20  5*5=25
6*1=6   6*2=12  6*3=18  6*4=24  6*5=30  6*6=36
7*1=7   7*2=14  7*3=21  7*4=28  7*5=35  7*6=42  7*7=49
8*1=8   8*2=16  8*3=24  8*4=32  8*5=40  8*6=48  8*7=56  8*8=64
9*1=9   9*2=18  9*3=27  9*4=36  9*5=45  9*6=54  9*7=63  9*8=72  9*9=81
```

语句①的 print()函数使用了制表符 "\t"，制表符的作用是对齐表格数据各列，因此其表示的空格数不定：如果系统规定制表符代表 4 个空格（有的系统是 8 个空格），当输出的字符串小于或等于 4 个空格时，字符串和随后的制表符占 4 个空格；当输出的字符串多于 4 个空格时，字符串中超出 4 个空格的部分与制表符合起来占据 4 个空格的位置。这就是经常说的"写法是两个字符的组合，但含义上只是一个字符"，见下面的例子。

```
print('1','\t','*',sep = '')          1□□□*
print('12','\t','*',sep = '')         12□□*
print('123','\t','*',sep = '')        123□*
print('1234','\t','*',sep = '')       1234□□□□*
print('12345','\t','*',sep = '')      12345□□□*
print('123456','\t','*',sep = '')     123456□□*
print('1234567','\t','*',sep = '')    1234567□*
print('12345678','\t','*',sep = '')   12345678□□□□*
print('123456789','\t','*',sep = '')  123456789□□□*
```

2. 嵌套循环的原理

while 循环结构和 for 循环结构可以相互嵌套，总的迭代次数等于每一重循环迭代次数的乘积。多重循环结构的工作原理有点类似于钟表的运行原理：秒针转 1 圈，分针转 1 格；分针转 1 圈，时针转 1 格。下面利用程序模拟数字时钟。

```
for hour in range(24)                 # 时针：0 到 23
    for minute in range(60):          # 分针：0 到 59
        for second in range(60):      # 秒针：0 到 59
            print(hour,':',minute,':',second)   1:17:9
```

最内层循环（即秒针）每迭代 60 次，中间循环（即分针）迭代 1 次；中间循环每迭代 60 次，最外层循环（即时针）迭代 1 次。当最外层的时针循环迭代了 24 次时，中间的分针循环已经迭代了 24×60=1440 次，而最内层的秒针循环则迭代了 1440×60=86400 次。

< 66 >

从时钟模拟的例子可以看出嵌套循环的特点如下。

- 外层循环每迭代 1 次，内层循环都要完成全部的迭代。
- 内层循环完成全部迭代的速度比外层循环快。
- 嵌套循环的总迭代次数就是每层循环迭代次数的乘积。

4.4 流程控制的其他语句

微课视频

跳转语句可以实现流程的转移，Python 利用 break 语句和 continue 语句实现流程转移。Python 中的 pass 语句可以认为是一种特殊的跳转语句；而循环结构中的 if 语句也实现了流程的转移。

4.4.1 break 语句

无论 while 语句中条件测试的结果是什么，无论 for 语句中循环变量的值是多少，如果需要立刻退出当前循环，不再运行循环体中余下的代码，则可使用 break 语句。break 语句用于控制程序流程，可控制哪些代码行会被执行，哪些代码行不会被执行。break 语句也称为断路语句，就是循环中断，不再执行循环体。

1. 直接退出循环

执行到 break 语句后，程序会直接退出 break 语句所在的循环，然后接着执行循环语句的后续语句，即 break 终止的（或者说跳出的）是循环结构，而不是整个程序。

```
prompt = "请输入字符串"                    请输入字符串
prompt += "\n 输入'Q'或者'q'结束: "        输入'Q'或者'q'结束: 你们好呀! Enter
while True:                               你们好呀!
    s = input(prompt)
    if (s == 'q') or (s == 'Q'):         请输入字符串
①        break                          输入'Q'或者'q'结束: q Enter
②    print(s)                           # print(s)语句不执行
③ print("Out of While now!")            Out of While now!
```

示例中 while 循环的判断条件值设置为 True，循环会一直进行。但当用户输入"Q"或者"q"时，程序执行 break 语句（见①），立刻终止 while 循环，也不再执行循环体中的语句②。程序退出了 while 循环后，接着执行语句③，输出字符串"Out of While now!"。

2. 退出内层循环

当 break 语句位于嵌套循环结构时，break 语句只应用于最里层的循环，即 break 语句只能终止内层循环。

```
for i in [1,3]:                                      # 定义外层循环
    print("\n 外层 i 的循环: ","i=",i,end='')         # 显示循环进程
    for j in [2,4,6]:                                # 定义内层循环
        print("\n\t 内层 j 的循环: ","j=",j,end='')   # 显示循环进程
①       if j == 4:                                   # 退出循环条件
            break

    print("\n\t 跳出内层 j 的循环, 因为","j=",j)        # 显示循环退出原因
                                                     # 此语句属于外层的 i 循环
                                                     # 不属于内层的 j 循环
```

< 67 >

程序的运行结果为:

外层 i 的循环: i=1	外层 i 的循环: i=3
内层 j 的循环: j=2	内层 j 的循环: j=2
内层 j 的循环: j=4	内层 j 的循环: j=4
跳出内层 j 的循环, 因为 j=4	跳出内层 j 的循环, 因为 j=4

根据运行结果可以看出, 当 j=4 时, 触发循环退出条件①, 程序执行 break 语句, 退出内层 j 的循环, 但仍然迭代完了外层 i 的循环。

4.4.2 continue 语句

与 break 语句一样, continue 语句也用于 for 或 while 循环中以退出循环, 但 continue 语句仅退出本次循环: 跳过循环体内 continue 语句后面的尚未执行的语句, 返回到循环结构的起始处, 根据循环条件决定是否执行下一次迭代。因此, continue 语句与 break 语句的区别是: break 语句彻底结束循环, 程序跳转到整个循环结构的后续语句; 而 continue 语句则仅结束本次循环, 程序跳转到循环结构的起始处。

与 break 语句类似, 当多个循环结构嵌套时, continue 语句仅应用于最里层的循环, 结束的也是最里层循环的当前迭代。

例题 4.7 使用 while 循环输出从 1 到 10 的奇数。

```
    current_number = 0                  # 运行结果
    while current_number < 10:          1
        current_number += 1             3
①      if current_number % 2 == 0:     5
②          continue                    7
③      print(current_number)           9
```

变量 current_number 的初始值为 0, while 循环得以执行, 循环体中 current_number 的值以 1 递增。语句①中的 % 为取余运算, 用来判断 current_number 是否为奇数。如果是奇数, 则执行语句③; 如果是偶数, 则执行②中的 continue 语句, 直接跳过循环体中剩余的语句③而返回到 while 语句, 进入下一次迭代。

4.4.3 pass 语句

pass 语句的含义是空语句, 其主要是为了保持程序结构的完整性而设计的, 一般用作占位符; 该语句不影响其后面语句的执行。

```
    for i in [2,3,4,6,8]:       # 变量 i 依次取值 2,3,4,6,8
        if i%2 == 1:            # 如果变量 i 为奇数
            pass                # pass 当作占位符, 以后用户可添加处理奇数情况的代码
            continue            # 退出本次循环, 不再执行语句①
①      print("偶数: ",i)        # 对偶数情况的处理
```

如果程序省略了 pass 语句, 运行结果没有任何变化; 但使用 pass 语句作为占位符, 以后可添加处理奇数的代码, 提高了程序的可读性。

4.4.4 循环结构中的 else 语句

除 Python 外的编程语言中, else 语句用在分支结构中; 而 Python 中, for 循环、while 循环以及后

< 68 >

续将要介绍的异常处理结构中都可以使用 else 语句。在循环结构中使用时，只有循环正常结束后，才会执行 else 语句。

因此，如果循环结构中有 break 语句，也会跳过 else 语句块。

```
for char in "Hello World"        # char 取值字符串 "Hello World" 中的每个字符
    print(char,end = '*')        # 输出 char，以 "*" 分割每个字符
else:                            # for 循环正常结束时执行此 else 语句块
    print("字符串遍历结束")       # 程序运行结果：
                                 # H*e*l*l*o* *W*o*r*l*d*字符串遍历结束
```

4.4.5　案例：蒙特卡罗模拟

20 世纪 40 年代，数学家冯·诺依曼、斯塔尼斯拉夫·乌拉姆和尼古拉斯·梅特罗波利斯在美国阿拉莫斯国家实验室工作。为了解决原子物理方面的问题，他们发明了蒙特卡罗方法：利用概率统计理论解决数值计算问题。恰巧乌拉姆的叔叔经常在摩纳哥的蒙特卡罗赌场赌博，所以将这种以概率为基础的方法命名为蒙特卡罗模拟。

例题 4.8　利用蒙特卡罗模拟求取圆周率 π 的值。

1. 基本原理

图 4.8 所示上部是边长为 2 个单位的正方形内接了一个直径为 2 个单位的圆。现切下正方形右上角的 1/4，得到下部的图形：边长为 1 个单位的正方形内接 1/4 的圆。圆的面积为 $\pi r^2 = \pi$ 个单位，1/4 圆的面积为 π/4 个单位。现将下部图形作为飞镖靶子，假设飞镖等随机地落入靶子上的任一位置，则飞镖落入 1/4 圆内的概率为 1/4 圆和其外接的正方形面积之比：π/4/1=π/4。

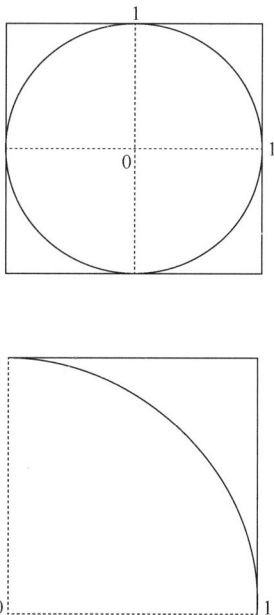

图 4.8　蒙特卡罗模拟求取 π 的值

2. 蒙特卡罗模拟求取概率

随机产生 N 个点表示投出的飞镖，根据点的坐标确定飞镖是否落入 1/4 圆内，并统计落入 1/4 圆内的点数 $N_{内}$，则两者比值的极限即飞镖落入 1/4 圆内的概率。

< 69 >

$$\lim_{N \to \infty} \frac{N_{内}}{N} = \pi / 4$$

N 越大，比值 $N_{内}/N$ 会越接近于其极限 $\pi/4$。根据这个比值就可以计算出 π 的值。

3. 代码实现

导入 random 模块，调用模块中的 random()函数，生成[0,1]范围内均匀分布的随机数。这样的两个随机数就可以表示飞镖落在正方形内的位置（即 x 轴坐标和 y 轴坐标），根据飞镖离原点的距离判断其是否落于 1/4 圆内，并统计落于 1/4 圆内的飞镖数量。

```python
import random                                    # 导入 random 模块
import time                                      # 导入 time 模块以统计运行时间
import math                                      # 导入 math 模块引用 π 的高精度值
message = format('iteration','10s')              # 显示信息
message += format('true','10s')                  # 10s 表示 10 位字符串
message += format('estimated','10s')             #默认左对齐
message += format('error','10s')
message += format('time','10s')
print(message)
for N in [1000,100000,1000000]:                  # N：迭代次数，分 3 种情况
    start_time = time.time()                     # 迭代开始时刻
    n = 0                                        # n：落入 1/4 圆内的点数
    for iteration in range(1,N + 1):             # 模拟投掷 N 次飞镖
        x = random.random()                      # 产生[0,1]内随机数
        y = random.random()                      # x：横轴坐标；y：纵轴坐标
        r = x**2 + y**2                          # 飞镖离原点的距离
        if r < 1.0:                              # 飞镖落入 1/4 圆内
            n += 1                               # 点数加 1
    end_time = time.time()                       # 迭代结束时刻
    run_time = end_time - start_time             # 循环运行时间
    prob = n/N                                   # 飞镖落入 1/4 圆内的概率
    pi_Montcaro = prob*4                         # 蒙特卡罗模拟得到的 π 值
    err = abs(math.pi-pi_Montcaro)               # 估计误差

    statistics = format(N,'<10d')                # 10d：10 位整数
    statistics += format(math.pi,'<10f')         # <：左对齐
    statistics += format(pi_Montcaro,'<10f')     # 10f：10 位浮点数
    statistics += format(err,'<10f')
    statistics += format(run_time,'<10f')
    print(statistics)
```

程序的运行结果如下。

```
iteration   true        estimated   error       time
1000        3.141593    3.136000    0.005593    0.001000
100000      3.141593    3.130560    0.011033    0.088005
1000000     3.141593    3.144628    0.003035    0.760056
```

< 70 >

习题

一、选择题

1. 关于分支结构，错误的选项是（　　）。

A. if 语句中条件部分可以使用任何其值为 True 或 False 的表达式

B. 双分支结构使用关键字 if 和 elif 实现

C. if 语句中语句块是否执行取决于条件测试（或称为条件判断）

D. 多分支结构用于设置多个判断条件和多条执行路径

2. 关于分支结构，错误的选项是（　　）。

A. Python 分支结构使用关键字 if、elif 和 else 实现，每个 if 后面必须有 elif 或 else

B. 缩进是 Python 分支结构的语法部分，缩进不正确会影响分支功能

C. if-else 分支结构还可以再包括分支，即分支可以嵌套

D. if 语句会判断 if 后面的布尔表达式，当其值为 True 时执行 if 后的语句块

3. Python 中，使用 for-in 构成的循环结构不能遍历的类型是（　　）。

A. 整数　　　　　　B. 浮点数　　　　　　C. 列表　　　　　　D. 字符串

4. 关于循环结构，错误的选项是（　　）。

A. while 循环结构中，break 语句可以跳出其所在层的循环体

B. while 循环结构可以使用 break 和 continue 关键字

C. while 循环可以遍历序列数据中的每个元素

D. while 循环中的 pass 语句，一般用作占位语句，不做任何事情

5. 关于 Python 循环结构中的 else 语句，正确的选项是（　　）。

A. while 和 for 循环都可以有 else 语句

B. 只有 for 循环才有 else 语句

C. 只有 while 循环才有 else 语句

D. for 和 while 循环都不能有 else 语句

6. 不能进行逻辑操作的是（　　）。

A. and　　　　　　B. or　　　　　　C. ==　　　　　　D. ><

7. 关于分支结构，错误的选项是（　　）。

A. Python 语言的分支结构使用 if 保留字

B. Python 语言的 if-else 语句用于创建双分支结构

C. Python 语言的 if-elif-else 语句可创建多分支结构

D. Python 语言的分支结构可以跳转到已经执行过的语句

8. 关于 Python 循环结构，错误的选项是（　　）。

A. break 用来结束当前的循环语句，但不跳出当前的循环体

B. 遍历循环中的遍历结构可以是字符串、range() 函数等

C. Python 通过 for、while 等保留字创建循环结构

D. continue 只结束本次循环

9. 不属于 Python 控制结构的是（　　）。

A. 分支结构　　　　B. 程序异常　　　　C. 跳转结构　　　　D. 顺序结构

10. 关于分支结构，错误的选项是（　　）。

A. if 语句中语句块执行与否依赖于条件判断

B. if 语句中条件部分可使用任何能够产生布尔值的语句或函数

< 71 >

C. 双分支结构有一种紧凑形式，使用保留字 if 和 elif 实现

D. 多分支结构用于设置多个判断条件及其对应的多条执行路径

二、填空题

1. 语句 s='a' or 'b'的值为_____。

2. 语句 s='a' and 'b'的值为_____。

3. 语句 11<=22<33 的值为_____。

4. 语句 11<=22 and 22<33 的值为_____。

5. 保留字 elif 属于_____流程控制结构。

三、编程题

1. 编写程序，输入两个数，要求按由大到小顺序输出。

2. 编写程序，输入参数 a、b、c 的值，要求求解一元二次方程 $ax^2 + bx + c = 0$ 的根。

3. 编写程序，键盘输入自然数，要求输出它的二进制、八进制和十六进制表示形式。

4. 编写程序，输入一个整数，要求判断其能否同时被 3 和 5 整除。

5. 编写程序，要求根据输入的百分制分数，输出成绩等级（A：85～100 分；B：70～<85 分；C：60～<70 分；D：0～<60 分）。

6. 编写程序，用 1、2、3 和 4 这 4 个数字，组成互不相同且无重复数字的 3 位数。要求输出这些 3 位数，每行 4 个。

7. 编写程序，要求统计[m,n]范围内的所有整数中，数字 3 出现的次数。

8. 编写程序，要求计算两个数的最大公约数和最小公倍数。

9. 编写程序，要求输入用户名和密码，输出登录是否成功的提示信息，只有 3 次登录机会。

10. 编写程序，要求求取 1～100 所有奇数的和。

11. 编写程序，要求求取 1～100 所有偶数的和，输出结果的宽度为 8，居中对齐，空白处填充符号 "*"。

12. 通信公司的话费收费标准如下：若为套餐用户，每月收取固定费用 50 元，可免费拨打电话 300 分钟，超出 300 分钟部分则每分钟收费 0.1 元；若为非套餐用户，每分钟话费 0.2 元。编写程序，要求输入某人一个月的通话时间和用户类别，计算其话费。

13. 编写程序，输入一组 3 位自然数，输入-1 表示输入结束，要求输出这组数中水仙花数的个数。水仙花数：3 位自然数，每位数字的立方和等于它本身。例如，$153 = 1^3 + 5^3 + 3^3$ 为水仙花数。

14. Linda 毕业后准备买一套价值 100 万元的房子。假设房价每年以 $k\%$ 的增幅递增，Linda 的年薪为 n 万元（年薪固定），且年薪全部积攒起来买房，编写程序，试计算 Linda 需要多少年能买下这套房子。如果超过 20 年也买不起，输出有关信息。

15. 编写程序，将本金 1 万元存入银行，年利率 2%，本金和利息都作为新的本金继续存入银行，要求计算 100 年后的本金。

16. 编写程序，要求输入一个自然数，输出从 1 到此数的所有偶数，每隔 10 个数换一行。

17. 编写程序，求 1～10000 内的所有完美数。完美数是指所有真因子（自身之外的因子）的和恰好等于此数。例如，6 和 28 是完美数：6=1+2+3 和 28=1+2+4+7+14。

18. 编写程序，求 100 之内素数的和。素数是指大于 1 且除了 1 和自身外没有其他因子的正整数。

19. 一张纸的厚度大约是 0.08mm，编写程序，计算对折多少次后可以达到珠穆朗玛峰的高度（8848m）？

20. 百马百担问题：1 匹大马能驮 3 担货，1 匹中马能驮 2 担货，2 匹小马能驮 1 担货。编写程序，计算如果用 100 匹马驮 100 担货，需要大、中、小马各多少匹？

21. 一个整数加上 100 后是完全平方数，再加上 168 又是完全平方数，编写程序，求此数。完全平方数是指可表示为某个整数平方的数。

< 72 >

第5章 组合数据类型

实际应用中，我们经常需要处理具有表 5.1 中性质的数据。

表 5.1　常见数据的性质

数据性质	说明
属于同一类型	例如，读取 100 名学生的考试成绩，求取平均值以及最大值、最小值等统计信息。此类数据的类型相同，用途也相似
关联同一对象	例如，统计每名学生的性别、年龄等自然属性和所有科目的考试成绩等。此类数据是复合数据，组成复合数据的每个元素类型各异，形态复杂

　　表 5.1 中举例介绍的数据称为结构数据。当结构数据的数据量较大时，就需要高效而富有条理的数据存储和处理方法。Python 提供了组合数据类型用于存储和处理结构数据。组合数据类型能将不同类型的数据组织在一起，实现更复杂的数据存储和处理功能。

　　根据数据之间的关系，组合数据类型分为 3 类：序列类型、映射类型和集合类型。Python 中，序列类型包括列表、元组和字符串 3 种；映射类型利用键值对表示数据，Python 中典型的映射类型是字典；Python 利用集合表示集合类型的数据，各数据是无序和唯一的。组合数据中的单个数据称为元素。

5.1　列表

微课视频

　　列表是 Python 最为强大的数据类型之一，融合了很多重要的编程概念，用户可以访问、修改、添加和删除列表中的数据。Python 中没有数组类型，但该类型可以用列表类型代替。

5.1.1　列表特点与命名

　　列表由一系列按特定顺序排列的元素组成。

1．列表特点

　　根据列表的定义，可以看出列表具有两个显著特点，如表 5.2 所示。

表 5.2　列表的显著特点

显著特点	说明
元素类型没有限制	Python 对列表中元素的类型未施加限制，元素的数据类型是任意的，甚至可以是列表或者其他类型的复合数据类型
元素间逻辑关系任意	Python 未对元素间的逻辑关系施加限制，用户可以将任何"东西"加入列表中，元素之间可以没有任何关系

2. 列表命名

通常情况下，列表会包含多个元素，那么列表名称如何体现元素特点呢？列表命名需要注意的问题如表 5.3 所示。

表 5.3　列表命名需要注意的问题

列表元素表示的对象	说明
同一类对象	如果列表中的元素表示同一类对象，则可以将列表命名为体现复数含义的名称，例如，letters 或者 names 等
同一对象不同属性	如果列表表示某个对象所具有的不同属性，则无须指定复数名称。例如，用户可以将列表命名为 student，用来存储学生的姓名、年龄和身高等信息

5.1.2　生成列表

Python 中常用的列表生成方法有以下 3 种。

1. 直接生成列表

利用字面量可以直接生成一个列表，即利用字面量直接定义一个列表。

```
names = ['Zhao','Qian']
print(names)                        ['Zhao','Qian']
student = ['Linda',2008,165.2]
print(student)                      ['Linda',2008,165.2]
s = []                              空列表
```

2. 利用 list() 函数将序列数据转换为列表

利用 list() 函数可以将序列数据转换为列表。目前为止，我们接触到的序列数据有两类：一类是字符串，另一类是 range() 函数生成的数据。

```
L = list('abc')                     ['a','b','c']
L = list(range(0,3))                [0,1,2]
```

3. 列表解析生成列表

列表解析可以很方便地创建一些较为特殊的列表。

```
① list1 = [x for x in range(4)]       [0,1,2,3]
② list2 = [0.5 *x for x in list1]     [0.0,0.5,1.0,1.5]
③ list3 = [x for x in list2 if x < 1.0]   [0.0,0.5]
```

语句①中列表 list1 的元素是 x，x 由随后的 for 循环语句生成；语句②中列表 list2 的元素是 0.5*x，x 由 for 循环语句在 list1 范围内生成；语句③中列表 list3 的元素是 x，但增加了一个条件 x<1.0，只有满足此条件的 x 才会被 for 语句遍历并添加为列表 list3 的元素。

5.1.3　访问和查找列表元素

1. 访问列表元素

列表是有序集合，因此用户可以利用索引来访问列表元素。索引就是元素在有序集合中的位置。需要注意的是，列表中第 1 个元素的索引是 0，而不是 1。大多数编程语言均做如此规定，这与列表操

< 74 >

作的底层实现有关。例如，如果要引用列表 student 中的学生姓名、出生年份和身高，则可以分别执行如下命令。

```
>>> student = ["Linda",2008,165.2]        # 定义列表
>>> print("姓名: ",student[0])             姓名: Linda
>>> print("出生年份: ",student[1])         出生年份: 2008
>>> print("身高: ",student[2])             身高: 165.2
```

为了方便访问列表中的最后一个元素，Python 提供了一种特殊的语法：索引为-1，返回列表的最后一个元素。这种语法很有用，用户可以在无须知道列表长度的情况下访问列表的最后一个元素。这种方法可以进一步拓展：索引为-2 和-3，则分别返回列表中倒数第 2 个和第 3 个元素。

```
>>> print(student[-1])                     165.2
>>> print(student[-2])                     2008
>>> print(student[-3])                     Linda
```

列表索引及其所对应的元素如下所示。

	0	1	2	正数索引
student→	'Linda'	2008	165.2	
	-3	-2	-1	负数索引

2. 查找列表元素

- 利用 in 运算符查找列表元素。

如果只想知道列表中是否存在某个元素，用户可以使用 in 运算符实现。

```
friends = ['Linda','Emily']
if 'Emma'in friends:
    print("Emma: 好朋友")                  # 语句未执行: 条件测试的值为 False
friend = 'Linda'
if friend in friends:
    print(friend,": 好朋友")               Linda : 好朋友
```

了解了 in 运算符的含义，读者现在应该对 for 循环语句 for i in range(10)有更深的认识了。

- 查找列表元素的索引位置。

如果想知道元素在列表中的索引位置，用户可以使用 index 方法，此方法返回匹配的第 1 个索引。

```
digits = [1,3,0,1,5]
index = digits.index(2)
print(index)                               0
```

5.1.4　修改、添加和删除列表元素

列表是动态的，是可以修改的。例如，用户可以在列表 student 中增加学生性别等信息，或者删除学生出生年份等信息。

1. 修改列表元素

修改列表元素的方法与访问列表元素的方法类似：指定元素的索引，并重新进行赋值；列表中未重新赋值的元素保持不变。

< 75 >

```
>>> print(student)                    ['Linda',2008,165.2]
>>> student[0] = 'Emily'              # 对索引为 0 的元素重新赋值
>>> print(student)                    ['Emily',2008,165.2]
```

2. 添加列表元素

根据实际情况，可能需要在列表中添加新的元素，如在列表 student 中增加性别数据。Python 提供了多种在既有列表中增加元素的方法。

- **append()**：在列表末尾追加元素。在列表中添加新元素时，最简单的方法就是将新元素追加（append）到列表。使用追加的方法添加新元素时，新元素将添加在列表末尾。

```
>>> student = ['Lin',2008,165.2] Enter
>>> print(s) Enter                    ['Lin',2008,165.2]
>>> s.append('female') Enter          # 追加新元素
>>> print(s) Enter                    ['Lin',2008,165.2,'female']
```

Python 中一切皆为对象，类 list 是对象，称为类对象；s 是类 list 的一个实例，称为实例对象。append() 函数是 list（列表）这种类对象所内置的数据处理方式，称为方法。由于类 list 的所有实例都会继承此方法，因此方法的调用方式为：实例名.方法名()。append()方法可以将字符串字面量 "female" 添加到列表类型的变量 student 的末尾，而不会影响到列表中已有元素的值和索引，因此，在实际编程中 append() 方法非常有用。通常情况下，列表中的数据是逐步添加的。这时可以先创建一个空列表，然后利用 append()方法逐一将数据添加到列表中。

```
student = []                          # 定义一个空列表
print(student)                        []
name = input("输入姓名: ")             输入姓名: Linda Enter
student.append(name)
year = int(input("输入出生年份: "))     输入出生年份: 2008 Enter
student.append(year)
height = float(input("输入身高: "))     输入身高: 165 Enter
student.append(height)
print(student)                        ['Linda',2008,165.0]
```

- **insert()**：插入元素。使用列表内置的 insert()方法可以在列表的任意位置添加元素，只须指定索引和值。

```
  student = ['female',2008,165.2]
  print(student[1])                   2008
① student.insert(0,'Linda')
  print(student[1])                   female
  print(student)                      ['Linda','female',2008,165.2]
```

语句①在索引位置 0 插入字符串字面量'Linda'，已有元素的索引都会加 1，即在列表中右移一个位置。

3. 删除列表元素

如果学生转学了，需要将其名字从列表 names 中删除，则可以根据元素的索引或者值来删除列表中的元素。

- **del** 语句：删除列表元素。使用 del 语句可以删除任意位置上的元素，但需要知道其索引。del

< 76 >

语句将值从列表中删除后，将无法再访问它了。注意 del 不是方法，我们可以认为它是一个命令。

```
>>> names = ['Linda','Emily','Emma','Alice'] Enter
>>> del names[0] Enter
>>> print(names) Enter                              ['Emily','Emma','Alice']
>>> del names[1] Enter
>>> print(names)                                    ['Emily','Alice']
```

- **pop()**方法：删除列表中的最后一个元素。

有时候，我们删除了列表的某个元素，却需将被删除元素的值保存到另外一个列表中。例如，学校可能需要两份学生名单：转学的学生名单和在册的学生名单。这时可以利用 pop()方法，从在册学生名单中删除转学的学生姓名并将其添加到转学学生名单中。

```
>>> names = ['Linda','Emily','Emma','Alice']
>>> tran_names = []
>>> print(names)                         ['Linda','Emily','Emma','Alice']
>>> print(tran_names)                    []
>>> pop_name = names.pop()               # 弹出列表中的最后一个元素并赋值给 pop_name
>>> tran_names.append(pop_name)          # 将 pop_name 追加到列表 tran_names 中
>>> print(names)                         ['Linda','Emily','Emma']
>>> print(pop_name)                      Alice
>>> print(tran_names)                    ['Alice']
```

- **pop(index)**方法：删除任意元素。

pop()方法有一个参数，是列表元素的索引。如果不指定此参数的值，则默认为 –1，因此 pop()方法弹出列表的最后一个元素。

```
>>> names = ['Linda','Emily','Emma','Alice']
>>> popped_name = names.pop(2)           # 弹出索引为 2 的元素：'Emma'
>>> print(names)                         ['Linda','Emily','Alice']
```

如果从列表中删除的元素不再使用，则使用 del()语句；如果希望删除后还能继续使用此元素，则使用 pop()方法。

- **remove()**方法：根据值删除元素。

如果不知道列表元素的索引，则可以根据值利用 remove()方法来删除。

```
>>> names = ['Linda','Emily','Emma','Alice']
>>> print(names)                         ['Linda','Emily','Emma','Alice']
>>> names.remove('Emma')                 # 删除值为'Emma'的列表元素
>>> print(names)                         ['Linda','Emily','Alice']
>>> student = ['Linda',2008,165.2]
>>> year = 2008
>>> student.remove(year)                 # 删除 year 值对应的列表元素
>>> print(student)                       ['Linda',165.2]
>>> print(year)①                         2008
```

利用 remove()方法删除了列表 student 中的 2008，但由于此值已经赋值给变量 year，因此语句①可以通过变量 year 访问它。

< 77 >

```
>>> born_year = 2008
>>> student = ['Linda',2008,165.2,'Emily',2008,162.3]
>>> student.remove(born_year)①
>>> print(student)                    ['Linda',165.2,'Emily',2008,162.3]②
```

列表 student 中有 2 个字面量 2008，语句①利用 remove(born_year)方法只删除了列表中的第 1 个 2008，未删除第 2 个 2008，结果见②。

5.1.5 列表排序

虽然列表是有序集合，但列表元素的顺序是其索引位置的顺序，该顺序可能并不是我们所要求的顺序。例如，如果希望列表 names=['Linda','Emily','Alice']中的元素按照字母排序，就需要对列表进行排序处理，有两种排序方式：sort()方法和 sorted()函数。

1. sort()方法：排序且更改列表

Python 中列表内置的 sort()方法可以按照字母顺序对元素进行排列。

```
   names = ['Linda','Emily','Emma','Alice']
①  names.sort()                       # 括号内未指定参数值，默认由小到大排序
   print(names)                       ['Alice','Emily','Emma','Linda']
②  names.sort(reverse = True)         # 指定参数为 True 表示由大到小排序
   print(names)                       ['Linda','Emma','Emily','Alice']
```

语句①中使用了 sort()方法，括号中未指定参数，则默认 reverse=False，表示由小到大排序。对于字符串来说，由小到大表示字典顺序，即比较字符的 ASCII 值大小。例如，大写字符'A'的 ASCII 码值为 65，小写字符'a'的 ASCII 码值为 97，因此按照字典顺序，大写字符'A'排在小写字符'a'之前。

执行了 sort()方法后，列表 names 保存的是排序之后的结果，再也无法恢复未排序前的顺序。语句②则在 sort()方法中指定了参数 reverse=True，表明要按照降序排列，即与字母顺序相反。注：用户可通过如下方法查看列表中的所有方法。

```
>>> help() Enter          >>> help> list Enter          >>>help> quit Enter
```

2. sorted()函数：排序但不更改列表

sorted()函数可以按照指定的方式对列表元素进行排序，同时不改变列表的值。

```
   letters = ['I','c','C','i','9']
   print(letters)                          ['I','c','C','i','9']
①  print(sorted(letters))                  ['9','C','I','c','i']
   print(letters)                          ['I','c','C','i','9']
②  print(sorted(letters,reverse = True))   ['i','c','I','C','9']
   print(letters)                          ['I','c','C','i','9']
```

语句①未指定排序方式，则按照默认的升序排列；而语句②指定参数 reverse=True，表明要按照降序排列；执行完语句①和②之后，列表变量 letters 的值未发生改变。

从上面两个排序的例子可以看出，类对象内置的方法是在类型的实例对象上进行操作的，一般会改变实例对象的值；而函数则是将实例对象作为参数传递的，通常不会改变实例对象的值。

< 78 >

列表内置了 reverse() 方法，用它对列表元素按照索引进行倒序排列，并赋值给列表。由于 reverse() 是列表的内置方法，是对类型的实例对象本身进行操作，其值会改变。再调用一次 reverse() 方法，则会得到列表原来的排列顺序。

```
names = ['Linda','Emily','Alice']
print(names)                              ['Linda','Emily','Alice']
names.reverse()
print(names)                              ['Alice','Emily','Linda']
names.reverse()
print(names)                              ['Linda','Emily','Alice']
```

5.1.6　列表切片

如果需要处理列表中的部分元素，则可以利用切片。切片操作可以抽取列表中的部分元素。

1．生成切片

假设已经创建了一个列表：names=['A','B','C','D','E','F','G','H']。以此列表为例，列表切片生成的语法及其参数含义如下。

☞
起始值　终止值　步长
names[start: stop: step]

列表存在时，元素是确定的，可做如下合理假设。切片 names[star:stop:step]中 3 个参数的默认值分别为：start=0,stop=**len**(names),step=1。切片操作也应该满足 Python 中的惯用原则：左闭右开，即不包括索引为 stop 的元素。列表切片举例如表 5.4 所示。

```
            0   1   2   3   4   5   6   7  正数索引
names = [ 'A','B','C','D','E','F','G','H' ]
           -8  -7  -6  -5  -4  -3  -2  -1  负数索引
```

表 5.4　列表切片举例

语句	解释	执行结果
print(names[2:6:2])	切片索引：2,4,6。6 表示不包括 6	['C', 'E']
print(names[2:6:]) **print**(names[2:6]) **print**(names[2:6:1])	[2:6]等同于[2:6:1]	['C', 'D', 'E', 'F']
① **print**(names[2:]) **print**(names[2:**len**(names)]) **print**(names[2:8:1])	[2:**len**(names)]等同于[2:8:1]	['C','D','E','F','G','H']
② **print**(names[:2])	[:2]等同于[0:2:1]	['A','B']
③ **print**(names[::2])	[::2]等同于[0:8:2]	['A','C','E','G']
④ **print**(names[:])	[:]等同于[0:8:1]	['A','B','C','D','E','F','G','H']
⑤ **print**(names[2])	没有冒号（：），不是切片运算，不存在切片参数的默认值	C

< 79 >

根据语句⑤与其他语句结果的差异，可以看到方括号（[]）与冒号（:）的组合表示列表切片运算。语句⑤只有方括号而无冒号，则表示列表元素；而语句④中虽然没有指定任何参数，但冒号表明是列表切片，所需参数皆为默认值。由语句①、②、③可知，如果方括号内只有一个冒号，则解释为[start:stop]，缺省的是:1；如果方括号内有两个冒号，则按顺序解释为[start:stop:step]；如果相应位置没有提供参数，则取默认值。

2. 遍历切片

如果只需要遍历列表的部分元素，则可在 for 循环中使用切片。

```
names = ['A','B','C','D','E','F','G','H']
print('the first 3 names')              the first 3 names:
① for name in names[0:3]:                A
      print(name)                        B
                                         C
```

语句①中的 for 循环并没有遍历整个列表，而只遍历了指定的列表切片。列表切片非常有用，用户可以根据条件将列表的特定元素保存到另一个列表中。

5.1.7 列表复制

例题 5.1　小朋友 Linda 创建了列表 foods_Linda 来保存喜欢吃的食物；Linda 的朋友 Nannan 也想创建类似的列表，巧的是 Linda 喜欢的食物，Nannan 也喜欢吃。

```
① foods_Linda = ['Pizza','Milk']; foods_Nannan = foods_Linda[:]
  print("Linda 喜欢的食物: ")          Linda 喜欢的食物:
  print(foods_Linda)                   ['Pizza','Milk']
  print("Nannan 喜欢的食物: ")         Nannan 喜欢的食物:
  print(foods_Nannan)                  ['Pizza','Milk']
  foods_Linda.append('Apple')
  foods_Nannan.append('Banana')
  print(foods_Linda)                   ['Pizza','Milk','Apple']
  print(foods_Nannan)                  ['Pizza','Milk','Banana']
✉ print(id(foods_Linda))              3086337610632 # 不同计算机结果会不同
  print(id(foods_Nannan))             3086337745608 # 不同计算机结果会不同
② foods_Linda = ['Pizza','Milk']; foods_Nannan = foods_Linda
  print(foods_Linda)                   ['Pizza','Milk']
  print(foods_Nannan)                  ['Pizza','Milk']
  foods_Linda.append('Apple')          # foods_Linda 列表中追加'Apple'
  print(foods_Linda)                   ['Pizza','Milk','Apple']
❶ print(foods_Nannan)                  ['Pizza','Milk','Apple']
  foods_Nannan.append('Tea')           # foods_Nannan 列表中追加'Tea'
  print(foods_Linda)                   ['Pizza','Milk','Apple','Tea']
❷ print(foods_Nannan)                  ['Pizza','Milk','Apple','Tea']
✉ print(id(foods_Linda))              3086338204616 # 不同计算机结果会不同
  print(id(foods_Nannan))             3086338204616 # 不同计算机结果会不同
```

语句①在不指定任何索引的情况下从列表 foods_Linda 中提取一个切片（这个切片其实是列表 foods_Linda 的副本），并将该副本赋给变量 foods_Nannan，此语句执行的结果是创建了一个名为

< 80 >

foods_Nannan 的新列表。分别为列表 foods_Linda 和 foods_Nannan 追加了不同食物后，可以发现列表 food_Linda 和 foods_Nannan 确实不同，它们是两个独立的列表变量。切片运算是对列表中部分元素进行的提取操作，因此会在新的内存空间中保存这些数据。

语句②则是直接将列表 foods_Linda 赋值给列表变量 food_Nannan。根据前面所述赋值运算的含义，列表变量 foods_Nannan 关联了另一个列表变量 foods_Linda 已经引用的值，即 foods_Nannan 和 foods_Linda 指向同一个内存地址。通过任意一个列表变量改变列表元素时，都可以修改此内存地址所保存的数据，见语句❶、❷的输出结果。

两种方法的区别也可以利用 id()函数来确认。执行完语句①后，变量 foods_Linda 和变量 foods_Nannan 的 ID（标识符）并不相同，说明这两个变量所引用的并不是同一个内存地址中的数据；而执行完语句②后，变量 foods_Linda 和变量 foods_Nannan 具有相同的 ID，说明这两个变量引用了同一内存地址所保存的数据（见符号✉所标注的语句），如图 5.1 所示。

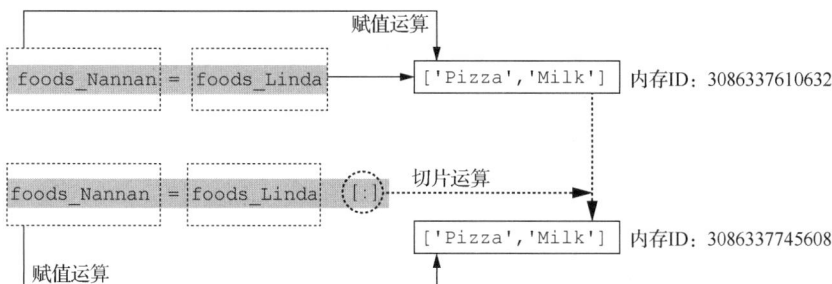

图 5.1　列表赋值和切片运算的原理

5.1.8　列表的常用函数和方法

1. 常用函数

列表的常用函数如表 5.5 所示。

表 5.5　列表的常用函数

函数	含义	举例	结果
[]	创建空列表	s = []	s 为空列表
len(*)	列表*中元素个数	**len**([1,2,3])	3
list(*)	序列*转换为列表	**list(range**(0,2)) **list**('ab8')	[0, 1] ['a','b','8']
s*n	列表 s 中元素重复 n 次	[0,'1']*2	[0, '1', 0, '1']
l+s	列表 l 和 s 拼接成新列表	['0']+[1]	['0',1]
[:]	切片	[1,2,3,4][0:2]	[1,2]
sum(*)	数值列表各元素的和	**sum**([1,2.0])	3.0
min(*)	列表元素的最小值	**min**(['a','2.0'])	'2.0'
max(*)	列表元素的最大值	**max**(['ab','a0'])	'ab'
l == s	l 和 s 中的元素是否依次相等	['a','b'] == ['a','1']	False

2. 常用方法

列表方法是施加于列表变量之上的。表 5.6 中的实例都以列表 s=[1,4,6]为例。

< 81 >

表 5.6 列表常用方法举例

函数	含义	结果（显示列表 s 的值）
s.pop()	弹出列表的最后一个元素	[1,4]
s.pop(1)	弹出索引为 1 的元素	[1,6]
s.insert(1,'a')	索引 1 处插入元素'a'	[1, 'a', 4, 6]
s.append('a')	列表末尾追加元素'a'	[1, 4, 6, 'a']
s.index(4)	列表元素 4 的索引	1
s.remove(4)	从列表中删除元素 4	[1,6]
s.sort()	按默认的升序对列表进行排序	[1,4,6]
s.sort(reverse = True)	按指定的降序对列表进行排序	[6,4,1]

t = s.copy()	复制列表	>>> **id(s)**
		2458075695240
		>>> **id(t)**
		2458075565384

s.reverse()	列表反转	[6, 4, 1]

5.2 元组

列表是可以修改的，非常适合存储在程序运行期间会发生变化的数据。如果要保存一系列不可修改的元素，则可以利用元组（tuple）。例如，我国 2019 年 1 月 1 日开始实施的个人所得税税率共分为 8 档，为了计算个人所得税，我们可以利用列表来保存这 8 档税率，也可以创建元组变量利用字面量来保存这 8 档税率。相比较而言，利用元组保存这些在程序运行期间不变的量更好一些。

5.2.1 创建和访问元组

1. 直接生成元组

利用下面的语句可以直接生成元组类型的数据。

```
    rates_list = [0.0,0.03,0.1]        # 创建列表
①  rates_tuple = (0.0,0.03,0.1)       # 创建元组
    print(rates_list)                  [0.0,0.03,0.1]
    print(rates_tuple)                 (0.0,0.03,0.1)
    print(rates_list[1])               0.03
②  print(rates_tuple[1])              0.03
    rates_list = []                    # 创建空列表
    rates_tuple = ()                   # 创建空元组
    rates_list[1] = 0.05               # 可以修改列表元素的值
    print(rates_list)                  [0.0, 0.05, 0.1]
                                       # 试图修改元组元素的值，但这触发了下列错误
③  rates_tuple[1] = 0.05             TypeError: 'tuple'object does not support item
                                       assignment
④  x = (5,)
    print(x[0])                        5
    print(x)                           (5,)
```

< 82 >

```
⑤ y = (5)
  print(y)                              5
  print(y[0])                           TypeError: 'int'object is not subscriptable
```

　　语句①创建了一个元组，元组的创建方法与列表的创建方法类似；语句②引用元组中的某个元素，这与列表元素的引用方法相同；语句③试图更改元组元素的值，但这触发了一个类型错误：元组并不支持元素赋值，这与列表不同；根据语句④和⑤的结果可知，元组实际上是由小括号和逗号定义的，如果没有逗号则表示单个数据类型，此时不可以利用元组索引的方法来引用。类似的语句也可以用在列表中，看看会出现什么结果。

2. 将序列数据转换为元组

　　如果已有序列数据，则可以将其转换为元组类型。

```
s = list("ab9")                 ['a','b','9']
t = tuple("ab9")                ('a','b','9')  # 将字符串转换为元组
s = list([1,2,3,4])             [1,2,3,4]
t = tuple([1,2,3,4])            (1,2,3,4)  # 将列表转换为元组
s = list((1,2,3,4))             [1,2,3,4]  # 将元组转换为列表
t = tuple((1,2,3,4))            (1,2,3,4)
s = list(range(0,2))            [0,1]
t = tuple(range(0,2))           (0,1)
```

3. 元组赋值语句

　　我们在前面曾经学过多重赋值语句。

```
   first = 1;second = 2
① first,second = second,first
   print(first,second,sep = ",")      2,1
② (first,second) = (second,first)
   print(first,second,sep = ",")      1,2
```

　　可以发现语句①和语句②的功能是相同的，其实语句①中赋值运算符的两边是元组类型的数据，只不过省略了小括号。这两个语句都是元组赋值语句，元组赋值语句的一般形式如下。

　👉 (元素 1,元素 2,…,元素 N) = (值 1,值 2,…,值 N)

　　举例如下：

```
(first,second,third) = (1,2,"THIRD")
print(first,second,third,sep = ',')        1,2,THIRD
first,second,third = (third,first,second)
print(first,second,third,sep = ',')        THIRD,1,2
```

5.2.2　遍历元组

　　利用 for 循环可以遍历元组中的值，这一方法与遍历列表的方法相同。

```
rates_list = [0.0,0.03,0.1]
rates_tuple = (0.0,0.03,0.1)
```

< 83 >

```
# 遍历列表元组中的值                    # 遍历列表中的值
for rate in rates_tuple               for rate in rates_list
    print(rate,end = '')                  print(rate,end = '')
# 输出结果                             # 输出结果
0.0 0.03 0.1                          0.0 0.03 0.1
```

5.2.3　修改元组变量

虽然不能直接修改元组中元素的值，但用户可以通过赋值运算为元组赋值，从而实现间接修改元组中元素的值。

```
rates_tuple = (0.0,)
print(rates_tuple)                    (0.0,)
print(id(rates_tuple))                2611215816192
rates_tuple = (0.0,0.03)
print(rates_tuple)                    (0.0,0.03)
print(id(rates_tuple))                2611215937280
```

首先定义一个元组变量 rates_tuple，然后将一个新元组关联到该变量。这样做并不会引发错误，因为给元组变量重新赋值是合法的。重新赋值只是让元组变量指向了新的内存地址。

相比于列表，元组是更简单的数据类型。若要存储的一组值在程序的整个生命周期中不变，则可使用元组。

5.2.4　元组操作

实际上，任何不修改元素的列表操作都适用于元组。可以说，元组是列表的不可变版本。元组支持表 5.7 所示的操作。

```
rates_tuple = (0.0,0.03,0.05)
```

表 5.7　元组的常用操作

常用操作	举例	说明
下标索引操作	rates_tuple(1)	0.03　# 仅用于读取元组中元素的值，不能用于修改元素的值
统计类函数操作	**len**(rates_tuple) **min**(rates_tuple) **min**(('a','A')) **max**(rates_tuple) **max**(('a','A')) **max**(('a',1))	3　　　# 元组中元素的个数 0.0　　# 最小值，仅限于可比较大小的同类型元素 'A' 0.05 'a'　　# 最大值，仅限于可比较大小的同类型元素 TypeError: '>'**not** supported between instances of 'int'**and** 'str'
判断类函数操作	0.03 **in** rates_tuple 0.03 **not in** rates_tuple	True False
+ 与* 操作	rates_tuple + ('1','2') ('1',2)*2	(0.0,0.03,0.05,'1','2')　　# 拼接 ('1', 2, '1', 2)　　# 复制

元组不支持诸如 append()、remove()、insert()、reverse()和 sort()等操作。

若列表与元组之间的唯一区别是可改变性，那为什么需要元组呢？这是因为程序处理元组比处理

< 84 >

列表要快，所以处理大量不用修改的数据时，可以考虑使用元组；另外，元组类型的数据比较安全，因为不能更改元组中元素的值。

5.3 字典

如果要保存并检索学生的有关信息，如姓名、年龄、身高和联系电话等，采用列表或元组的方式虽然可以将相关数据集成在一个变量中，但这种表示方式并不方便，因为我们需要明确不同位置的元素所表示的具体含义；而使用组合数据类型中的集合类型字典则可以简单明了地表示此类数据。

引例 5.1 利用字典类型的变量保存学生信息。

```
① student = {'name':'Linda','year':2008,'height':165}
② print('name:',student['name'])          name: Linda
③ print('year:',student['year'])          year: 2008
④ print('height:',student['height'])       height: 165
```

5.3.1 定义字典

字典是一系列键值对，且每一个键都与一个值相关联。

引例 5.1 中，语句①创建了字典变量 student，里面包含 3 个键值对，每个键值对用冒号关联，不同键值对之间利用逗号分隔。与键相关联的值可以是数值、字符串、列表，乃至字典类型。实际上，Python 中的任何对象都可以用作键值对中的值。

语句②、③、④输出了与键对应的值，键可看成字典元素中值的索引，因此能作为键的数据类型只能是不可改变的对象，如数值、字符串和元组等。但用户最常用的是字符串，因为字符串可以更为明确地表示值所包含的意义。

1. 直接生成字典

利用字面量可以直接创建字典。

```
s = {'name':'Linda','year':2008}          {'name': 'Linda','year': 2008}
student = {}.                              {} # 空字典
```

2. 利用 dict()函数将序列数据转换为字典

利用 dict()函数可以将序列数据转换为字典，如表 5.8 所示。

表 5.8 将序列数据转换为字典

方法		说明
生成空字典	student=**dict**()	{} # 空字典
将元组列表转换为字典	列表 s=**dict**([("ID","01"), ("A","L")]) 列表元素，元组类型　列表元素，元组类型	{'ID':'01', 'A' : 'L'} 字典键值对　字典键值对
	列表 s=**dict**([("ID","01","2"), ("A","L")]) 列表元素，元组类型　列表元素，元组类型	ValueError # 列表元素为元组，但要求每个元组中元素的个数为 2

< 85 >

续表

方法		说明
将相同长度的列表转换为字典	keys=['one','two','three'] values=[1,2,3] zipped=**zip**(keys,values) **print**(**type**(zipped))	# 列表 keys 和列表 values 中的元素配对 <**class** 'zip'>　# zip 类型
	print(list(zipped))	[('one', 1), ('two', 2), ('three', 3)] ''' 根据 list()函数的输出结果可知： zipped 是序列数据，其第 i 个元素为一元组， 此元组有 2 个元素，第 1 个元素是列表 keys 中的第 i 个元素，第 2 个元素是列表 values 中 的第 i 个元素 '''
	print(**dict**(zipped))	{'one': 1, 'two': 2, 'three': 3}
将不同长度的列表转换为字典	keys=['one','two'] values=[1,2,3,4] zipped=**zip**(keys,values) **print**(list(zipped))	[('one', 1), ('two', 2)] ''' 根据 list()函数的输出结果可知： 当 **zip**()函数中两个列表的长度不同时，按照较 短长度生成序列数据 '''
	print(**dict**(zipped))	{'one': 1, 'two': 2}
将元素为元组的元组转换为字典	元组 s=**dict**((("ID","01"), ("A","L"))) 元组元素，元组类型　元组元素，元组类型	{'ID': '01', 'A' : 'L' } 字典键值对　字典键值对
	元组 s=**dict**((("ID","01","2"), ("A","L"))) 元组元素，元组类型　元组元素，元组类型	ValueError # 元组元素为元组，但要求每个元组中元素的 个数为 2
将单一列表转换为字典	a=['s','t','a','r'] aEnum = **enumerate**(a) **print**(**type**(aEnum))	# 调用 enumerate()函数 <**class** 'enumerate'>　# enumerate（枚举）类型
	print(list(aEnum))	[(0, 's'), (1, 't'), (2, 'a'), (3, 'r')] ''' 根据 list()函数的输出结果可知： aEnum 是序列数据，其第 i 个元素为一元组， 此元组有 2 个元素，第 1 个元素是索引 i-1， 第 2 个元素是列表 a 中的第 i 个元素 '''
	print(**dict**(aEnum))	{0: 's', 1: 't', 2: 'a', 3: 'r'}
直接指定键和值生成字典	s=**dict**(a="1",b="2")	{'a': '1', 'b': '2'}

3. 创建字典副本

利用 dict()函数可以创建字典类型数据的副本。

```
     student = {'name':'Linda', 'year':2008}
①  s_copy = dict(student)              # {'name':'Linda','year':2008}
    print(id(student)==id(s_copy))      False
②  s_equal = student                    # {'name':'Linda','year':2008}
    print(id(student)==id(s_equal))     True
```

< 86 >

语句①创建字典 student 的副本 s_copy，这两个变量的 ID 并不相同，即这两个变量指向内存中不同的地址；而语句②则是赋值语句，变量 s_equal 和 student 指向相同的内存地址。

4. 字典表达式

利用字典表达式可以将字典中的元素作为循环结构的迭代对象。

```
keys = ['one','two']
values = [1,2,3]
① dic = {key:value for key in keys for value in values}
                   外层循环              内层循环
print(dic)                    {'one': 3, 'two': 3}
```

可以看到字典 dic 的键值对有点出乎意料：键 "one" 和 "two" 的值均为 3，这一点可以从语句①的嵌套循环结构得到解释。

```
外层循环 key='one' 时及外层循环 key='two' 时
                        value = 1
内层循环                value = 2
                        value = 3
value 最后的值为 3
```

从上面的分析可以看到，字典表达式中内层循环并没有多少意义，因此可以修改如下。

```
dic = {key:value for key in keys for value in [3]}
```

5.3.2　修改键值对

1. 添加和更改键值对

字典是一种动态结构，用户可以随时为其添加和修改键值对：s[new_key] = new_value。

```
student = {'name':'Linda','year':2008}
  print(s)                               {'name':'Linda','year':2008}
① s['grade'] = 8                         # 添加键值对
  print(s)                               {'name':'Linda','year':2008,'grade':8}
② s['name'] = "Emi"                      # 修改键值对
  print(s)                               {'name':'Emi','year':2008,'grade':8}
```

语句①在字典 student 中添加了键 "grade" 和值 8；而语句②则修改了与键 "name" 关联的值。Python 会根据指定的键是否存在来决定要执行的操作：如果指定的键不存在，则添加键值对；如果指定的键存在，则利用键锚定元素，然后通过赋值语句修改关联的值。

在 Python 最新版本中，字典元素的排列顺序与定义时相同。在输出字典时，字典元素的排列顺序与添加顺序相同。

2. 逐步添加键值对

与列表类似，当需要逐步添加字典元素时，用户可以先定义一个空字典，然后根据情况逐步添加相应的元素。

```
student = {}
student['name'] = 'Linda'
student['year'] = 2008
```

< 87 >

3. update()方法：更新键值对

利用另外一个字典中的键值对可以更新当前字典的键值对。

```
student = {'name':'Linda','Y':2008}
student.update()                    {'name':'Linda','Y':2008}
student.update({"H":165})           {'name':'Linda','Y':2008,'H':165}
                                    # 字典 student 中未包含键 "H"，则添加对应的键值对
       字典
student.update({"Y":20})            {'name':'Linda','Y':20,'H':165}
                                    # 字典 student 中包含键 "Y"，则用新值更新
       字典
```

4. del()函数：删除键值对

对于字典中不再需要的键值对，用户可以使用 del()函数将其彻底删除。使用 del()函数时，必须指定字典名和要删除的键。

```
    student = {'name':'Linda','year':2008}
    print(student)                  {'name':'Linda','year':2008}
①  del(student['year'])
    print(student)                  {'name':'Linda'}
    print(student['name'])          Linda
②  print(student['year'])          KeyError:'year'
```

语句①将键 "year" 从字典 student 中删除，这同时也删除了与此键相关联的值 2008。输出表明，在删除了相应的键值对后，其他键值对未受影响。删除的键值对会永远消失，如语句②所示。

5. pop()方法：删除键值对

pop()方法可以删除键值对。

```
    student = {'name':'Linda','year':2008}
①  year = student.pop('year')      # pop()方法删除键值对并返回键 "year" 关联的值
    print(student)                  {'name':'Linda'}
    print(year)                     2008
②  h = student.pop('h',"未发现")    # 指定未发现键 "h" 时返回的值
    print(student)                  {'name':'Linda','year':2008}
    print(h)                        未发现
```

利用 pop()方法删除键值对时，可以指定未发现键时要返回的值，如语句②所示。

6. popitem()方法：删除键值对

popitem()方法可以删除键值对。

```
    student = {'name':'Linda','year':2008}
①  popped = student.popitem()      # 删除最后一个元素，并返回(key,value)元组
    print(student)                  {'name':'Linda'}
    print(popped)                   ('year',2008) # 键值对作为元组返回
②  (k,v)= student.popitem()        # 元组的多重赋值
    print(student)                  {'name':'Linda','year':2008}
    print(k)                        year
    print(v)                        2008
    {}.popitem()                    KeyError: 'popitem(): dictionary is empty'
```

< 88 >

空字典调用 popitem() 方法会触发 KeyError 类型的错误。

5.3.3　访问字典中的值

1. 直接访问

引例 5.1 中，语句②、③、④通过指定键访问了与其对应的值。例如，语句②中指定了字典变量 student 中的键 "name"，print() 函数输出了与键 "name" 相关联的值'Linda'，即键相当于字典中值的索引。

2. get() 方法

使用键作为索引来直接访问值的方法有一个缺陷：当指定的键不存在时，会触发键值错误（KeyError）。这时可以利用 get() 方法来避免此类错误：当键不存在时，指定 get() 方法返回相关信息。

```
  heights = {'Linda':165,'Emily':162,'Alice':164}
① print(heights['Emma'])                              KeyError: 'Emma'
② Emma_value = heights.get('Emma','No value assigned')
  print(Emma_value)                                   'No value assigned'
③ Emma_value = heights.get('Emma')
  print(Emma_value)                                   None
④ value = heights.get('Linda')
  print(value)                                        165
```

语句①试图访问一个不存在的键 "Emma" 所关联的值，此时触发了 KeyError 类型的错误。语句②使用字典内置的 get() 方法来访问值。此方法的第 1 个参数指定键 "Emma"，第 2 个参数则指定了键不存在时要返回的值为：'No value assigned'。语句③中的 get() 方法未指定要返回的值，此时 get() 方法返回默认值 None。None 并非错误，而是一个特殊值，表示所需值并不存在。语句④中 get() 方法指定了键 "Linda"，此键存在，因此返回其关联的值 165。

5.3.4　遍历字典

Python 支持对字典进行遍历，其既可以遍历所有键值对，也可以仅遍历键或者值。

1. 遍历键值对

下面的示例代码输出字典 heights 中每个学生的姓名及其身高：语句①调用了字典内置方法 items()。由其输出结果可知，字典的 items() 方法返回键值对列表，列表中的每一个元素都是一个元组，元组中的第 1 个元素是键，第 2 个元素是值。

语句②的 for 循环中声明了两个变量 name 和 height，分别存储键值对中的键和值。变量 name 和 height 组成了一个元组，这个元组会遍历 items() 方法返回的列表。由于这个列表中的元素是元组，按照对应关系，元组中的第 1 个元素赋值给变量 name，第 2 个元素赋值给 height。

```
  heights = {'Linda':165,'Emily':162,'Alice':164}
① print(heights.items())  dict_items([('Linda', 165), ('Emily', 162), ('Alice', 164)])
② for name,height in heights.items():     name: Linda
      print('name:',name)                 height: 165
      print('height:',height,'\n')
                                          name: Emily
                                          height: 162

                                          name: Alice
                                          height: 164
```

< 89 >

for 循环结构中循环变量的变量名可以是任意的，因此下面两个 for 循环结构与上面例子中的 for 循环结构效果一样。

```
for key,value in heights.items()
for (name,height) in heights.items()
```

2. 遍历键

不需要字典中的值时，可以利用 keys() 方法获得由键组成的列表，并可利用 for 循环进行遍历。

```
    heights = {'Linda':165,'Emily':162,'Alice':164}
①  print(heights.keys())                    dict_keys(['Linda','Emily','Alice'])
②  for name in heights.keys()               name: Linda
        print('name:',name.title())         name: Emily
                                             name: Alice
```

语句②中的 keys() 方法提取字典 heights 中所有的键并组成列表返回（如语句①所示），变量 name 遍历此列表中的所有元素，即字典 heights 中所有的键。Python 中也可以直接对字典进行遍历，此时默认的遍历对象是键，因此语句②也可以简写为：for name in heights。

仅遍历键时，自然可以利用键来引用相关联的值，从而达到遍历值的目的。由于 keys() 方法返回了一个列表，因此用户也可以判断某个变量是否包含在此列表中。

```
    heights = {'Linda':165,'Emily':162,'Alice':164}
    new_name = 'Emma'
    if new_name not in heights.keys():
        print('Add your height,',new_name)      Add your height, Emma
    for name in heights.keys():                  Linda's height: 165
        print(name,"'s height:",heights[name])   Emily's height: 162
                                                 Alice's height: 164
```

默认情况下，遍历字典时可以按照加入字典的顺序返回字典中的元素，但也可以按照指定的顺序遍历。

```
    heights = {'Linda':165,'Emily':162,'Alice':164}
①  for name in sorted(heights.keys()):          Alice's height: 164
        print(name,"'s height:",heights[name])   Emily's height: 162
                                                 Linda's height: 165
```

语句①中，keys() 方法返回一个包含 heights 中所有键的列表，sorted() 函数则对此列表进行排序，默认的排序方式是字母升序。

3. 遍历值

如果要统计平均身高，则只访问字典 heights 中的值即可，此时可以利用字典内置的 values() 方法。values() 方法返回一个只包含字典中值的列表，不包含键。

```
    heights = {'Linda':165,'Emily':162,'Alice':164}
①  v = heights.values()
    print(v)                                     dict_values([165,162,164])
    average = sum(v)/len(v)
```

语句①中，方法 values() 返回一个列表，列表中的元素是字典 heights 中的值。

< 90 >

5.3.5　字典常用函数、操作和方法

1. 常用函数

字典常用函数如表 5.9 所示。

表 5.9　字典常用函数

函数	说明
dict()	创建空字典
dict(*)	创建字典*的副本，与*指向不同的内存地址
len(*)	字典*中元素的个数。例如，len({'1':'a'})=1
key in dic	判断键 key 是否在字典 dic 中，其值为布尔值
key not in dic	判断键 key 是否不在字典 dic 中，其值为布尔值

2. 常用操作和方法

字典常用操作和方法如表 5.10 所示。

表 5.10　字典常用操作和方法

操作和方法 （设 dic 为字典类型的一个实例）	说明
dic[key]=value	如果 key 存在，则修改其关联的值为 value；如果 key 不存在，则添加键值对 key:value
dic[key]	返回字典 dic 中与键 key 关联的值
dic.get(key,s)	返回字典 dic 中与键 key 关联的值：如果键 key 不存在，则返回 s；如果未指定参数 s，则返回值 None
dic.pop(key,s)	删除键 key 的键值对，并返回键 key 关联的值：如果键 key 不存在，则返回 s；如果未指定参数 s，则触发异常
dic.popitem()	删除字典 dic 中最后一个元素，并返回键值对组成的元组
dic.keys()	返回字典 dic 中所有键组成的列表
dic.values()	返回字典 dic 中所有值组成的列表
dic.items()	返回字典 dic 中所有元素组成的列表，列表中的每个元素为键值对组成的元组
dic.update(*)	利用字典*中的键值对更新字典 dic 中的键值对
dic.clear()	删除字典 dic 中的所有键值对
dic.copy()	复制字典 dic 并返回一个新的字典

5.3.6　案例：利用字典创建通讯录

例题 5.2　以交互方式利用字典类型变量创建通讯录。

```
LOOK_UP = 1                    # 定义常量，用户选择 1：查询
ADD = 2                        # 定义常量，用户选择 2：添加
```

< 91 >

```
UPDATE = 3                                    # 定义常量，用户选择 3：更新
DELETE = 4                                    # 定义常量，用户选择 4：删除
QUIT = 5                                      # 定义常量，用户选择 5：退出
phonebook = {}                               # 初始化字典为空
choice = 0                                    # 初始化用户选择
while choice != QUIT:                         # 只要用户不选择退出，将持续迭代
    print()                                   # 输出一空行
    print("姓名和电话")
    print("---------")
    print("1:查询")
    print("2:添加")
    print("3:更新")
    print("4:删除")
    print("5:退出",end = '')
choice = int(input("请输入 1～5 的数字："))      # 接收用户输入的数字
if choice == LOOK_UP:                         # 用户输入 1：查询电话号码
    name = input("请输入姓名：")               # 接收用户输入的姓名
    print(phonebook.get(name,"没发现"))        # 调用字典的 get()方法：name 存在则返回号码
                                              # 不存在则返回"没发现"
if choice == ADD:                             # 用户输入 2：添加电话号码
    name = input("请输入姓名：")               # 接收输入的姓名
    if name not in phonebook.keys():          # 姓名不在字典 phonebook 中
        phone = input("输入电话号码：")         # 接收输入的电话号码
        phonebook[name] = phone               # 添加电话号码
    else:                                     # 姓名已在字典 phonebook 中
        print("已在电话簿中")                   # 显示有关信息
if choice == UPDATE:                          # 用户输入 3：修改电话号码
    name = input("请输入姓名：")
    if name in phonebook:                     # 姓名在字典 phonebook 中
        phone = input("输入电话号码：")
        phonebook[name] = phone               # 修改电话号码
    else:                                     # 姓名不在字典 phonebook 中
        print("不在电话簿中")
if choice == DELETE:                          # 用户输入 4：删除姓名和电话号码
    name = input("请输入姓名：")
    if name in phonebook.keys():
        del phonebook[name]                   # 删除字典 phonebook 中的元素
    else:
        print("不在电话簿中")
```

5.4 集合

集合是多个元素的无序组合，但其元素不重复。集合是可变的，用户可向集合中添加和删除元素。集合是无序的，因此集合没有索引的概念。从无序角度看，集合与字典具有一定的相似性，但集合中的元素没有对应关系。

< 92 >

5.4.1　创建集合

在 Python 中，利用 set()函数可以创建一个集合。与列表、元组及字典等不同，创建集合没有快捷方式，必须使用 set()函数。set()函数最多有一个参数，如果没有参数，则会创建空集合。如果有一个参数，则此参数必须是列表和字符串等可迭代对象，可迭代对象的元素将生成集合的元素（即集合的成员）。集合的创建方法如表 5.11 所示。

表 5.11　集合的创建方法

创建方法	输出结果	说明
>>>set([4,3,2,1])	{1,2,3,4}	一个列表作为参数
>>>set("Happy")	{'p', 'y', 'a', 'H'}	一个字符串作为参数且集合中不含重复元素
>>>set()	set()	空集合

从表 5.11 所示输出结果看，集合的初始顺序与显示顺序不同，这也表明集合中的元素是无序的。

5.4.2　集合操作

Python 解释器提供了很多内置集合操作方法，可向集合中添加元素和删除元素，也可复制集合等，如表 5.12 所示。

```
S = set("12")
T = set([1,2])
```

表 5.12　集合的常用操作

操作	说明	举例	结果
S.add(x)	若元素 x 不在 S 中，则添加之	S.add(1)	{'2','1', 1}
S.clear()	删除 S 中的所有元素	S.clear()	set()

S.copy()	复制集合 S	>>> c = S.copy()
		>>> c
		>>> id(c)
		>>> id(S)
			{'2','1'}
			124237152
			124236704

S.pop()	随机选取 S 中的一个元素并删除；S 为空时触发 KeyError 异常	>>> print(S.pop()) >>> S	2 {'1'}
S.discard(x)	x 在集合 S 中，删除该元素；不在时不触发异常	>>> S.discard('1') >>> S	{'2'}
S.remove(x)	x 在集合 S 中，删除该元素；不在时触发 KeyError 异常	>>> S.remove('2') >>> S	{'1'}
S.isdisjoint(T)	判断两个集合是否有相同元素，若没有则返回 True，否则返回 False	>>> S.isdisjoint(T)	True
len(S)	元素的个数	>>> len(S)	2
x in S	判断 x 是否在集合 S 中，若在则返回 True，若不在则返回 False	>>>'1' in S >>>'1' not in S	True False

集合属于可迭代数据类型，可用于循环结构中。

< 93 >

```
s = set("china")                    # 利用一个字符串创建集合
for char in s:                      # 遍历集合中的每一个元素
    print(char,end = '*')           h*a*n*c*i*
```

根据集合类型的特点可知，其主要用于成员关系测试、元素去重及删除数据项等场景。

5.4.3 集合运算

Python 中的集合与数学中集合的概念是一致的，因此 Python 中两个集合可以进行数学意义上的交集、并集及差集等运算，如表 5.13 所示。

```
S = set("12")
T = set(['1',1])
```

表 5.13　集合运算

集合运算	说明	举例	结果
S&T S.intersection(T)	交集：返回新集合，包含 S 和 T 共有的元素	>>> S&T	{'1'}
S|T S.union(T)	并集：返回新集合，包含 S 和 T 的所有元素	>>> S|T	{'2','1',1}
S−T S.difference(T)	差集：返回新集合，包含属于 S 但不属于 T 的元素	>>> S−T	{'2'}
S^T S.symmetric_difference_update(T)	补集：属于 S 或 T 但不同时属于 S 和 T 的元素	>>> S^T	{'2',1}
S<=T S.issubset(T)	子集测试：S 是 T 的子集则返回 True，否则返回 False	>>> set('1')<=S	True
S<T	真子集测试：S 是 T 的真子集则返回 True，否则返回 False	>>> set('12')<S	False
S>=T S.isuperset(T)	超集测试：S 是 T 的超集则返回 True，否则返回 False	>>> S>=set('12')	True
S>T	真超集测试：S 是 T 的真超集则返回 True，否则返回 False	>>> S>set('12')	False

5.5 组合数据嵌套

字典和列表是常用的组合数据类型，两者可相互嵌套。列表中的元素可以是字典，字典中的值也可以是列表。同时，字典和字典也可以相互嵌套，即字典中的值可以是另外一个字典。

5.5.1 字典列表

字典 student 包含了学生的姓名、出生年份和身高信息，但无法存储第 2 个学生的信息。如何管理多个学生的相关信息呢？用户可以创建一个字典列表，列表元素是字典类型的数据，可以保存多个学生的姓名和身高等信息。

```
    student_1 = {'name':'Linda','year':2008,'height':165}
    student_2 = {'name':'Emily','year':2007,'height':162}
    student_3 = {'name':'Alice','year':2008,'height':164}
①  students = [student_1,student_2,student_3]
```

< 94 >

```
print(students) [{'name':'Linda','year':2008,'height':165},{'name':'Emily','year':
        2007,'height':162},{'name':'Alice','year':2008,'height':164}]
```

语句①定义了一个列表，列表中的 3 个元素是已定义的 3 个字典。从输出结果可看到此列表的组织形式。

5.5.2 字典中包含列表

实际应用中，可能需要以班为单位统计每门课程的考试成绩，此时在字典中存储列表会更有效。

```
scores = {
        一个班的学生
'names':['Linda','Emily','Emma'],
    'math':[98,95,90],
    'chinese':[96,94,89],
    'english':[90,87,98]
        一个班的成绩
    }
print(scores)
```

```
{'names':['Linda','Emily','Emma'],'math':
[98,95,90],'chinese':[96,94,89],'english':
[90,87,98]}
```

字典 scores 中，键 "names" 表示学生姓名，与其关联的值为一个字符串列表，该列表保存了 3 个学生的姓名；键 "math" 表示课程 math 的考试成绩，与其相关联的值为一个数值列表，该列表保存了 3 个数值，分别对应 3 个学生的数学成绩；键 "chinese" 与 "english" 及其相关联的值，具有相似的含义。

如果要输出每个学生的 math 考试成绩，则可以利用 for 循环。

```
① names = scores['names']
   print(names)                                  ['Linda','Emily','Emma']
   print('name','\t','math')                     name math
   for i in range(0,len(names)):                 Linda 98
②      print(names[i],'\t',scores['math'][i])    Emily 95
                                                  Emma 90
```

语句①将键 "names" 相关联的值赋给变量 names。由其输出结果可以看出，变量 names 是一个列表。语句②通过位置索引引用了列表 names 和列表 scores['math'] 中的元素。

尽管嵌套很有用，但使用嵌套时应该注意一点，即嵌套层数不要太多。

5.5.3 字典中包含字典

字典中可以嵌套另外一个字典。尽管这在理论上可以，但这样做很可能会让代码变得较为复杂。

```
  users = {
①     'Linda':{'year':2008,'location':'Harvard'},
②     'Emily':{'year':2007,'location':'Princeton'},
      }
```

上面定义了一个字典 users。该字典有 2 个键，分别是语句①中的 "Linda" 和语句②中的 "Emily"。每个键关联的值是另外一个字典，其中的键是 "year" 和 "location"。

< 95 >

```
③ for username,user_info in users.items():     Username: Linda
④     year = user_info['year']                      year: 2008
⑤     location = user_info['location']              location: Harvard
    print('Username:',username)              Username: Emily
    print('\tyear:',year)                        year: 2007
    print('\tlocation:',location)                location: Princeton
```

语句③中 for 循环遍历字典 users 中的键和值，并依次将键赋给变量 username、将与此键关联的值赋给变量 user_info，user_info 是一个字典。语句④访问了内部字典中与键 "year" 关联的值；语句⑤访问了内部字典中与键 "location" 关联的值。内部字典最好具有相同的结构，尽管 Python 并未要求如此，但相同的结构会让内部字典处理起来更简单。如果上面例子中每位用户的字典（内部字典）都包含不同的键，则 for 的循环体代码将会变得很复杂。

习题

一、选择题

1. 下列关于组合数据类型，正确的选项是（　　）。
   A. 集合类型中的元素是有序的
   B. 序列类型和集合类型中的元素都是可以重复的
   C. 利用组合数据类型可以将多个数据用一个类型来表示和处理
   D. 字典类型变量中的关键字必须是同一类型的数据

2. 下列关于列表操作，错误的选项是（　　）。
   A. append()方法可以向列表添加元素
   B. extend()方法可以将另一列表中的元素逐一添加到当前列表中
   C. insert(index,object)方法在指定位置 index 前插入元素 object
   D. add()方法可以向列表添加元素

3. 已知 a=[1,2,3,4]，执行语句 x.append('a')之后，x 的值是（　　）。
   A. [1,2,3,4,'a']　　　B. ['a']　　　　　　　C. [1,2,3,4]　　　　　　D. 'a'

4. 假设 lst=[4,3,2,1,0]，执行命令 del lst[0]和 lst.remove(1)后的结果分别为（　　）。
   A. [3,2,1,0]和[3,2,0]　　　　　　　　B. [4,3,2,1]和[4,3,2]
   C. [3,2,1,0]和[2,1,0]　　　　　　　　D. [4,3,2,1]和[3,2,1]

5. 已知 x=[1,2]，y=[3,4]，则语句 x+y 的结果是（　　）。
   A. [4,6]　　　　　　B. 4　　　　　　　　C. [1,2,3,4]　　　　　D. 5

6. 已知 a=[1,2,3,4,5]，则语句 a.pop()的结果是（　　）。
   A. 5　　　　　　　　B. 1　　　　　　　　C. 4　　　　　　　　　D. 2

7. 语句 sum([i*i for i in range(3)])的计算结果是（　　）。
   A. 5　　　　　　　　B. 3　　　　　　　　C. 14　　　　　　　　D. 语法错误

8. 下列关于字典，错误的选项是（　　）。
   A. 字典中的元素以键为索引
   B. 字典中的键可以对应多个值
   C. 字典的长度是可变的
   D. 字典是键值对的集合

< 96 >

9. 下列关于 Python 序列类型，错误的选项是（　　　）。

A. x 不是 s 中的元素，则 x not in s 返回 True

B. s=[1,"python",True]，则 s[3] 返回 True

C. s=[1,"python",True]，则 s[-1] 返回 True

D. x 是 s 中的元素，则 x in s 返回 True

10. 下列叙述中，不正确的选项是（　　　）。

A. Python 的字符串、元组和列表类型都属于序列类型

B. 组合数据类型可分为序列类型、集合类型和映射 3 类

C. 组合数据类型能够将多个数据组织起来，通过单一的表示使数据更有序

D. 序列类型是二维元素向量，元素之间存在先后关系，通过序号访问

二、编程题

1. 编写程序，要求设计 3 个字典，每个字典存储一个学生的 name 和 id，把这 3 个字典存储到一个列表中，遍历此列表并输出每个学生的信息。

2. 编写程序，要求输入学生姓名，输出该学生所在班级。

3. 编写程序，要求创建字典以保存城市信息：城市名为键；值为另外一个字典，其键为 population 和 type。

4. 自动创建 301 条数据，包含姓名、电子邮箱和 8 位密码，数据格式如下：

Linda1	linda1@school.com	e1234567
Linda2	linda2@school.com	r12er567
Linda3	linda3@school.com	i12u456y

编写程序，要求提示用户输入页码，页面显示该页码内的数据，每页显示 10 条数据。

5. 编写程序，随机生成 10 个 7 位数的密码，要求密码的第 1 个字符为大写字母，最后一个字符为数字，中间 5 个字符为小写字母，生成的密码不能重复。

6. 编写程序，输入一组单词，以逗号分隔，要求判断是否有重复出现的单词。

7. 编写程序，输入学生的学号和 3 门课程成绩，要求存储在字典中，并按学号升序输出学号和总成绩。

8. 正式出版的图书具有 ISBN 号码，格式为：x-xxx-xxxxx-Y。其中，x 为数字，-为分隔符，Y 为识别码。识别码 Y 的求取方法如下：首位数字乘 1，加上第 2 位数字乘 2，依此类推，所得结果除以 11，所得余数为识别码。如果余数为 10，则识别码为大写字母 X。

编写程序，判断输入的 ISBN 号码中的识别码是否正确并输出相关信息。

< 97 >

第 **6** 章　字符串和文本处理

字符串分析与处理是程序设计中的常见任务。在 Python 语言中，字符串属于序列数据类型，但相较于其他的序列数据类型，字符串应用更为广泛，且专门用于分析与处理字符串的函数和模块也更为复杂，故本书将该部分内容单列一章。正则表达式是文本处理技术中的难点，本章将结合 Python 中的 re 模块，详细介绍正则表达式所涉及的基本概念和方法。

6.1 字符串函数和常用操作符

前面已经介绍过字符串的定义、编码及输出格式等基本概念，下面重点介绍字符串作为序列数据类型所涉及的常用函数和操作符。

6.1.1 常用函数

字符串的常用函数如表 6.1 所示。

表 **6.1**　字符串的常用函数

函数	说明	举例	结果
len()	获取字符串长度，即字符个数	**len**("I□Love□Python")	13
max()	获取字符串中的最大字符，按 ASCII 值	**max**("I□Love□Python")	'y'
min()	获取字符串中的最小字符，按 ASCII 值	**min**("I□Love□Python")	'□'

6.1.2 常用操作符

1．下标运算符[ ]

字符串是字符序列，属于序列数据；其序列元素为字符，用户可以使用下标运算符[ ]访问字符串中的字符。与列表等序列数据一样，用户既可以通过正数索引引用该序列元素，也可以通过负数索引引用该序列元素，如表 6.2 所示。

0	1	2	3	4	5	6	7	8	正数索引
H	e	l	l	o		P	i	!	
−9	−8	−7	−6	−5	−4	−3	−2	−1	负数索引

表6.2 字符串的正负数索引引用

索引方式	举例	结果
正数索引	s = "Hello□Pi!" **for** i **in** **range**(0,len(s)): **print**(s[i],end='')	Hello□Pi!
负数索引	s = "Hello□Pi!" **for** i **in** **range**(−**len**(s),0,1): **print**(s[i],end='')	Hello□Pi!

由于字符串是不可变对象，因此用户无法通过索引的方式单独更改序列元素。

```
s = "Hello Pi!"            TypeError: 'str'object does not support item assignment
s[-2] = 'I'
```

2．切片运算符[start:end:step]

切片运算符中3个参数的含义及其默认值，与其他类型的序列数据（如列表）相同。作为整数，3个参数的默认值分别为 start 默认值= 0、end 默认值= len(*) 和 step 默认值= 1。

```
>>> s = "Welcome To Python!"
>>> s[0]          'W'          >>> s[0:]          'Welcome To Python!'
>>> s[:0]         ''           >>> s[0:0]         ''
>>> s[:2]         'We'         >>> s[:2:]         'We'
```

与下标运算符一样，切片运算符中也可以使用负数索引。

```
>>> s = "Welcome To Python!"
>>> s[-1]         '!'          >>> s[-1+len(s)]    '!'
```

由此可见，负数索引与正数索引之间具有的关系为：s[−i]=s[−i+len(s)]。这种关系在正数索引和负数索引混合使用时非常有用。

0	1	2	3	4	5	6	7	8	9	10	11	12	13	14	15	16	17
W	e	l	c	o	m	e		T	o		P	y	t	h	o	n	!

s:

```
>>> s = " Welcome To Python! "
>>> s[-1:]        '!''          # s[-1:]=s[-1+len(s):len(s):1]=s[17:18:1]=s[17]
>>> s[1:-1]       'elcome To Python'  # s[1:-1]=s[1:-1+len(s)]=s[1:17]
>>> s[5:-14]      ''            # s[5:-14]=s[5:-14+len(s)]=s[5:4:1]
>>> s[5:-14:-1]   'm'           # s[5:-14:-1]=s[5:-14+len(s):-1]=s[5:4:-1]
```

3．拼接运算符+和复制运算符*

使用拼接运算符+可以连接两个字符串，使用复制运算符*可以多次连接同一字符串。

```
>>> s = "Welcome"
>>> s = s + " To "+ "Python!"        'Welcome To Python!'
>>> s *2                             'WelcomeWelcome'
>>> 2 * s                            'WelcomeWelcome'
>>> 2 * s *2                         'WelcomeWelcomeWelcomeWelcome'
```

4．in 和 not in 运算符

使用 **in** 和 **not in** 运算符可以测试一个字符串是否在另外一个字符串中。

< 99 >

```
>>> "come" in "Welcome"      True    >>> "come" not in "Welcome"   False
>>> "elco" in "Welcome"      True    >>> "elco" not in "Welcome"   False
```

5. 比较运算符

前面已经介绍过，整数和浮点数可以利用诸如>=、>、==、!=、<=和<等比较运算符进行数值大小的比较。其实，字符串也是可以比较的，即根据字符的 ASCII 值大小进行比较。从两个字符串的首字符开始，如果两个字符相同，就比较下一个字符，直至比较出大小为止，此时两个对应字符的比较结果就是两个字符串的比较结果。

```
>>> "aBc" == "aBc"   True   # 因为两个字符串中对应的字符都相同
>>> 'acD' > 'aCd'    True   # 首字符相同，比较第 2 个字符的 ASCII 值：ord('c')=99 大于
                            #   ord('C')=67
                            # 不再比较第 3 个字符
>>> 'ab' < 'abc'     True   # 前面的字符都相同，则较长字符串的值较大
```

6.2 字符串的常用方法

作为 Python 对象，字符串内置了一些方法，现按照方法的类别分别介绍。

微课视频

6.2.1 类型判断

字符串常用的类型判断方法如表 6.3 所示。

表 6.3 字符串常用的类型判断方法

方法	说明	举例	结果
isalpha()	是否全为英文字母	"RooM".isalpha() "Room12".isalpha()	True False
isidentifier()	是否为合法标识符	"F_0".isidentifier() "3Fo".isidentifier()	True False
islower()	是否全为小写（仅检查英文字符）	"is".islower() "Is".islower()	True False
isupper()	是否全为大写（仅检查英文字符）	'IS*?'.isupper() 'Is'.isupper()	True False
isprintable()	是否全为可打印字符	'@*?'.isprintable() '@\n'.isprintable()	True False
isspace()	是否只包含空白字符	' '.isspace() 'I O'.isspace()	True False
istitle()	是否为标题格式（首字母大写）	'Am I *?'.istitle() 'Am i *?'.istitle()	True False
isalnum()	是否为字符数字 alpha numeric	"Room12".isalnum() "Room@2".isalnum()	True False
isnumeric()	是否全为数字	"2022".isnumeric() "Ro12".isnumeric()	True False
isdecimal()	是否只包含十进制数字字符	"314".isdecimal() "314F".isdecimal()	True False
isdigit()	是否全为数字（0~9）	"314".isdigit() "314F".isdigit()	True False

注：最后 3 个函数容易混淆。

< 100 >

6.2.2　字母大小写转换

字符串内置了常用的字母大小写转换方法，如表 6.4 所示。

表 6.4　字符串常用的字母大小写转换方法

方法	说明	举例	结果
capitalize()	字符串的首字母大写，其余字符小写	'lin Girl'.capitalize()	'Lin girl'
lower()	小写	'Love Python'.lower()	'love python'
upper()	大写	'python v3'.upper()	'PYTHON V3'
swapcase()	字母大小写转换	'Red Star'.swapcase()	'rED sTAR'
title()	单词首字母大写	'only YOU'.title()	'Only You'
casefold()	字符串小写	'only YOU'.casefold()	'only you'

6.2.3　删除字符串

删除字符串常用的方法如表 6.5 所示。该表中，如果某一参数被方括号括起来，则表示该参数是可省略的；省略情况下，使用其默认值。

表 6.5　删除字符串常用的方法

方法	说明	举例	结果
strip([*])	删除字符串两边的字符串（*），未指定参数则删除两边空格	'□Python□'.strip() 'Python'.strip('Py')	'Python' 'thon'
lstrip([*])	删除字符串左边的字符串（*），未指定参数则删除左边空格	'□Pi□'.lstrip() 'PiiP'.lstrip('P')	'Pi□' 'iiP'
rstrip([*])	删除字符串右边的字符串（*），未指定参数则删除右边空格	'□Pi□'.rstrip() 'PiiP'.rstrip('P')	'□Pi' 'Pii'

6.2.4　填充与对齐

字符串的填充与对齐方法如表 6.6 所示。

表 6.6　字符串的填充与对齐方法

方法	说明	举例	结果
zfill(width)	左填充，用字符 "0" 填充到 width 长度	'pi'.zfill(4)	'00pi'
center(width[,*])	两边填充，用字符 "*"（默认空格）填充到 width 长度	'Pi'.center(3) 'Pi'.center(4,'*')	'□Pi' '*Pi*'
ljust(width[,*])	左填充，用字符 "*"（默认为空格）填充到 width 长度	'Pi'.ljust(3) 'Pi'.ljust(4,'*')	'□Pi' '**Pi'
rjust(width[,*])	右填充，用字符 "*"（默认为空格）填充到 width 长度	'Pi'.rjust(3) 'Pi'.rjust(4,'*')	'Pi□' 'Pi**'
expandtabs([*])	将字符串中的制表符扩充为*个空格，默认为 8 个空格	'p\ti'.expandtabs() 'p\ti'.expandtabs(2)	'p□□□□□□□i' 'p□□i'

< 101 >

6.2.5 查找与替换

字符串的查找与替换方法及相关语法如表 6.7 所示。该表内方法的介绍中，使用了语法[,start[,end]]。

表 6.7 字符串的查找与替换方法及相关语法

（a）字符串的查找与替换方法			
方法	说明	举例	结果
startswith(prefix[,start[,end]])	是否以 prefix 开头	'aBa'.startswith('aB') 'aBa'.startswith('a',1)	True False
endswith(suffix[,start[,end]])	是否以 suffix 结尾	'aBa'.endswith('a',1,1) 'aBa'.endswith('a')	False True
count(sub[,start[,end]])	返回字符串 sub 出现的次数	'aaa'.count('aa')	1
index(sub[,start[,end]])	返回字符串 sub 的索引	'aaa'.index('aa')	0
rindex(sub[,start[,end]])	从右到左查找字符串 sub，返回第 1 个匹配项的索引	'aaaaa'.rindex('aa')	3
find(sub[,start[,end]])	返回字符串 sub 的索引，没有则返回−1	'aBCa'.find('Ca')	2
rfind(sub[,start[,end]])	从右到左搜索字符串 sub，返回第 1 个匹配项的索引，没有则返回−1	'aBcaca'.rfind('ca')	4
replace(old,new[,count])	将字符串 old 替换为 new，可选参数 count 为替换次数	'aaa'.replace('a','C',1)	'Caa'
（b）语法[,start[,end]]的相关说明			
符号及参数	说明		
[]	方括号内的参数可省略，省略时参数值取默认值		
start	参数 start 表示起始索引，默认值为 0		
end	参数 end 表示终止索引，默认值为字符串长度 len()		

注：[start,end]表示包含 start，但不包含 end，遵循左闭右开原则。

6.2.6 拆分与组合

字符串的拆分与组合方法如表 6.8 所示。

表 6.8 字符串的拆分与组合方法

方法	说明	举例	结果

split(sep=None,maxsplit=−1)	返回分割后的字符串列表。字符串 sep 为分隔符要分割的字符串，sep 的默认值为 None（空格）；最大分割次数 maxsplit 的默认值为−1（无次数限制）	>>> 'i am u'.split()
		>>> 'i am u'.split('',1)
		>>> 'i,am u'.split(',')
			['i','am','u']
			['i','am u']
			['i','am u']

rsplit(sep=None,maxsplit=−1)	从右侧开始分割字符串，返回分割后的字符串列表。其参数含义同方法 split()的参数	>>> 'i am u'.rsplit('',1)	['i am','u']
partition(sep)	以字符串 sep 为分隔符将字符串分为两部分，返回元组(left,sep,right)	>>> 'i am u'.partition('')	('i','','am u')
rpartition(sep)	以字符串 sep 为分隔符，从右侧开始将字符串分割为两部分，其他同方法 partition()	>>> 'i am u'.rpartition('')	('i am','','u')

< 102 >

方法	说明	举例	结果
splitlines([keepends])	按照行（'\r'、'\r\n'、'\n'）分隔字符串，返回一个包含各行内容以作为元素的列表。如果参数 keepends 为 False，则返回列表中不包含换行符；如果为 Ture，则返回列表中保留换行符	>>>'i'\nam\nu'.splitlines()	['i','am','u']

join(序列数据*)	将字符串序列数据*中的元素组合为字符串	>>> (':').join(('a','b','c'))
		 >>> 'abc'.join((':','*'))
		 >>> '*'.join('123')
			'a:b:c'
			 ':abc*'
			 '1*2*3'

6.2.7 翻译与转换

利用 maketrans()方法和 translate()方法可以建立字符串之间的对应关系，从而实现翻译与转换功能，如表 6.9 所示。

表 6.9　字符串的翻译与转换方法

方法	说明	举例	结果
str.maketrans(x,y)	建立字符串 x 与 y 之间的对应关系，返回一个字典	>>> mapper = str.maketrans('12','ab') >>> mapper	为'12'和'ab'的对应元素建立键值对 {49:97, 50:98}　# 字符 ASCII 值
translate(*)	根据字典*对字符串进行翻译与转换	>>> '1221'.translate(mapper) >>>week = {'1':'M 一','2':'T 二'} >>>'123'.translate(week)	'abba' # 直接建立字典 '123'　# 对字符串'123'未进行翻译与转换

字符串间的翻译与转换必须使用 str.maketrans()方法和 translate()方法配合实现。

```
>>> mapper = str.maketrans(week)        # 必须通过str.maketrans(*)转换
>>> mapper                              {49:'M一',50:'T二'}
>>> '1□2□3'.translate(mapper)          'M一□T二□3'
```

6.3 正则表达式

引例 6.1　假设注册网站用户名时要满足下列要求：用户名只能包含英文字母、数字、下画线和连字符，同时用户名长度为 3～15 个。针对这种要求，我们如何检查用户申请用户名时是否符合这个规定呢？

我们可以简单分析一下：可用字符共有 **26** 个英文字母**+10** 个数字**+2** 个特殊符号**=38** 个。假设取平均长度(3+15)/2=9，则共有 38^9 = 165 216 101 262 848 种可能性。如果利用 for 循环或 while 循环进行测试，则运算量可想而知。在这种情况下，一个更好的解决方法是利用正则表达式（regular expression），如图 6-1 所示。

< 103 >

开始标记　　　　　　　　长度　　结束标记

$$^\wedge[a\text{-}z0\text{-}9\_\text{-}]\ \{3,15\}\$$$

允许字符

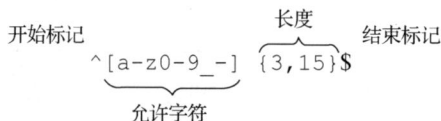

图 6.1　一个简单的正则表达式

正则表达式是一种功能强大、灵活高效的文本处理方式，其可以快速分析文本，找到特定的字符模式，还可以提取、编辑、替换和删除文本子字符串等。正则表达式广泛应用于字符串处理应用程序，如 HTML 处理、日志文件分析和 HTTP 标头分析等。

6.3.1　正则表达式简介

1. 正则表达式的历史

正则表达式的来源可以一直追溯到科学家对人类神经系统工作原理的研究：20 世纪 40 年代，神经生理学家沃伦·麦卡洛克（Warren McCulloch）和沃尔特·皮茨（Walter Pitts）提出了一种数学方法来描述人类的神经网络，这可以被认为是正则表达式的雏形。

1956 年，数学家斯蒂芬·克莱因（Stephen Kleene）在麦卡洛克和皮茨研究工作的基础上，发表了论文"神经网事件的表示法"，引入了正则表达式的概念：描述"正则集代数"的表达式称为正则表达式。

20 世纪 60 年代，C 语言之父、UNIX 的主要发明人肯·汤普森（Ken Thompson）将正则表达式应用于计算搜索算法的研究中，而使用正则表达式的第一个实用程序就是 UNIX 中的 QED 编辑器。从此，正则表达式成为基于文本的编辑器和搜索工具的重要组成部分。

UNIX 使用正则表达式之后，正则表达式得到了更为迅猛的发展，开始应用于各种领域。由于不同领域的需求不同，因此正则表达式随之出现了多种版本。20 世纪 80 年代，编程语言 Perl（Practical Extraction and Report Language）诞生了。Perl 综合了其他语言的特点，以正则表达式作为基础，开创了正则表达式的一个崭新分支，称为 Perl 流派。从此之后，Python、Java、Ruby、.NET 和 PHP 等编程语言在开发、设计正则表达式处理模块时，都参考了 Perl 流派的正则表达式，因此现在很多编程语言正则表达式的语法基本相同。

2. 正则表达式的基本组成

正则表达式描述了字符串匹配的模式（pattern），可以用来检查字符串是否含有某种子串，也可以提取或者替换匹配的子字符串。由图 6.1 可知，正则表达式中的字符可以分为两类：一类是构成字符串模式的字符，称为普通字符，如 a～z 等；另一类是具有特殊含义的字符，称为元字符，如^和$等。元字符用来描述普通字符之间的关系。正则表达式的基本组成举例及说明如表 6.10 所示。

表 6.10　正则表达式的基本组成举例及说明

举例	说明	匹配的字符串
linda+i	+：前面的字符 a 至少出现一次（1 次或多次）	Lindai、Lindaai、Lindaaai
linda*i	*：前面的字符 a 出现次数没有限制（0 次、1 次或多次）	Lindi、Lindai 和 Lindaai

由此可见，正则表达式是由普通字符和元字符组成的文本模式。模式描述了搜索文本时需要匹配的字符串。

构造正则表达式的方法与创建数学表达式的方法是相同的：利用多种规定的字符与运算符来表示字符串的某种模式。正则表达式中的元素可以是单个字符、字符集合、字符范围、选中的某些字符或者所有这些元素的任意组合。

< 104 >

6.3.2　re 模块中的函数

几乎所有的编程语言都有处理正则表达式的模块，Python 中处理正则表达式的模块是 re 模块。学习正则表达式时，最好利用 re 模块来理解相关概念，因此下面将根据函数功能来分类介绍 re 模块中的函数。

1．查找单个匹配项

利用 search()、match() 和 fullmatch() 函数可以查找单个匹配项，如表 6.11 所示。

表 6.11　查找单个匹配项的函数

函数	说明	举例	结果
正则表达式　要匹配的字符串　匹配模式 **search(pattern,string,flags=0)**	若匹配，则返回第 1 个匹配项（为 **Match** 对象），否则返回 **None**	**import** re re.search('L','Lovely Linda') re.search('L+','LLovely Linda')	<re.Match **object**;span=(0,1),match='L'> <re.Match**object**;span=(0,2),match='LL'>
匹配模式的默认值：不指定匹配模式 **match(pattern,string,flags=0)**	若匹配，则返回匹配项（为 **Match** 对象），否则返回 **None**	**import** re re.match('L','Lovely Linda') re.match('L+','LLovely Linda')	<re.Match **object**;span=(0,1),match='L'> <re.Match **object**;span=(0,2),match='LL'>
fullmatch(pattern,string,flags=0)	若整个字符串与正则表达式完全匹配，则返回 **Match object** 类型的结果，否则返回 **None**	**import** re re.fullmatch('Linda','L Linda') re.match('Linda','Linda')	None <re.Match **object**; span=(0,5), match='Linda'>

2．查找多个匹配项

findall() 和 finditer() 函数会返回多个（所有的）匹配项，如表 6.12 所示。

表 6.12　查找多个匹配项的函数

函数	说明	举例	结果
findall(pattern,string,flags=0)	返回多个匹配项列表（不重叠）	**import** re re.findall('L','Lovely Linda') re.findall('L+','LLovely Linda')	['L', 'L'] ['LL','L']
finditer(pattern,string,flags=0)	返回一个迭代器，存储所有匹配项（**Match** 对象）	**import** re **for** i **in** re.findall('L+', 'LLovely Li'): 　**print**(i,end='') **for** i **in** re.finditer('L+', 'LLovely Li'): 　**print**(i)	LL L <re.Match **object**; span=(0,2), match='LL'> <re.Match **object**; span=(8,9), match='L'>

3．利用匹配项分割字符串

split() 函数可以将返回的匹配项作为分隔符，对字符串进行分割，如表 6.13 所示。

表 6.13　利用匹配项分割字符串

函数	说明	举例	结果
分割次数，可选参数 默认值为 **0**，不限次数 **split(pattern,** **string,maxsplit=0,flags=0)** 要进行分割的字符串	利用匹配 **pattern** 模式的字符串作为分隔符对 **string** 分割，返回分割后的字符串列表	**import** re **print**(re.split(r';',' A;B:var'))	['A', 'B:var']

< 105 >

4. 替换匹配项

sub()和 subn()函数可以将匹配项进行替换，如表 6.14 所示。

表 6.14　替换匹配项的函数

函数	说明	举例	结果
正则表达式　替换内容　　　　替换次数，可选参数 　　　　　　　　　　　　默认值为 0，替换全部匹配项 **sub(pattern,repl,string,count=0,flags=0)** 要进行替换的字符串	利用 **repl** 替换 **string** 中匹配 **pattern** 的部分，返回替换后的字符串	**import** re **print**(re.**sub**('a','*','Lida is a cat')) **print**(re.**sub**('a','*','Lida is a cat',count=1))	Lid* **is** * c*t Lind* **is** a cat
subn(pattern,repl,string,count=0,flags=0)	同 sub()，但返回一元组（替换后的字符串，替换次数）	**print**(re.**subn**('a','*','La is a cat',count=0))	('L* **is** * c*t', 3)

5. 编译正则表达式对象

compile()函数可以将字符串编译为正则表达式对象，如表 6.15 所示。

表 6.15　编译正则表达式对象的函数

函数	说明	举例	结果
模式字符串 **compile(pattern,flags=0)**	将字符串编译成正则表达式对象（简称正则对象）	**import** re pattern = re.**compile**(r'a+') ①**print**(re.**subn**(pattern,'*','La and Eaa'))	# 生成正则表达式对象 pattern： 1 个或多个连续字母 a ('L* *nd E*', 3)

由语句①可以看出，正则对象 pattern 可用于 re 模块中的所有函数，也可用于正则对象的方法（见 6.4.2 小节）。这样可以重复利用同一个匹配模式而无须不断地定义。

6. 匹配模式

re 模块中的函数都有一个参数 flags，这个参数指定了匹配模式，其默认值为 0（表示不指定匹配模式）。匹配模式有多种，有些与元字符有关，有些与元字符无关。这里先介绍与元字符无关的匹配模式，如表 6.16 所示（对于那些与元字符有关的匹配模式，我们将在介绍元字符时一并介绍）。

表 6.16　与元字符无关的匹配模式

匹配模式	说明	举例	结果
re.I 或 re.IGNORECASE	忽略字母大小写	re.findall('to','To Be',re.I)	['To']
re.DEBUG	输出调试信息	re.findall('to','to Be',re.DEBUG)	LITERAL 116　# 匹配模式 re.DEBUG ⋮　　　　　　的调试信息 15. SUCCESS ['to']　# findall()函数的输出结果

匹配模式可以叠加使用，叠加时使用符号 "|"，如下所示。

```
print(re.findall('to','To Be',re.DEBUG|re.I))
```

```
LITERAL 116
⋮
9. SUCCESS
['To']# 结果
```

< 106 >

7．几个相似函数

Python 中有些常用的字符串函数功能较为相近，下面简单介绍它们之间的差别。

（1）match()函数与 search()函数

match()函数从字符串起始处开始匹配，即只有在字符串的 0 索引位置开始匹配并匹配成功，match()函数才会返回结果，否则返回 None；search()函数则可在字符串的任何索引位置进行匹配。

```
s = 'To be or not to be'
re.match('to',s)                    None
re.search('to',s)                   <re.Match object;span=(13,15),match='to'>
```

（2）re.split()函数与 str.split()函数

str 模块中也有一个字符串拆分函数 split()，**str**.split()函数功能简单，不支持正则表达式，但是其处理速度较快。

（3）re.sub()函数与 str.replace()函数

str 模块中也有一个字符串替换函数 replace()，但 **str**.replace()函数功能简单，不支持正则表达式。如果要实现复杂一点的字符串替换操作，则须利用 re.sub()或 re.subn()函数。

6.3.3　元字符

用于正则表达式的元字符有很多，下面根据其功能来分组进行介绍。

1．普通字符串

最简单的正则表达式是没有元字符的普通字符串，只匹配字符串本身，如表 6.17 所示。

表 6.17　普通字符串

普通字符串	说明	举例
'a'	只包含字符'a'	'a'
'7am'	只包含字符'7am'	'7am'

例如：

```
①        ②
re.findall('am','I am a Lamb')           ['am','am']
```

2．定义字符类

当需要匹配某个具体的字符时，就要用到字符类。将需要匹配的所有字符定义在一个字符列表中，称为字符类。字符类表示列表中的任意字符都满足匹配模式。定义字符类的元字符如表 6.18 所示。

表 6.18　定义字符类的元字符

元字符	名称	说明	举例
[xyz]	枚举字符集	匹配方括号中的任意字符	't[io]n'：匹配 ton 和 tin
[^xyz]	否定枚举字符集	匹配不在方括号中的任意字符	't[^ai]n'：匹配 ten；不匹配 tan 和 tin
[a-z]	指定字符范围	匹配范围内的任意字符	't[1-3]n'：匹配 t1n,t2n 和 t3n
[^a-z]	否定字符范围	匹配范围外的任意字符	't[^a-z]n'：匹配 t1n 等；不匹配 tan,...,tzn

正则表达式中使用连字符"-"来指定字符范围。定义范围时，要求连字符左侧字符（起始字符）的 ASCII 值不大于右侧字符（终止字符）的 ASCII 值。

< 107 >

re 模块实现举例：

```
                    ①           ②
re.findall('[aio]','Hello, A Pythonner')        ['o','o']
              ① ②③④⑤
re.findall('[^aio]','i□am□Oil')                 ['□','m','□','l']
re.findall('fo[rx]','A fox jumps for food')     ['fox','for']
re.findall('[0-4]','135 2')                     ['1','3','2']
re.findall('[^0-4]','a135□2')                   ['a','5','□']
```

3．预定义字符类

上面在定义字符类时，使用了枚举和指定范围的方法。除此以外，正则表达式中还包含了预定义字符类，利用特定的元字符所定义的特定字符类，如表 6.19 所示。

表 6.19　预定义字符类的元字符及匹配模式

元字符及匹配模式	说明	等价的元字符
\f	换页符	—
\n	换行符	—
\r	回车符	—
\t	制表符	—
\v	垂直制表符	—
\s	空白字符（space）	等价于[\f\n\r\t\v]
\S	非空白字符	等价于[^\f\n\r\t\v]
匹配模式 re.X 或 re.VERBOSE	忽略正则表达式中的空格和注释	—
\d	数字字符（digit）	等价于[0-9]
\D	非数字字符	等价于[^0-9]
\w	单词字符（word）：字母、数字和下画线	等价于[A-Za-z0-9_]
\W	非单词字符	等价于[^A-Za-z0-9_]
.	通配符：除换行符（"\n" 和 "\r"）以外的单个字符	—
匹配模式 re.S 或 re.DOTALL	匹配所有字符，包括 "\n" 和 "\r"	—

re 模块实现举例如下。

```
                    ①
re.findall('a.b','a a b a 2 b)
                  ②                    ['aab','a2b']
re.findall('\W','nice!')               ['!']
# 匹配模式 re.S
re.findall('a.b','a\nb')               []
re.findall('a.b','a\nb',re.S)          ['a\nb']
# 匹配模式 re.X
re.findall(r'A□B','A□B')               ['A□B']    # 空格起作用
re.findall(r'A□B','A□B',re.X)          []         # 忽略正则表达式中的空格，无匹配结果
re.findall(r'A\sB','A□B',re.X)         ['A□B']    # 不能忽略'\s'所表示的空格
re.findall(r'A□B#注释','A□B')          []         # 正则表达式中的所有字符都起作用
re.findall(r'A□B#注释','AB',re.X)      ['AB']     # 忽略正则表达式中的空格和注释
```

< 108 >

4.边界匹配符

字符串匹配往往需要指定匹配的起始位置和结束位置，即需要指定匹配边界。用于定义匹配边界的元字符（世界匹配符）及匹配模式如表 6.20 所示。

表 6.20 边界匹配符及匹配模式

元字符及匹配模式	说明	举例
^	每一行的开头	^L：行以字母 L 打头 s = '0\n1234\n56' re.findall('^\d',s) #输出结果 ['0']
\A	字符串开头	\AL：字符串以字母 L 打头 s = '0\n1234\n56' re.findall('\A\d',s) #输出结果 ['0']
$	每一行的结尾	L$：行以字母 L 结束 s = '0\n1234\n56' re.findall('\d$',s) #输出结果 ['6']
\Z	字符串结尾	L\Z：字符串以字母 L 结尾 s = '0\n1234\n56' re.findall('\d\Z',s) #输出结果 ['6']
匹配模式 re.M 或 re.MULTILINE	多行匹配模式，影响边界匹配符 "^" 和 "$"	—
\b	单词边界	'er\b'：匹配 never，但不匹配 verb
\B	非单词边界	'er\B'：匹配 verb，但不匹配 never
匹配模式 re.A 或 re.ASCII	只匹配 ASCII 值，影响 \b\B\d\D\s\S\w\W	—

（1）原义字符串

可以发现，"\b"现在有了两个含义：在字符串中 "\b" 表示退格（Backspace），而在正则表达式中 "\b" 表示单词边界。因此，我们在使用 re 模块时就会出现混淆：re.findall(\bfoo\b',string)中的 "\b" 到底表示什么含义？为了明确，我们可以在字符串前加 r 不做转义，维持其原有的在正则表达式中的含义（r 表示 raw string，即前文所述的原义字符串）。

```
>>> print(r'abc\b123')    abc\b123        >>> print('abc\b123')     ab123
>>> print(r'abc\n123')    abc\n123        >>> print('abc\n123')     abc
                                                                    123
```

re 模块实现举例如下。

```
                              ①    ②
>>> re.findall(r'da\b','Linda is da')    ['da','da']
                              ①
>>> re.findall(r'da\B','Linda is dada')  ['da']
>>>re.findall('^[CD][01]$','C0')         ['C0']
>>>re.findall('^[CD][01]$','C01')        []
```

< 109 >

（2）多行匹配模式：re.M

当不指定匹配模式 re.M 时，默认为单行匹配模式。表 6.21 演示了单行匹配模式与多行匹配模式的区别。

表 6.21　单行匹配模式与多行匹配模式的区别

单行匹配模式（默认）		多行匹配模式（re.M）		有区别否
s= '0\n123'				
re.findall('^\d',s)	['0']	re.findall('^\d',s,re.M)	['0','1']	有
re.findall('\A\d',s)	['0']	re.findall('\A\d',s,re.M)	['0']	无
re.findall('\d$',s)	['3']	re.findall('\d$',s,re.M)	['0','3']	有
re.findall('\d\Z',s)	['3']	re.findall('\d\Z',s,re.M)	['3']	无

根据上面的示例可以看出，匹配模式中的 re.M（多行匹配模式）只对边界匹配符 "^" 和 "$" 有影响，而对 "\A" 和 "\Z" 无影响。这是因为 "\A" 和 "\Z" 针对整个字符串进行匹配，换行符 "\n" 是整个字符串的一部分，所以单行匹配模式与多行匹配模式的结果相同；而 "^" 和 "$" 针对行进行匹配，每个 "\n" 代表一行，所以单行匹配模式与多行匹配模式的结果不同。

（3）ASCII 匹配模式：re.A

匹配模式 re.A 指定了要匹配的字符为 ASCII 编码字符，而非默认的 Unicode 编码字符，也就是只能匹配 ASCII 表中的 128 个字符，此匹配模式会影响到\b\B\d\D\s\S\w\W 等预定义字符类，如表 6.22 所示。

表 6.22　re.A 举例

Unicode 编码（默认）		ASCII 编码（re.A）	
s = 'I love u 你们'			
re.findall('\B 你',s)	['你']	re.findall('\B 你',s,re.A)	[]

5．重复限定符

我国的邮政编码是 6 位数字，我们可以使用重复限定符来指定数字重复的次数，如'\d{6}'。重复限定符的说明及举例如表 6.23 所示。

表 6.23　重复限定符

元字符	说明	举例
{n,m}	最少 n 次，最多 m 次	'o{1,3}'：匹配 does、zoo 以及 doood
{n}	n 次，等价于{n,n}	'o{2}'：匹配 food，但不匹配 Bob
{n,}	至少重复 n 次	'o{2,}'：匹配 zoo 和 doood 等，不匹配 does
{,n}	最多重复 n 次	'o{,1}'：匹配 z 和 does，不匹配 dood
*	任意次，等价于{0,}	'o*$'：匹配 z、zo、zoo 等
+	至少 1 次，等价于{1,}	'o+'：匹配 zo、zoo 等，但不匹配 z
普通字符与?组合	"?" 位于普通字符后面：普通字符最多重复 1 次，等价于{0,1}	'o?'：匹配 z、zo 等，但不匹配 zoo 'do(es)?'：匹配 do、does
重复限定符与?组合	"?" 位于重复限定符（即*、+、?、{n}、{n,}、{n,m}）后面：非贪婪匹配模式，即尽可能少地匹配所搜索的字符串，而默认的贪婪匹配模式则尽可能多地匹配所搜索的字符串	对于字符串 "oooo"，有： 'o+?'匹配单个 o 'o+'匹配所有 o

< 110 >

re 模块实现举例如下。

```
>>> re.findall('a*b','aabbabaabbaa')              ['aab','b','ab','aab','b']
>>> re.findall('^[a-zA-Z] + ','iLovePython')      ['iLovePython']
>>> re.findall('^[a-zA-Z] + ','iLovePython!')     ['iLovePython']
>>> re.findall('^[a-zA-Z] + ','i LovePython!')    ['i']
>>> re.fullmatch('[a-zA-Z] + ','iLovePython')     <re.Match object; span=(0,11), match=
                                                  'iLovePython'>
```

需要匹配的第 1 个字符　需要匹配的最后 1 个字符　　　['aabbabaabb']
```
>>> re.findall('a.*b','baabbabaabbaa')
```
　　　　　　　.*: 任一字符，可重复任意次　　　# 贪婪匹配模式：*意味着尽可能多地重复字符

需要匹配的第 1 个字符　需要匹配的最后 1 个字符　　　['aabbab']
```
>>> re.findall('a.*b','baabbabaa12aa')
```
　　　　　　　.*: 任一字符，可重复任意次　　　# 贪婪匹配模式：*意味着尽可能多地重复字符

需要匹配的第 1 个字符　　需要匹配的最后 1 个字符　　　['aab','ab','aab']
```
>>> re.findall('a.*?b','aabbabaabbaa')
```
　　　　　　　.*?: 任一字符，尽可能少地重复　# 非贪婪匹配模式：遇到符合匹配模式的结果就截取

6. 转义字符

Python 中反斜杠 "\" 为转义符，而在 re 模块中，反斜杠也用作转义符。如前所示，正则表达式中 "\b" 表示单词边界，转义符 "\" 和字符 "b" 就构成了表示单词边界的元字符 "\b"。转义符除了定义元字符外，还可以用来恢复元字符本来的含义，如表 6.24 所示。

表 6.24　转义字符

元字符	说明	举例
\	将字符标记为元字符或原义字符	n:匹配字符 "n" \n:匹配换行符 \\:匹配 "\" \(:匹配 "("

re 模块实现举例如下。

```
re.findall('\(.*\)','u r Peggy(a dog)')    ['(a dog)']
```

如果要使用原义字符，除了加转义字符外，当然还可以利用原义字符串。
在字符串前面加字符 "r"，表示紧跟其后的字符串是原义字符串。

```
re.findall(r'-','u r Peggy(a - dog)')    ['-']
```

7. 选择关系运算符

符号 "|" 用于元字符时，表示选择关系，如表 6.25 所示。

表 6.25　选择关系运算符

元字符	说明	举例
x|y	匹配 x 或 y	z|food：匹配 z 或 food (z|f)ood：匹配 zood 或 food

< 111 >

re 模块实现举例如下。

```
>>> re.findall('a|bce','ace bce')          ['a', 'bce']
```

6.3.4 分组与引用

1. 分组

重复限定符会重复前导字符（仅 1 个字符）。如果需要重复多个字符，则可以把需要重复的多个字符进行分组，放在小括号内，再对分组使用重复限定符。例如，IP 地址的一般形式为：ddd.ddd.ddd.ddd。可以发现，模式"ddd."重复了 3 次，因此我们可以将"ddd."作为一个分组，并使用重复限定符。

IP 地址	分组与重复
202.204.10.15	`'(\d{1,3}\.){3}\d{1,3}'`

分组

re 模块实现举例如下。

如果有多个分组，则分组模式匹配结果装配在元组中。

```
>>> re.findall('[a-z] + \d + ','aa1bb2cc33')       ['aa1','bb2','cc33']
>>> re.findall('([a-z]) + \d + ','aa1bb2cc33')      ['a','b','c']
>>> re.findall('([a-z] + )\d + ','aa1bb2cc33')      ['aa','bb','cc']
>>> re.findall('([a-z] + )(\d) + ','aa1bb2cc33')    [('aa','1'),('bb','2'),('cc','3')]
>>> re.findall('([a-z] + )(\d + )','aa1bb2cc33')    [('aa','1'),('bb','2'),('cc','33')]
>>> re.findall('([a-z] + )(\d + )','a *3')          []# 没有匹配正则表达式的字符串
>>> re.findall('[a-z] + (\d + )','aa1bb2cc33')      ['1','2','33']
>>> re.findall(r'a(.)b','a1bbaba2bbaa')             ['1','2']
```

需要匹配的第 1 个字符   需要匹配的最后 1 个字符   匹配结果

```
>>> re.findall('a(.?)b','a1bbaba2bbaa')            ['1', '', '2']
```

.?: 任一字符，可重复 0 或 1 次   中间存在一个"
模式: 字符 + 空格 + 字符

```
>>> re.findall('(\w + \s + \w + )','a b2 c33 dd4')   ['a b2','c33 dd4']
```

❶

```
>>> re.findall('(\w + \s + \w + )','a b2 c33 dd4')
```

正则表达式 分组❶ 正则表达式 分组❶
匹配结果 1 匹配结果 匹配结果 2 匹配结果
`[('a b2','a'),('c33 dd4','c33')]`

❶   ❷

```
>>> re.findall('((w + )\s + \w + )','a b2 c33 dd4')
```

外层小括号   外层小括号
匹配结果 1   匹配结果 2
`[('a b2','a','b2'),('c33 dd4','c33','dd4')]`

❶ ❷   ❶ ❷

2. 回溯引用

当需要捕捉特定的匹配模式时，需要回溯引用。

```
re.findall(r'[a-b]x[a-b]','axa    bbxba   ['axa','bxb','axb','bxa']
aaxbb abxaa')
```
第 1 种匹配模式 第 2 种匹配模式

上面实例中，正则表达式'[a-b]x[a-b]'捕捉了两种匹配模式：第 1 种模式为'axa'和'bxb'，即字符串有 3 个字符，第 1 个和第 3 个字符相同，第 2 个字符为"x"；第 2 种模式为'axb'和'bxa'，即 3 个字母中第

< 112 >

2 个字符为 "x"，第 1 个和第 3 个字符不相同。

　　现在的问题是：如何只捕捉第 1 种模式呢？这就需要回溯引用了。

　　利用小括号 "()" 定义分组后，正则表达式引擎（处理正则表达式的软件）会把分组匹配结果按照顺序编号（从 1 开始）。有了编号就可以对分组匹配结果进行回溯引用。

```
re.findall(r'([ab])x[ab]','axa bxb axb')          ①    ②    ③
                                                  ['a','b','a']
re.findall(r'([ab])x\1 ','axa bxb axb')
           ↓                                      ['a','b']
```
等价于前面的 '[ab]'，只不过此处要求与第 1 个字符相同

　　由于 findall() 函数只返回分组匹配的结果，因此，我们可以使用 search() 函数返回第 1 个匹配结果。

```
re.search(r'([ab])x\1','axa bxb axb')   <re.Match object; span=(0,3), match='axa'>
```

回溯引用具有下列特点。

- 可多次回溯引用分组，即我们可以在需要的地方多次使用回溯引用。

```
re.findall(r'([ab])x\1\1','bxbb axaa axab') ['b','a']
re.match(r'([ab])x\1\1','bxbb axaa axab') <re.Match object; span=(0,4), match='bxbb'>
re.findall(r'([ab])x\1\1','bxab axba axab') []
```

- 回溯引用不能用于字符类内部，即字符类内部不能使用回溯引用。

```
re.findall(r'([ab])x[\1]','bxb axa')   []  # 在字符类内部，'\1'解释为八进制转码
```

- 降低运行速度。回溯引用会降低正则表达式引擎的运行速度，因为需要存储匹配的分组。
- 不使用回溯引用。默认情况下，正则表达式使用回溯引用。如果不需要回溯引用，则可以使用分组前缀 "?:" 来指定。

```
re.findall(r'(?:a)xa','bxb axa')    ['axa']
re.findall(r'(?:a)x\1','bxb axa')   error: invalid group reference 1
```

- 回溯引用不能用于自身。

```
re.findall(r'([ab]\1)','aa')    error: cannot refer to an open group
re.findall(r'([ab])\1','aa')    ['a']
```

- 回溯引用的内容会动态更新。由于模式搜索是不断进行的，因此分组匹配结果会不断变化。回溯引用的内容就会根据匹配结果动态更新，如下所示。

([abc]+)\1			([abc])+\1		
([abc]+)	\1	匹配结果	([abc])+	\1	匹配结果
a	a	aa	a	a	aa
b	b	bb	b	b	bb
aa	aa	aaaa	c	c	cc
ba	ba	baba	aa	a	aaa
cab	cab	cabcab	bbb	b	bbbb
abc	abc	abcabc	cccc	c	ccccc

< 113 >

re 模块实现举例如下。

`re.match(r'([abc]) + \1','ccc')`	`<re.Match object;span=(0,3),match='ccc'>`
`re.match(r'([abc]) + \1','ac')`	`None`
`re.match(r'([abc] + )\1','abccabcc')`	`<re.Match object;span=(0,8),match='abccabcc'>`
`re.match(r'([abc] + )\1','abac')`	`None`

3. 分组命名

在前面的例子中，回溯引用使用默认的分组索引。Python 还允许对分组进行命名，被赋予了名称的分组称为命名分组。我们可以利用分组的名称来引用命名分组。分组命名的语法格式如下。

☞ (?P<分组名称>正则表达式)

re 模块实现举例如下。

```
import re
txt = "北京时间12点10分"               # 定义要在其中进行搜索的字符串
pattern = re.compile(r'\D* (?P<H>\d{1,2})\D* (?P<M>\d{1,2})\D*')
```
          分组\d{1,2}命名为H   分组\d{1,2}命名为M

```
# 可利用compile()函数定义匹配模式，并命名为pattern
resu = pattern.search(txt)             # 搜索txt中匹配pattern模式的结果
print(resu.groupdict())                {'H':'12','M':'10'}
                                       # groupdict()方法将匹配的分组结果放于字典中
print(resu.groups())                   ('12','10')
                                       # groups()方法将匹配的分组结果放于元组中
print(resu.group())                    北京时间12点10分
                                       # group()方法返回匹配pattern模式的字符串
```

4. 命名分组的引用

分组命名的目的是方便引用，引用命名分组的语法格式如下。

☞ (?P = 命名分组的名称)

re 模块实现举例如下。

```
import re
txt1 = "北京时间12点10分"              # 定义要在其中进行搜索的字符串
txt2 = "北京时间12点12分"
pattern = re.compile(r'\D*(?P<H>d{1,2})\D* (?P = H)\D*')
```
          分组d{1,2}命名为H   引用命名分组H

```
resu1 = pattern.search(txt1)
resu2 = pattern.search(txt2)           # 搜索文本中匹配pattern模式的结果
print(resu1.groupdict())               AttributeError      # txt1中无匹配项
print(resu2.groupdict())               {'H':'12'}          # txt2中有匹配项
print(resu1.groups())                  AttributeError      # txt1中无匹配项
print(resu2.groups())                  ('12',)             # txt2中有匹配项
print(resu1.group())                   AttributeError      # txt1中无匹配项
print(resu2.group())                   北京时间12点12分     # txt2中有匹配项
```

< 114 >

分组引用意味着重复。根据示例的结果可知：命名分组的引用，重复的是匹配结果（例如，示例中命名分组 H 的匹配结果是'12'，因此文本"北京时间 12 点 12 分"才会匹配所定义的模式），并不是重复匹配模式（即(?P=H)并不是(?P=\d{1,2})，因此文本"北京时间 12 点 10 分"并不匹配所定义的模式）。这一点与分组的默认引用一致。

5．分组的扩展语法

上面介绍的命名分组，其实属于分组扩展语法的一种。其他的分组扩展语法如表 6.26 所示。

表 6.26　分组扩展语法

扩展语法	说明	举例	结果
(?aiLmsux)	匹配模式 ?a=re.A ?i=re.I ?L=re.L ?m=re.M ?s=re.S ?u=re.U ?x=re.X	**print**(re.findall('a.*b','a\n\nb',re.S)) **print**(re.findall('(?s)a.*b','a\n\nb')) **print**(re.findall('(?is)a.*b','a\n\nb'))	['a\n\nb'] ['a\n\nb']　# ?s 等同于 re.S ['a\n\nb']　# ?is 等同于 re.I 和 re.S
(?:)	不存储匹配的分组，因此无法使用回溯引用	re.findall(r'(?:a)xa','bxb axa') re.findall(r'(?:a)x\1','bxb axa')	['axa'] error: invalid group reference 1
(?#)	注释，便于理解正则表达式的含义	re.findall('(?#单词)a.*b','anb')	['anb']
(?=模式 A)	向前查找：需匹配模式 A，但并不返回匹配模式 A 的结果，而是返回匹配结果前面的字符串，因此称为向前查找，即需要结果在模式 A 的前面（左侧）	re.findall('.*be(?=en)','It been beer') re.findall(r'.+(?=:)','http://py.org')	['It be'] ['http']
(?<=模式 A)	向后查找：需匹配模式 A，但并不返回匹配模式 A 的结果，而是返回匹配结果后面的字符串，因此称为向后查找，即需要结果在模式 A 的后面（右侧）	re.findall('(?<=en).*Be','It been Beer',re.I) re.findall('\$\d+\.*\d+','a:$14.5 b:$15') re.findall('(?<=\$)\d+\.*\d+','a:$14.5 b:$15')	['□Be'] ['$14.5','$15'] ['14.5','15']
(?!模式 A)	负向前查找：如果不匹配模式 A（!模式 A），则返回"!模式 A"前面的字符串	re.findall('.*be(?!en)','It been beer')	['It been be']
(?<!模式 A)	负向后查找：如果不匹配模式 A（!模式 A），则返回"!模式 A"后面的字符串	re.findall('(?<!\$)\d+','$13 for 14')	['3', '14']

（1）查找方向

根据上面的例子可知，查找方向的设置方法如表 6.27 所示。

表 6.27　查找方向的设置方法

设置方法	查找方向	设置方法	查找方向
(?=)	（正）向前查找	(?!)	负向前查找
(?<=)	（正）向后查找	(?<!)	负向后查找

（2）分组扩展语法示例

利用前后查找，可以指定文本匹配操作发生的位置，从而精确控制所需结果。分组扩展语法的示例如下。

```
pa = r'(?<=\w\s)never(?=\s\w)'          # 模式：*□never□*；所需结果：never
s1 = 'I never give up, never I'
s2 = 'I never give up never I'
re.findall(pattern,s1)                   ['never']
re.findall(pa,s2)                        ['never','never']
```

< 115 >

```
pa = r'(?<=is\s)good\sat'          # 模式: is□good□at; 所需结果: good□at
s = 'Linda is good at math'        <re.Match object; span=(9,16), match='good at'>
re.search(pa,s)
pa = r'(?i)\bn\w+\b'               # 模式: n 或开头的单词
s ='NO is not a nobby'
re.search(pa,s)                    ['NO','not','nobby']
pa = r'(?<!not\s)is\b'             # 模式: 前面没有 not 的单词 is
s = 'NO is not is nobby'           <re.Match object; span=(3,5), match='is'>
re.search(pa,s)
pa = r'(\b\w*(?P<L>\w+)(?P=L)\w*\b)'   # 模式: 具有连续相同字母的单词
s = 'NOOO is not nobby'            [('NOOO','O'),('nobby','b')]
re.findall(pattern,s)
```

6.3.5 案例：常用字符串的匹配模式

1. HTTP 网页内容

一般而言，HTTP 网页代码具有如下的形式。

开始标签（文本开始的标志）   结束标签（文本结束的标志）

<h1>Text</h1>

网页内容

HTTP 网页中开始标签和结束标签具有重复特性，非常适合利用回溯引用或者命名分组引用进行模式匹配搜索。

字母: 匹配 h   字母数字: 匹配 1   匹配开始标签中的 ">"   引用分组 1

<([a-zA-Z] [a-zA-Z0-9]*) [^>]*>   . * {? </ \1 >

分组 1   非贪婪模式，直至遇到 "</"

re 模块实现举例如下。

```
import re
txt = r'<html><script type = "application"></script></html>'
pattern = re.compile(r'<([a-zA-Z][a-zA-Z0-9]*)[^>]*>.*?</\1>')
resu = re.search(pattern,txt)
print(resu)
<re.Match object; span=(0,49), match = '<html><script type = "application"></script></html>'>
```

当然也可以利用命名分组，如下所示。

```
<(?P<HTTP>[a-zA-Z][a-zA-Z0-9]*)[^>]*>.*?</(?P=HTTP)>
```

2. 电子邮箱

电子邮箱一般包括大小写字母、阿拉伯数字、下画线、中画线和点号。

确保含有@   不存储分组

[a-zA-Z0-9_-]+ @ [a-zA-Z0-9_-]+(?: .[a-zA-Z0-9_-]+)

邮箱名   域名

< 116 >

re 模块实现举例如下。

```
import re
txt = r'个人邮箱：_no2@3cA.com, work emal:12iK@python.org.'
re_str = r'[a-zA-Z0-9_-]+@[a-zA-Z0-9_-]+(?:\.[a-zA-Z0-9_-]+)'
pattern = re.compile(re_str)
resu = re.findall(pattern,txt)
print(resu)                      ['_no2@3cA.com','12iK@python.org']
```

3. 身份证号码

身份证号码分组如下。

地区编码	[19|(2\d)]\d{2}	月份	[012][1-9])|10|20|30|31	序号	校验码
2 2 0 1 0 4	2 0 0 8	0 6	2 9	2 6 5	X
			天数		
[1-9]\d{5}	年份	(0[1-9])|10|11|12		\d{3}	[xX\d]

re 模块实现举例如下。

```
import re
txt = 'A: 14262319891030516x, B: 35212420891032092x'
re_str=r'[1-9]\d{5}(?:18|19|(?:2\d))\d{2}(?:(?:0[1-9])|(?:10|11|12))
(?:(?:[012][1-9])|10|20|30|31)\d{3}[xX\d]'
pattern = re.compile(re_str)
resu = re.findall(pattern,txt)
print(resu)                      ['14262319891030516x']
```

4. 国内手机号码

国内手机号码分组如下。

```
(13[0-9]|14[57]|15[012356789]|17[678]|18[0-9])[0-9]{8}
```

re 模块实现举例如下。

```
import re
txt = '手机号：13521930110'
re_str=r'(?:13[0-9]|14[57]|15[012356789]|17[678]|18[0-9])[0-9]{8}'
pattern = re.compile(re_str)
resu = re.findall(pattern,txt)
print(resu)                      ['13521930110']
```

5. 日期

中文常用的日期格式有 3 种：2022-11-11、2022.1.23 和 2022/12/3。
re 模块实现举例如下。

```
import re
pattern = re.compile(r"\d{4}(?:-|/|\.)\d{1,2}(?:-|/|\.)\d{1,2}")
txt = '日期：2019.2.20, 2020/12/20 和 2021-12-2'
result = pattern.findall(txt)
print(result)                    ['2019.2.20','2020/12/20','2021-12-2']
```

< 117 >

6. 数字

根据数字的类型不同，我们可以采用不同的正则表达式，如表 6.28 所示。

表 6.28　针对不同类型数字的正则表达式

类型	正则表达式
全数字	^[0–9]+$
n 位数字	^\d{n}$
非零的正整数	^\+?[1–9][0–9]*$
非零的负整数	^\–[1–9][0–9]*$
整数	^–?\d+$
浮点数	^(–?\d+)(\.\d+)?$

7. 字符串

根据字符串的类型不同，我们可以采用不同的正则表达式，如表 6.29 所示。

表 6.29　针对不同类型字符串的正则表达式

类型	正则表达式
中文字符	[\u4e00–\u9fa5]
中文、英文、数字、下画线	^[\u4E00–\u9FA5A–Za–z0–9_]+$

6.4　Python 中的模块 re

6.4.1　正则表达式对象

我们接触过 re 模块中的 compile() 函数，下面来看一个示例。

```
import re
re_digit = re.compile(r"^[0-9]$")          # 函数返回的结果赋值给 re_digit
① print(type(re_digit))                     <class 're.Pattern'>    # 变量类型
② resu = re_digit.findall('2')
   print(resu)                              ['2']
```

由语句①可知，compile() 函数返回的是一个 re.Pattern 类型的数据，这是一个正则表达式对象；语句②则调用了正则表达式对象的方法来处理字符串 (示例为查找匹配结果)。此种处理分析字符串的方式可以提高字符串处理速度，非常适合多次使用同一正则表达式的情况。

6.4.2　正则表达式对象的常用方法

1. 搜索方法

正则表达式对象的搜索方法与处理正则表达式的搜索函数非常相似，如表 6.30 所示。

表 6.30　搜索方法与搜索函数

方法	说明
可选参数　　可选参数 起始索引　　终止索引 findall(string,pos,endpos)	返回搜索范围[pos,endpos]内的匹配结果列表；若含有分组，则返回分组匹配结果列表

< 118 >

方法	说明
finditer(string,pos,endpos)	将搜索范围[pos,endpos)内的匹配结果放于迭代器中并返回，匹配结果为 Match 对象
match(string,pos,endpos)	将搜索范围[pos,endpos)内若有匹配结果，则返回 Match 对象，否则返回 None
search(string,pos,endpos)	搜索范围[pos,endpos)内若有匹配结果，则返回 Search 对象，否则返回 None

举例如下。

```
import re                           # 生成正则表达式对象pattern：含有字母a的单词
pattern = re.compile(r'\b\w*a\w*\b')
        ①   ⑤   ⑧
s = 'Linda and Emily go to a park!'
print(pattern.findall(s))          ['Linda','and','a','park']
print(pattern.findall(s,5))        ['and','a','park']
print(pattern.findall(s,5,8))      ['an']
for i in pattern.finditer(s,8):    <re.Match object;span=(22,23),match='a'>
    print(i)                       <re.Match object;span=(24,28),match='park'>
pattern.match(s)                   <re.Match object;span=(0,5),match='Linda'>
pattern.match(s,5,8)               None
① pattern.match(s,5)               None
② pattern.match(s,6)               <re.Match object;span=(6,9),match='and'>
'''
语句①、②说明正则表达式对象的 match() 方法是从目标字符串的 0 索引位置开始搜索的，这点与处理正则表
达式的 match() 函数相同
'''
pattern.search(s)                  <re.Match object;span=(0,5),match='Linda'>
pattern.search(s,5,8)              <re.Match object;span=(6,8),match='an'>
③ pattern.search(s,5)              <re.Match object;span=(6,9),match='and'>
④ pattern.search(s,6)              <re.Match object;span=(6,9),match='and'>
'''
语句③、④说明正则表达式对象的 search() 方法是从目标字符串的任意位置开始搜索的，这点与处理正则表达
式的 search() 函数相同，也是与 match() 方法的区别所在
'''
```

2. 替换方法

利用正则表达式对象的 sub() 和 subn() 方法可以将匹配结果替换为一个新的字符串，如表 6.31 所示。

表 6.31　字符串的替换方法

方法	说明
替换内容　替换次数，可选参数　默认值为 0，替换全部匹配结果 sub(repl,string,count=0) 要进行替换的字符串	返回替换后的字符串。 其与处理正则表达式的 sub(pattern,repl,string,count=0,flags=0)具有相同的功能
替换内容　替换次数，可选参数　默认值为 0，替换全部匹配结果 subn(repl,string,count=0) 要进行替换的字符串	返回一个元组：(替换后的字符串,替换次数)。 其与处理正则表达式的 subn(pattern,repl,string,count=0,flags=0)具有相同的功能

< 119 >

举例如下。

```
import re
pattern = re.compile(r'\b\w*a\w*\b)        # 生成正则表达式对象 pattern：含有字母 a 的单词
s = 'Linda and Emi go to a park!'
print(pattern.sub('A',s))                  A A Emily go to A A!
print(pattern.sub('A',s,count = 1))        A and Emi go to a park!
print(pattern.sub('A',s,count = 5))        A A Emi go to A A!
print(pattern.subn('A',s))                 ('A A Emi go to A A!',4)
print(pattern.subn('A',s,count = 1))       ('A and Emi go to a park!',1)
print(pattern.subn('A',s,count = 5))       ('A A Emi go to A A!',4)
```

3. 字符串分割方法

split()可以根据匹配模式对字符串进行分割，并返回分割后的结果，如表 6.32 所示。

表 6.32　字符串的分割方法

方法	说明
分割次数，可选参数 默认值为 0，替换全部匹配结果 split(string,maxsplit=0) 要进行分割的字符串	返回分割后的字符串列表。 其与处理正则表达式的 split(pattern,string, maxsplit=0,flags=0)具有相同的功能

举例如下。

```
import re
pattern = re.compile(r'\d')                # 生成正则表达式对象 pattern：单个数字
s = '1a2b3c4d'
print(pattern.split(s))                    ['','a','b','c','d']
print(pattern.split(s,0))                  ['','a','b','c','d']
print(pattern.split(s,1))                  ['','a2b3c4d']
print(pattern.split(s,10))                 ['','a','b','c','d']
```

6.4.3 匹配对象

使用正则表达式 re 模块中的 match()和 search()函数，或者正则表达式对象的 match()和 search()方法，返回的结果为匹配对象（Match Object）。我们可以使用匹配对象内置的方法对匹配结果进行处理，如表 6.33 所示。

表 6.33　匹配对象的处理方法

方法	结果及说明
group(group1,group2,...)	返回匹配的 1 个或多个分组
分组的默认序号为 **1** ↑ m = re.search(r'(w)(.d) ','be*52') ↓ 分组的默认序号为 **2**	
print(m)	\<re.Match **object**; span=(1, 4), match='e*2'>
正则表达式的匹配结果 ↑ **print**(m.group(0))	e*5

< 120 >

续表

方法	结果及说明
print(m.group(0,1,2,2)) ↓ 分组序号 **2**	('e*5', 'e', '*5', '*5')
print(m.group())	('e*5', 'e', '*5', '*5')　　# 返回正则表达式的匹配结果
groups(default=None)	返回一个元组，分组元素为匹配的所有分组
print(m.groups())	('e', '*5')
start(group)	返回匹配的分组 group 的开始索引
m.start(0)	1　# 正则表达式匹配结果的开始索引
m.start(1)	1　# 分组 1 的开始索引
m.start(2)	2　# 分组 2 的开始索引
end(group)	返回匹配的分组 group 的结束索引
m.end(0)	4　# 正则表达式匹配结果的结束索引，符合左闭右开原则
m.end(1)	2　# 分组 1 的结束索引
m.end(2)	4　# 分组 2 的结束索引
span(group)	返回匹配分组的索引范围：(start(group),end(group))
m.span(0)	(1, 4)　# 正则表达式匹配结果的索引范围
m.span(1)	(1, 2)　# 分组 1 的索引范围
m.span(2)	(2, 4)　# 分组 2 的开始索引
groupdict(default=None)	返回匹配的所有命名分组，结果为字典
m = re.search(r'(?P<Area>\d+)−(?P<No>\d+)','tel:010−12345678')	
print(m.groupdict())	{'Area': '010', 'No': '12345678'}
print(m.group())	010−12345678
print(m.start(0))	4
print(m.end(1))	7　# 也可以利用分组的默认序号
print(m.span(2))	(8, 16)　# 注意分组 2 的结束索引为 16

习题

一、选择题

1. 下列属于字符串的选项是（　　）。
   A. str　　　　　　B. 'str'　　　　　　C. ['str']　　　　　D. ('str',)
2. 字符串"1024"中，索引为−3 的字符是（　　）。
   A. '1'　　　　　　B. '0'　　　　　　C. '2'　　　　　　D. '4'
3. 对字符串"python"切片操作时，返回空字符串的选项是（　　）。
   A. [1:2]　　　　　B. [:5]　　　　　C. [−2:−3]　　　　D. [−4:]
4. 下列可以逆序输出字符串的选项是（　　）。
   A. [::−1]　　　　B. [−1:]　　　　　C. [−1::]　　　　　D. −1:−1:
5. 下列关于 Python 字符串的描述中，错误的选项是（　　）。
   A. 字符串可以保存在变量中，也可以单独存在
   B. 字符串是字符序列

< 121 >

C. 输出带有引号的字符串可以使用转移字符"\\"

D. 使用 datatype()可以测试字符串的类型

6. Python 内置函数 str(x)的作用是（   ）。

A. 对组合数据类型 x 求和 B. 返回变量 x 的数据类型

C. 将 x 转换为字符串 D. 对组合数据类型 x 进行排序

7. 下列关于字符串的描述中，错误的选项是（   ）。

A. 字符串 s 的首字符是 s[0]

B. 在字符串中，同一个字母的大小写是等价的

C. 字符串中的字符都是以二进制编码的方式存储和处理的

D. 字符串可以进行关系比较操作

8. 语句 print(r"g\tood")的运行结果是（   ）。

A. g ood B. r"g\tood" C. g\tood D. rg ood

9. 下列 4 个表达式中，有 3 个表达式的值相同，其中与其他 3 个表达式的值不同的选项是（   ）。

A. 'abc'+"123" B. ''. joint('abc','123') C. 'abc'−'123' D. 'abc123'*1

10. 值为 False 的选项是（   ）。

A. 'p12'>'p' B. 'AB'='ab'.upper() C. ''<'a' D. 'pyt'<'pyp'

二、填空题

1. Python 中，字符串可使用单引号、双引号、三单引号或_____表示。

2. 字符串是字符序列，其值_____改变。

3. '4'+'5'的值为_____。

4. 表达式'abc' in '12abc'的值为_____。

5. 字符串 s 中，最后一个字符的索引序号是_____。

6. Python 字符串中，有两个索引方式可以表示字符串中字符的位置索引。其中，正向索引方式的索引号从_____开始。

7. Python 字符串中，有两个索引方式可以表示字符串中字符的位置索引。其中，反向索引方式的索引号从_____开始。

8. 若 s = '12345'，则表达式 s[2:]+s[:2]的值为_____。

9. 表达式'12345'[::−1]的输出结果为_____。

10. 表达式'654321'[−5:]的输出结果为_____。

三、编程题

1. 编写敏感词过滤程序：如果用户输入文本中含有指定的敏感词，则将其替换为"***"。

2. 编写程序实现输入学生姓名和分数，当输入"q"或"Q"时输入结束；以表格形式输出所输入的内容。

3. 编写程序实现判断用户输入的字符串是否为回文串：从左边开始读与从右边开始读内容相同的字符串称为回文串。

4. 编写程序实现输入两个字符串，从第 1 个字符串中删除第 2 个字符串所包含的所有字符。

5. 编写程序实现判断两个字符串所包含的字符是否完全相同。完全相同是指字符及其出现频次相同。

6. 编写程序实现整数加法计算器的功能。

7. 编写程序实现字符串 find(str1,str2)函数的功能：在字符串 str1 中查找字符串 str2 第一次出现的索引。

8. 编写程序实现获取两个字符串中都包含的字符。

9. 编写程序实现去掉字符串中的重复字符，剩余字符按字典升序排列。

< 122 >

第7章 函数与模块

函数是代码重复利用的一种重要形式。本章在介绍 Python 函数基本语法的基础上，重点介绍函数中实参和形参的匹配关系、参数传递和返回值的本质、变量的作用域和递归函数、名称空间的概念和分类。

引例 7.1 求取 3 的阶乘和 5 的阶乘。

已知阶乘的计算公式为：$n! = n \times (n-1) \times (n-2) \times \cdots \times 2 \times 1$，根据该公式可分别求取 3 的阶乘和 5 的阶乘，我们可采用以下两种编程方法来实现。左侧的方法是分别为整数 3 和 5 编写代码求取阶乘，可以发现求取 3 的阶乘所用代码①、②、③和求取 5 的阶乘所用代码❶、❷、❸是完全一样的；右侧的方法则是将上述相同的代码定义了一个名为 fun_factorial(n) 的函数，需要计算阶乘的整数将作为此函数的参数。

```
    n1 = 3                                  def fun_factorial(n):
①   factorial1 = 1                              factorial = 1
②   for i in range(1,n1 + 1):                   for i in range(1,n + 1):
③       factorial1 *= i                             factorial *= i
                                                return factorial
    n2 = 5                                  n1 = 3
❶   factorial2 = 1                      ❹   factorial1 = fun_factorial(n1)
❷   for i in range(1,n2 + 1):              n2 = 5
❸       factorial2 *= i                  ❺   factorial2 = fun_factorial(n2)
    print(n1,'的阶乘: ',factorial1)                               3 的阶乘: 6
    print(n2,'的阶乘: ',factorial2)                               5 的阶乘: 120
```

为了计算某个整数的阶乘，只需要调用此函数并给出参数的具体取值即可。两种方法的计算结果是一样的，但采用函数的方法逻辑更清晰，代码维护更方便。

由引例 7.1 可知，函数是可复用（重用）的程序代码段（Python 中允许自定义函数），使用函数可以提高编程效率。

7.1 函数概述

7.1.1 函数的基本概念

解决复杂的问题通常采用"分而治之"的方式将问题分解为多个小任务。在程序设计中，可以将实现这些小任务的程序代码构造为函数。

函数是实现特定功能的语句集合。函数的理念与黑盒的理念类似：使用函数无须了解函数内部的实现细节，只须了解函数的输入输出方式即可。严格地说，函数是一种功能抽象。

7.1.2　函数的功能

简单而言，函数具有表 7.1 所示的功能。

表 7.1　函数的功能

功能	说明
降低编码难度	函数是一种功能抽象，利用函数可以将复杂问题逐步分解为一系列简单问题。当问题细化到足够简单时，我们可以将这些小问题的实现代码封装为函数
实现代码复用	函数既可以在一个程序的多个位置使用，也可以用于多个程序中。当需要修改代码时，只须在函数中修改一次，所有调用位置的功能都会得到更新。代码复用降低了代码量和维护难度
实现结构化程序设计	函数是模块化程序设计的基本组成单位，利用函数可以把程序分割为不同的功能模块，实现自顶而下的结构化设计

7.1.3　Python 中函数的分类

Python 中的函数分为 4 类，如表 7.2 所示。

表 7.2　Python 中函数的分类

分类	说明
内置函数	Python 解释器自带的函数称为**内置函数**，如 **abs()** 和 **len()** 等。Python 解释器启动后，内置函数也生效了，我们可以直接使用这些函数，无须导入某个模块
标准库函数	Python 语言的安装程序会同时安装标准库，如 math 和 random 等。用户无须单独安装标准库就可以使用。利用 **import** 语句可以导入标准库并使用其中定义的函数
第三方库函数	Python 社区提供了很多库可供使用，如 pandas 和 numpy 等。下载并安装了库之后，可以利用 **import** 语句导入库，然后就可以使用其中定义的函数
用户自定义函数	用户根据需要自行定义的函数。本章将详细讨论这类函数的定义和调用方法

7.2　函数的定义和调用

微课视频

7.2.1　函数的定义

在使用函数之前，需要先定义函数。定义函数的语法格式如下。

☞
```
def□函数名(参数1,参数2,...):
    □□□□函数体
①  □□□□return 返回值1,返回值2,...
```

下面介绍上述语法中函数涉及的概念，如表 7.3 所示。

表 7.3　函数涉及的概念

概念	说明
关键字 def	Python 使用关键字 **def** 来声明函数。关键字 **def** 所在的行为函数定义的第 1 行，称为**函数签名**（signature），表明此函数的特征
函数名	函数名为有效的标识符，建议命名规则为全小写字母，可以使用下画线分隔单词以增加可读性，如 get_user_name。引例 7.1 中的函数名为 fun_factorial
形参	函数声明中参数 1,参数 2,……称为**形式参数**，简称**形参**（parameter），即函数完成工作所需信息，类似于数学上函数定义中的自变量。引例 7.1 fun_factorial（n）函数中的形参为 n，这是计算阶乘所需的唯一外部信息。形参在函数定义的圆括号对内指定，多个形参用逗号分隔

< 124 >

续表

概念	说明	
实参	与形参相对应的是**实参**（argument）。实参是调用函数时所提供的形参的值，即实际参数，简称实参。引例 7.1 中语句 ❹调用了 fun_factorial(n1)函数，此处的变量 n1 即实参，具有实际的值，类似于数学上函数自变量的具体取值	
函数体	**函数体**是执行函数功能的代码集合。由于 **def** 是复合语句，因此函数体需遵守缩进书写规则	
函数对象	Python 中一切皆为对象，函数也不例外。实际上 **def** 是执行语句，Python 在解释执行 **def** 语句时会创建一个函数对象，并绑定到函数名，如引例 7.1	
	>>> fun_factorial	# 调用函数
	>>> **type**(fun_factorial)	<function __main__.fun_factorial(n)>
	>>> **id**(fun_factorial)	function
	>>> **id**(fun_factorial)	2379885877576

7.2.2　函数的调用

为了使用函数，我们需要对函数进行调用。在调用函数时，根据函数签名的要求，须传入形参相对应的实际值（即须指定实参）。

1. 函数调用语法

下面以引例 7.1 为例介绍调用函数的语法，格式如下。

👉　　　　接收函数返回值的变量名　函数名　　实参
```
factorial1 = fun_factorial(n1)
```

- 函数调用是一种表达式。

如果函数声明中未指定返回值，则可以单独作为表达式使用，即函数名(实参列表)，例如，可以直接使用语句 print(5)调用输出函数 print()。

如果函数声明中使用 return 语句返回了值，则可以在函数调用时将此返回值赋给一个变量（如引例 7.1），也可以在表达式中直接使用。

```
print(fun_factorial(n1))    6
```

- 函数调用中的实参列表必须与函数声明中的形参列表一一对应。本章后面将会详细讨论此问题。
- 函数名须为当前可用函数对象。

函数调用之前相对应的函数对象必须存在，即程序要首先执行 def 语句来创建函数对象。这要分为 3 种情况：如果调用的是内置函数，那么 Python 解释器会自动创建内置函数的函数对象，无须利用 def 语句来声明函数；如果调用的是已导入模块中的函数，那么语句 import 导入模块中的函数时，程序会执行对应函数的 def 语句，也无须在程序中显式声明；如果调用的是自定义函数，那么自定义函数的定义语句 def 须位于函数调用之前。这样，Python 程序的典型结构顺序通常如下。

① **import** 语句　　　　　　　　　# 导入第三方库中的函数
② **def** 自定义函数　　　　　　　　# 自定义函数的函数声明放在函数调用之前
③ 函数调用代码　　　　　　　　　　# 函数声明之后再调用

2. 函数调用过程

程序调用一个函数需要执行以下 4 个步骤。

⊗
程序在调用处暂停执行　　　→　　①将实参传递给函数的形参　　→　　②执行函数体
⊗　　　　　　　　　　　　　　　　　　　　　　　　　　　　　　　　　　　↓
程序回到调用前的暂停处　　←　　④给出返回值　　　　　　　←　　③调用结束

< 125 >

（1）自定义函数 say_happy()

现以下列自定义函数 say_happy()为例，解释函数的调用过程。

```
def be_happy_english():                  # 主程序中语句②调用了 say_happy() 函数
    print("Happy birthday to you!")      # 并传递了实参'Linda'，运行结果如下:
def be_happy_chinese():                  Happy birthday to you!
    print("祝你生日快乐! ")               祝你生日快乐!
def say_happy(name):                     Happy birthday,Linda
    be_happy_english()                   祝你生日快乐!
    be_happy_chinese()
①   print("Happy birthday,",name)
    be_happy_chinese()
② say_happy('Linda')                     # 主程序中语句③的运行结果如下:
③ print("You are the bets!")             You are the bets!
```

（2）say_happy()函数的调用过程分析

say_happy()函数的调用过程分析如下。

程序首先执行语句②：调用 say_happy()函数并将实参'Linda'传递给函数声明中的形参 name（这意味着变量 name 的值为'Linda'），并开始执行 say_happy()函数的函数体部分。执行 say_happy()声明中的函数体时，按照逻辑顺序分别调用 be_happy_english()函数、be_happy_chinese()函数、内置 print()函数和 be_happy_chinese()函数。执行语句①时，print()函数中参数 name 的值为'Linda'，因此输出结果为："Happy birthday,Linda"。在执行自定义 be_happy_english()函数和 be_happy _chinese()函数时，由于这两个函数都没有形参，因此无须传递参数值，直接执行函数声明中的函数体部分，分别输出"Happy birthday to you!"和"祝你生日快乐!"。

执行完语句②后，程序返回调用处，然后按照顺序接着执行语句③，输出"You are the bets!"。整个函数调用过程如图 7.1 所示。

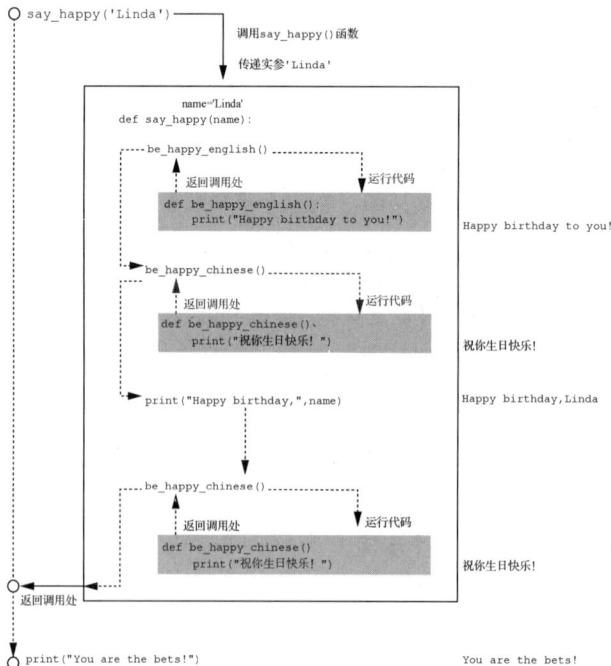

图7.1　整个函数调用过程

< 126 >

7.3 实参和形参的匹配

如果函数声明中包含多个形参，则函数调用时应传递多个实参。根据形参和实参的匹配模式，函数参数可分为 4 种类型：**位置参数**、**关键字参数**、**默认参数**、**可变参数**。

微课视频

7.3.1 位置参数

调用函数时，Python 必须将实参关联到函数声明中的形参。因此，最简单的关联方式就是将实参按照位置顺序依次传递给形参，这也是 Python 默认的参数传递方式。这种按照位置传递的实参称为**位置实参**，对应的形参称为**位置形参**。

```
def like(who,what)
    message = who + 'likes' + what
    print(message)
① like('Linda','apples')              Linda likes apples
② like('apples','Linda')              apples likes Linda
```

函数定义中，形参 who 在第 1 位置，what 在第 2 位置。因此，语句①在调用函数时，将处于第 1 位置的实参'Linda'传递给同样处于第 1 位置的形参 who，将处于第 2 位置的实参'apples'传递给同样处于第 2 位置的形参 what。语句②在调用函数时，将第 1 位置的实参'apples'传递给同样处于第 1 位置形参 who，将第 2 位置的实参为'Linda'传递给同样处于第 2 位置的形参 what。因此，函数调用结果为输出：apples likes Linda。

使用位置实参调用函数时，实参与形参的位置顺序非常重要，确保两者要正确对应。很明显，如果实参个数与形参个数不相等，将会产生错误。

7.3.2 关键字参数

若参数的实参和形参通过参数名称匹配，则称为**关键字参数**，对应的实参称为**关键字实参**（关键字实参也称为**命名实参**）。关键字实参所传递的是函数形参实参对，传递的实参与顺序无关，含义明确。

```
def like(who,what)
    message = who + 'likes' + what
    print(message)
① like(who = 'Linda',what = 'apples')     Linda likes apples
② like(what = 'apples',who = 'Linda')     Linda likes apples
```

语句①和②调用函数时，明确指出了实参所对应的形参。尽管语句①和语句②中形参实参对出现顺序不同，但两个调用语句得到了相同的结果，Python 解释器知道应该将实参'Linda'和'apples'分别赋给形参 who 和 what。使用关键字实参时，务必准确指定形参在函数定义中所声明的名称。

7.3.3 默认参数

定义函数时，可给形参（不限个数）指定**默认值**。对于指定了默认值的形参，如果在调用函数时为这些形参传递了实参，程序将使用所传递的实参而忽略默认值；如果在调用函数时未传递实参，则

< 127 >

使用形参的默认值。从参数传递的角度看，指定了默认值的形参为**可选形参**。

```
def like(who,what = 'apples')
    message = who + 'likes' + what
    print(message)
```
① like(who = 'Linda')   Linda likes apples
② like(who = 'Linda',what = 'bananas')   Linda likes bananas
③ like(what = 'bananas',who = 'Linda')   Linda likes bananas
④ like('Emily')   Emily likes apples

示例修改了 like()函数的定义，为形参 what 指定了默认值'apples'。在调用 like()函数时，如果没有为形参 what 传递实参，程序就使用'apples'作为形参 what 的值，见语句①；如果指定了形参 what 的值，程序将使用指定值而不使用默认值，见语句②和语句③。

调用函数时如果未指定形参实参对，则意味着函数将使用位置实参（见语句④），程序会将这个位置实参与函数定义中的第 1 个形参关联。因此，需要将未指定默认值的形参 who 放在形参列表的开头位置。这个原则也适合多个形参的情形：如果函数定义中部分参数指定了默认值，那么须首先声明未指定默认值的形参，然后声明指定了默认值的形参。这是因为函数调用时默认使用位置实参，即按照参数位置传递实参。

例题 7.1 混合使用实参传递方式。

函数调用时可以同时使用多种实参传递方式。我们将函数 like()稍微修改如下。

```
def like(who1,who2,what = 'apples'):
    message = who1 + 'and' + who2
    message += 'like' + what
    print(message)
```
① like('Linda','Emily')   Linda **and** Emily like apples
② like('Emily','Linda')   Emily **and** Linda like apples
  like('Linda',who2 = 'Emily')   Linda **and** Emily like apples
③ like('Emma','Alice','bananas')   Emma **and** Alice like bananas

指定了形参默认值的情况下，语句①、②、③在调用函数时使用了位置实参，并根据位置实参的准则，按位置顺序将实参传递给对应的形参。

7.3.4 可变参数

在前面所述的实参传递方式中，强调了形参与实参的一一对应，即一个实参对应一个形参。实际上，Python 解释器还允许函数从调用语句中接收任意数量的实参。可接收任意数量实参的形参，称为**可变形参**。可变形参分为**可变元组形参**和**可变字典形参**两类。

1. 可变元组形参：利用符号*声明

在函数签名中，若在形参前面加符号*，则此形参可以接收任意数量的实参。

例题 7.2 输出任意数量的未付款物品。

```
① def show_unpaid_items(*items):
      print(items)
② show_unpaid_items('apples')                ('apples')
③ show_unpaid_items('pens','tea','cups')     ('pens','tea','cups')
```

< 128 >

在语句①的函数签名中，形参被设置为*items，其中的*会让程序创建一个名为 items 的空元组，并将收到的所有值都封装到这个元组中；语句②调用函数时将实参'apples'传递给元组 items 并在函数体中输出此元组；语句③调用函数时将实参'pens'、'tea'、'cups'传递给元组 items 并在函数体中输出此元组。

由此可见，形参中加*可以处理实参个数任意的情况。利用 while 或 for 循环可以处理元组 items 中的单个元素。在一些模块中，经常会看到通用形参*args，这个形参用来接收任意数量的位置实参，其数据类型是元组。

2. 可变字典形参：利用符号**声明

引例 7.2　编写函数构建一个字典用以保存用户信息，并允许用户自定义要输入的信息。

如果允许用户自定义要输入的信息，那么可能面对这样的情形：一些用户可能希望保存个人爱好信息，另一些用户可能希望保存毕业学校信息。数据表现出较明显的个性化，这时应该怎么办呢？下面的代码使用形参**user_info 解决了这个问题。

```
① def build_users(name,year,**user_info):      # name,year: 位置形参，必需
       user_info['name'] = name                 # **user_info: 数据类型为字典，字典中可有
       user_info['year'] = year                 # 数量任意的键值对
       return user_info
② user1 = build_users('Linda',year = 2008,school = 'Harvard')
③ user2 = build_users('Emily',2007,location = 'Hebei',field = 'math')
```

语句①所定义的 build_users()函数声明了两个位置参数 name 和 year，这是用户必须提供的基本信息；同时声明了形参**user_info，Python 解释器会创建一个名为 user_info 的空字典，允许用户提供任意数量的键值对，并将接收到的所有键值对保存到字典 user_info 中，同时可以利用键作为索引引用字典元素的值。

语句①定义的函数有一个 return user_info 语句，返回字典 user_info 的值。语句②和语句③将 build_users()函数返回的字典 user_info 分别赋给了字典变量 user1 和 user2，但这两个字典变量中的键值对并不相同。

```
print(user1)                         {'school': 'Harvard', 'name': 'Linda', 'year':
                                     2008}
print(user2)                         {'location': 'Hebei', 'field': 'math', 'name':
                                     'Emily','year': 2007}
print('school:',user1['school'])     school: Harvard
④ print(user1[school])               NameError: name 'school' is not defined
```

通过例子可以看出，在调用 build_users()函数时，创建自定义的键值对使用 school='Harvard'，但在访问字典时应该使用 user1['school']，见语句④。

在一些模块中会经常看到形参名**kwargs，此处 kwargs 为可变字典形参，其数据类型为字典，用于接收任意数量的自定义关键字实参。

3. 位置实参与可变形参结合使用

如果函数设置了不同类型的形参，必须在函数定义中将接收任意数量的形参放在最后。Python 解释器先匹配位置实参和关键字实参，再将余下的实参都封装到最后一个形参中。

例题 7.3　在例题 7.2 中添加付款人信息并显示付款人购买的商品。

下面是实现此功能的代码，其利用 for 循环结构遍历可变元组形参中的元素。

< 129 >

```
def show_unpaid_items(who,*items):
    message = who
    message += 'will pay'
    for item in items:
        print(message,'*',item)
① show_unpaid_items('Linda','apples')                Linda will pay * apples
② show_unpaid_items('Emily','tea','cups')            Emily will pay * tea
                                                     Emily will pay * cups
```

　　根据函数的定义，语句①所传递的实参中，'Linda'是位置实参，传递给形参 who，余下的实参'apples' 传递给*items 并封装在元组 items 中；同样，语句②所传递的实参中，'Emily'是位置实参，传递给形参 who，余下的实参'tea'、'cups'传递给*items 并封装在元组 items 中。

　　例题 7.4　利用可变形参创建函数，计算数值序列中的数值之和。

```
def get_sum(first,second,*t_values,**d_values):      # 位置形参和可变形参
    sum = first + second
    for value in t_values:                           # 遍历可变元组形参中的元素
        sum += value
    for key in d_values:                             # 遍历可变字典形参中的元素
        sum += d_values[key]
    return sum
print(get_sum(1,2))                                  3
print(get_sum(1,2.0,3,4,5,6))                        21.0
print(get_sum(1,2,3,4,Linda = 5.0,Emma = 6))         21.0
```

7.3.5　参数类型检查

　　通常，在定义函数时需要指定形参和返回值的类型。基于 Python 语言的设计理念，定义函数时无须声明形参和返回值的类型，这样可以允许函数适用于不同类型的对象，实现多态性。例如，例题 7.4 中的 get_sum()函数，既可以返回两个整数的和，也可以返回两个浮点数的和。

　　尽管如此，如果在调用函数时所传递的实参是函数所不支持的类型，则还是会产生错误。例如，调用 get_sum()时如果传递的实参为 str 类型，则 Python 解释器会抛出 TypeError 类型的运行错误。

7.4　参数传递

　　前面介绍了形参与实参之间的匹配，匹配的目的是将实参的值传递给形参。Python 中一切皆为对象，形参和实参也不例外。形参是仅在函数内部可见的对象，实参是调用函数所在范围内可见的对象。Python 中任一对象都具有 3 个特性：ID（身份）、Type（类型）和 Value（值）。那么实参向形参传递的仅仅是对象的值（Value）吗？本节详细介绍这方面的知识。

微课视频

7.4.1　可变对象与不可变对象

　　Python 中所有对象的 3 个特性及说明如表 7.4 所示。

< 130 >

表7.4 Python中所有对象的3个特性及说明

特性	说明
ID	每一对象都拥有唯一的ID（身份）以标识自身，此ID可以利用内置**id()**函数得到。这个值可以认为是该对象的内存地址
Type	对象的Type决定了对象可以保存什么样的值、进行什么样的操作，以及遵循什么样的规则。例如，**str**对象和整数对象所保存的值明显不同，可进行的操作各异。利用内置**type()**函数可以查看对象的Type
Value	对象表示的数据项，由对象的Type决定Value的类型

下面举例说明对象的3个特性。

```
name = "Linda"
print("name 的 ID: ",id(name))        name 的 ID: 1764905250288
print("name 的类型: ",type(name))      name 的类型: <class 'str'>
print("name 值: ",name)                name 值: Linda
age = 15
print("age 的 ID: ",id(age))           age 的 ID: 140705696611840
print("age 的类型: ",type(age))        age 的类型: <class 'int'>
print("age 的值: ",age)                age 的值: 15
```

根据对象3个特性之一的Value（值）是否可以更改，Python对象可分为两类：**可变对象和不可变对象**。

1. 可变对象

其值可变的对象称为**可变对象**。可变对象创建后，其值可变但其身份（ID）不变，即变量仍然指向原变量。Python中列表和字典类型数据为可变对象。

```
    a = [1,2,3]
    print(id(a))        1765041838728
① a[0] = 5
    print(a)            [5, 2, 3]
    print(id(a))        1765041838728

② b = a
    print(id(b))        1765041838728
③ b[1] = 0
    print(b)            [5, 0, 3]
    print(a)            [5, 0, 3]
```

'''
语句①修改了列表变量a的值，但修改前后列表变量a的ID属性值不变。这是因为变量名的实质是对象的引用名，即变量a指向内存中的某个对象，这个对象的值Value为[1,2,3]，ID为id(a)，类型Type为列表
'''
语句②对变量b赋值：b和a引用了同一个对象
'''
语句③修改了b的值：b是可变对象，其值可变。a和b指向同一个对象，对b的修改在原对象中进行，因此a的值也有了相应的更改
'''

2. 不可变对象

其值不可改变的对象称为**不可变对象**。不可变对象创建之后便不能改变对象的值，即不能在原处修改；但我们可以将其重新赋值，使其指向一个新的对象。Python中字符串（str）、整数（int）、浮点数（float）和元组（tuple）是不可变对象。

< 131 >

```
a = "hello"
print(a)                    hello
print(id(a))                1764871287088
                                                    '''
① a = a + "world"                                   先计算语句①中赋值运算符 "=" 右边的
print(a)                    hello world             表达式，生成新的对象赋值给变量 a。因
print(id(a))                1764905272752           此，a 指向的对象发生了改变，其 ID 也
                                                    与原先不同
                                                    '''
a[0] = "a"                  TypeError:              # 字符串为不可变对象，不能修改其值
                            'str'object
                            does not support item
                            assignment
```

7.4.2 传递不可变对象

调用函数时，传递的实参若是不可变对象（如 int、float、str、bool 或 tuple 等），则在函数中修改对应形参的值，结果实际上是创建了一个新对象。

在下面的示例中，random_increment()函数中变量 i 的值是随机数，因此每调用一次 random_increment()函数，i 的值就有可能不同。下面列出了随机变量 i 取值 0 和 1 两种情况下，实参 n 和形参 number 的 ID 取值。

当 i=0 时，实参 n 和形参 number 均指向整数对象 50，因而两者的 ID 相同，均为整数对象 50 的 ID。return 语句将值 50 返回到主程序中 random_increment()的调用处，语句①将返回的整数 50 赋给变量 n，变量 n 指向整数对象 50，其 ID 即整数对象 50 的 ID。当 i=1 时，形参 number 的值由 50 变为 100，意味着形参 number 开始指向整数对象 100，其 ID 就是整数对象 100 的 ID，return 语句将整数 100 返回到主程序，语句①将整数 100 赋给变量 n，变量 n 所指向的对象也由原先的整数对象 50 变为整数对象 100，其 ID 也随之而变，为整数对象 100 的 ID。

```
import random                                   # 导入 random 模块，调用关于随机数的函数
def random_increment(number):                   # 随机选择 0 和 1 中的任意一个数
    i = random.randint(0,1)                     # 如果随机数为 1，则 number 的值加 50
    if i == 1:
        number += 50
        print("i:",i,"number:",number)          # 如果随机数为 0，则 number 的值不变
        print("ID:",id(number))
    else:
        print("i:",i,"number:",number)
        print("ID:",id(number))
    return number
n = 100                                         n: 100 ID: 140705696614560  # 主程序显示
print("n:",n,"ID:",id(n))                       的 ID

① n = random_increment(n)                       i: 0 number: 100
                                                ID: 140705696614560  # 自定义函数显示的 ID

print("n:",n,"ID:",id(n))                       n: 100 ID: 140705696614560  # 主程序显示的 ID
```

< 132 >

下面列出 i=1 时的运行结果。

```
n: 100 ID: 140705696614560          # 主程序显示的 ID
i: 1 number: 150
ID: 140705696616160                 # 自定义函数中显示的 ID
n: 150 ID: 140705696616160          # 主程序显示的 ID 与调用自定义函数前的 ID 已不同
```

当 i=1 时，函数内局部变量 number 的值增加 50，由于其是不可变对象，值变化后 number 指向新的对象（其值为 150），其 ID 也发生变化，**return** 语句返回此对象赋给主程序中变量 n 的值，n 的 ID 也因此而发生变化。

7.4.3　传递可变对象

在调用函数时，如果传递的是可变对象，则在函数体内可以直接修改对象的值。下面详细介绍字典和列表这两类重要可变对象的传递过程。

1. 传递字典

传递字典代码如下。

```
    def update_score(scores,key,score):       # 修改 scores[key]的值为 score
❶      print(id(scores))
Ⓡ      scores[key] = score
❷      print(id(scores))
    return scores
    scores = {'math':90,'chinese':96}
    key = 'math'
    score = 98
    print(id(scores))                          3128069719232

    new_scores = update_score(scores,key,score) 3128069719232    # 语句❶的输出
                                                3128069719232    # 语句❷的输出
①  print(scores)                               {'math':98,'chinese':96}
②  print(new_scores)                           {'math':98,'chinese':96}
    print(id(scores))                           3128069719232
    print(id(new_scores))                       3128069719232
```

语句①和语句②分别输出 update_score()函数在调用前和调用后字典 scores 的值。尽管在 update_score()函数调用后程序未对字典 scores 赋值，但其值已变，是 new_scores 的值。分析一下这两个变量的 ID，可以发现这两个变量的 ID 相同；同时还可以发现 update_score()函数体中形参 scores 的 ID 也与前述的两个变量相同。所有这些，都是因为字典是可变对象。调用 update_score()函数时，字典 scores 作为实参传递，所传递的不仅仅是字典的值（这里所说的"值"，对应于对象的 Value 属性取值），更是字典对象的引用。因此，当我们说实参传递给形参时，可以认为是把实参赋值给形参。实参赋值给形参后，两者指向同一内存地址。

字典是可变对象，意味着修改字典键值对的操作（即语句Ⓡ）是直接在内存地址（ID）中所保存的键值对上进行的。这相当于更换学生宿舍 101 住的学生，宿舍号并没有改变，改变的是里面住的学生。因此，所有指向此内存地址（ID）的字典变量，其值均会发生更改。

< 133 >

2. 传递列表

引例7.3 利用函数挑选出列表中的质数。

下面是程序代码。程序将整数列表传递给 select_primes()函数，函数判断列表中的每一个整数是否为质数，如果是质数则将其添加到新建的质数列表中。整数列表中的所有元素判断完后，函数返回质数列表。在 select_primes()函数调用处，返回的质数列表赋值给列表变量 primes。

```
     import math
     def select_primes(numbers):
②       print("numbers ID in function:",id(numbers))
         primes = []
❶       print("primes ID 1 in function:",id(primes))
         for number in numbers:
             stop = int(math.sqrt(number))
             isPrime = True                          # while 循环条件
             i = 2
             while (i <= stop and isPrime == True):
                 if number % i == 0:                 # 判断不是质数
                     isPrime = False
                 else:
                     i += 1
             if isPrime == True:
                 primes.append(number)
❷       print("primes ID 2 in function:",id(primes))
         return primes

     numbers = [4]
①   print("numbers ID 1 in main:",id(numbers))
     primes = select_primes(numbers)
③   print("numbers ID 2 in main:",id(numbers))
❸   print("primes ID in main:',id(primes))
     print('primes:',primes)                         primes: []   # 输出结果

     numbers = [4,7]
     print("numbers ID 1 in main:",id(numbers))
     primes = select_primes(numbers)
     print("numbers ID 2 in main:",id(numbers))
     print("primes ID in main:',id(primes))
     print('primes:',primes)                         primes: [7]  # 输出结果
```

上面代码中，针对变量 numbers 和 primes 的 ID，已经根据代码执行的先后顺序分别标注了①、②、③和❶、❷、❸。当 numbers=[4]时，语句①、②、③输出的 numbers 的 ID 为：①ID: 2206996575168、②ID: 2206996575168、③ID: 2206996575168。

这些 ID 完全相同，进一步说明调用过程中实参传递给形参的是引用（相当于赋值），而不仅仅是值（Python 对象的 Value 属性取值）。

现在看一下语句❶、❷、❸的输出结果：❶ID: 2206996497408、❷ID：2206996497408、❸ID: 2206996497408。

这 3 个 ID 也完全相同，说明 return 语句返回的也是对象的引用，而不仅仅是值。变量 numbers=[4,7]

< 134 >

时，ID 的输出情况与 numbers=[4]时类似，不再赘述。

例题 7.5　假设有一个购物清单，编写程序模拟付款过程：将物品从未付款列表中取出，付款后将其添加到已付款列表中。

```
① def paying(unpaid_items,paid_items):                          文件名: paying_items.py
      while unpaid_items:
          item = unpaid_items.pop()
          print(item.title(),'being paid')        # 从列表中弹出一个元素
          paid_items.append(item)
② def show_paid_items(paid_items):
      print('\n')
      print('The paid items:')
      for item in paid_items:
          print(item,end = '')
  unpaid_items = ['apples','pens','bananas']       Bananas being paid
  paid_items = []                                  Pens being paid
                                                   Apples being paid
❶ paying(unpaid_items,paid_items)
❷ show_paid_items(paid_items)                      The paid items:
  print('\nunpaid items:',unpaid_items)            bananas pens apples
                                                   unpaid items: []
```

语句①定义了 paying()函数，该函数包含两个形参：unpaid_items（未付款物品列表）和 paid_items（已付款物品列表）。这个函数利用列表的 pop()方法依次弹出一个元素。语句②定义了 show_paid_items()函数，该函数包含一个形参：paid_items（已付款物品列表）。这个函数输出已付款物品列表中的每一个物品。

根据语句❶、❷的输出结果可以看出，仅仅调用了 paying()函数，列表变量 unpaid_items 和 paid_items 的值就发生了变化，尽管程序中未对这两个变量重新赋值。这当然是因为实参传递了列表这一可变对象的引用，函数对形参变量的更改也会引起实参变量的变化。

这个例子还演示了一种编程理念：一个函数负责一项具体工作。例如，①处的函数显示付款过程，②处的函数则只输出已付款物品列表。这种处理方式优于使用一个函数来完成这两项工作，有助于将复杂的任务划分成一系列步骤。

相比于不使用函数的处理方式，使用函数可让程序变得更容易扩展和维护。例如，若以后需要显示其他物品的付款信息，则只需要再重新定义变量 unpaid_items 的值并再次调用 paying()函数即可。如果发现需要增删 show_paid_items()函数的功能，则只需要对②处的函数声明部分进行修改，就可以在所有调用该函数的地方体现修改后的功能，代码修改效率更高。

3. 传递列表切片

例题 7.5 的代码清空了列表 unpaid_items，但用户可能希望保留此列表的内容以便将来做进一步的数据分析和处理。为此，调用 paying()函数时，向形参 unpaid_items 传递列表切片即可，因为列表切片的 ID 与原始列表的 ID 完全不同，即列表和列表切片指向两个不同的对象，只不过这两个对象的 Value 属性取值相同（即列表值相同）。

```
unpaid_items = ['apples','pens']         Pens being paid
paid_items = []                          Apples being paid
                                         The paid items:
```

< 135 >

```
① paying(unpaid_items[:],paid_items)          bananas pens apples
   show_paid_items(paid_items)
   print('\n')                                 unpaid items:
   print('unpaid items:')                      ['apples', 'pens']
   print(unpaid_items)
```

语句①调用函数时，实参是列表 unpaid_items 的切片 unpaid_items[:]，因此 paying()处形参得到的是列表 unpaid_items 的副本，而不是列表 unpaid_items 本身，这样函数中修改形参 unpaid_items 时不会更改原始列表 unpaid_items 的值。

尽管向函数传递列表副本可保留原始列表内容，但除非有充分的理由，否则还是应该将原始列表传递给函数。这是因为让函数使用原始列表可避免耗费时间和空间来创建列表副本，从而提高列表处理效率，这样在处理大型列表时优势更为明显。

7.5 返回值

函数返回的数据，称为**返回值**。返回值可以为任何数据类型，包括较为复杂的列表和字典等。Python 中需要函数返回数据时，无须在函数签名部分体现，而只需要在函数体中利用 return 语句返回有关数据即可。

7.5.1 return 语句的基本用法

通过下面的例题，我们来了解一下 return 语句。

例题 7.6　利用函数创建一个字典，包含学生姓名和身高信息。

```
   def build_student(name,height):            # 声明两个位置形参
       stu_info = {'name':name,'height':height}   # 指定键和值
①      return stu_info                        # 字典类型的返回值
②      print("in function:",stu_info)         # 此语句未执行
③ student = build_student(name = 'Linda',height = 165)
   print("main:",student)                     main: {'name':'Linda','height':
   print(student['name'])                     165}
   print(student['height'])                   Linda
                                              165
```

build_student()函数中创建了字典变量 stu_info，并设置了两个键：一个是"name"键；另一个是"height"键。与这两个键关联的值 name 和 height 则作为形参出现。因此，在调用 build_student()函数时，利用实参传入形参的值。'name'是字符串字面量，而 name 则是字符串变量；'height'是字符串字面量，而 height 则是浮点型数值变量。

语句③调用 build_student()函数，并将语句①中 return 语句返回的 stu_info 值赋给字典变量 student，并在后续语句中显示了正确结果。但我们发现，build_student()函数中语句②并未执行，这是因为此语句位于 return 语句之后（见语句①）。可见，函数中 return 语句有两个作用：结束函数运行并返回数据。因此，return 是函数体的最后一条语句。

通过下面的例子，我们可以进一步体会函数解决问题的优点：采用函数方式构建字典，可以更为方便地扩展字典中的键值对。

< 136 >

例题 7.7　扩展上例中的字典，使其保存年龄信息。

```
def build_student(name,height,age = None):          文件名: build_student.py
    student = {'name':name,'height':height}
    if age:
①       student['age'] = age
    return student
```

在新的函数定义中，新增了一个可选形参 age，并将其默认值设置为 None，表示变量没有值，在这里可将 None 视为占位符。在条件测试中，None 相当于 False。如果函数调用中指定了形参 age 的值，此值将传递给函数，字典中会增加相应的键值对；如果未指定形参 age 的值，程序将不执行语句①，字典不会添加相应的键值对。函数调用结果如下所示。

```
s1 = build_student(name = 'Linda', height = 165)
print('name:',s1['name'])                           name: Linda
print('height:',s1['height'])                        height: 165
s2 = build_student('Emily',162,15)
print('\n')
print('name:',s2['name'])                            name: Emily
print('height:',s2['height'])                        height: 162
print('age:',s2['age'])                              age: 15
```

7.5.2　多条 return 语句

函数中任何位置都可以设置若干条 return 语句，当执行到第 1 条 return 语句时程序会返回到函数调用处。

例题 7.8　从键盘输入成绩，评定成绩是否为优秀。

```
def get_grade(score):                    def get_grade_another(s):
    if score <0 or score > 100:              if s <0 or s > 100:
        print("成绩无效")                         print("成绩无效")
①       return                           ❶        return None

    if score >= 90.0:                        if s >= 90.0:
        return "优秀"                            grade = "优秀"
    else:                                    else:
        return "非优秀"                          grade = "非优秀"

②       print("成绩评定结束! ")           ❷        print("成绩评定结束! ")
                                         ❸        return grade
    message = "输入成绩: "                                          输入成绩: 91 Enter
    score = eval(input(message))
    print(get_grade(score))                                        优秀
    print(get_grade_another(score))                                成绩评定结束!
                                                                   优秀
```

上面的代码编写了两个函数，分别调用这两个函数，我们根据输出结果可以了解 return 语句的效果。get_grade()函数的语句②未被执行，这是因为 get_grade()函数中变量 score 的 3 种情况都有 return 语

< 137 >

句，所以无论用户输入的值是多少，都会在语句②之前遇到 return 语句，程序因此而返回函数调用处，进而造成语句②永远不会执行。

函数 get_grade_another()中，只要用户输入的值合法（不大于 100 也不小于 0），变量 grade 就会得到赋值，程序按照顺序执行语句❷，输出字符串"成绩评定结束！"，然后执行语句❸返回函数调用处。语句①和语句❶的作用相同，均返回特殊值 None。

7.5.3 无 return 语句

函数体中可以使用 return 语句返回指定的值，也可以不使用 return 语句，此时并不指定返回值。但实际上，无论是否使用 return 语句，所有 Python 函数都将返回一个值。在默认情况下，函数返回特殊值 None，这是一个空值。

```
    def greet_student():              # 函数声明中未定义形参
①      print("欢迎你! ")
    greet_student()                   欢迎你!  # 函数体中语句①的输出结果
②   print(greet_student())           欢迎你!  # 函数体中语句①的输出结果
                                       None    # 主程序中语句②输出的函数返回值
```

7.5.4 返回多个值

Python 允许一条 return 语句返回多个值。

```
    def sort(number1,number2):              # 函数以降序返回两个数
        if number1 < number2:
            return number2,number1          # 一个 return 语句返回两个数
        else:
            return number1,number2          # 一个 return 语句返回两个数
①   bigger,smaller = sort(10,20)            # 函数返回的两个值赋给两个变量
    print("the bigger:",bigger)             the bigger: 20
    print("the smaller:",smaller)           the smaller: 10
```

函数返回 2 个数值，因此语句①调用函数时需要指定两个变量，以接收函数返回的两个值。

7.5.5 返回值的本质

前面已经介绍过，函数传递实参时传递的是对象引用：如果实参是可变对象，则实参变量和虚参变量均指向对象；如果实参是不可变对象，则虚参会新建一个对象，其值为实参值。对于函数的返回值，返回的是否也是对象引用呢？在下面的示例中，语句❷调用了 build_student()函数并将两个返回值分别赋值给 na 和 student。其中变量 na 是字符串，为不可变对象，而变量 student 是字典，为可变对象。

```
    def build_student(name,height):
        stu = {'name':name,'height':height}
②       print("name ID:",id(name))        name ID: 2472620468144
❶       print("stu ID:",id(stu))          stu ID: 2472620131520
③       naFun = name
④       print("naFun ID:",id(naFun))      naFun: 2472620468144
        return naFun,stu
```

< 138 >

```
    name = "Linda"
①   print("name ID:",id(name))                    name ID: 2472620468144
❷❹  na,student = build_student(name,height = 165)
⑤   print("na ID:",id(na))                          na ID: 2472620468144
❷   print("student ID:",id(student))               student ID: 2472620131520
```

- 返回不可变对象。接收第 1 个函数返回值的变量 na 是不可变对象。程序中有多个语句与此变量有关，按照执行的先后顺序分别标注①、②、③、④、⑤。可以看到所输出的 ID 均为 2472620468144，由此可知函数返回值是对象引用。

- 返回可变对象。用于接收 build_student() 函数第 2 个返回值的变量 student 为字典类型，是可变对象。语句❶、❷分别显示了返回值在返回前后的 ID，两者相同，说明函数返回值是对象引用。

7.6　变量的作用域

变量声明语句所处的位置不同，这个变量可以被访问的范围也不同。程序中变量可以被访问的语句范围称为变量的作用域，因此变量对作用域内的语句是可见的。按照作用域的不同，变量大致可以分为**局部变量**、**全局变量**和**类成员变量**。本节介绍局部变量和全局变量，类成员变量在面向对象程序设计中介绍。

7.6.1　局部变量

只能在某一局部范围内访问和使用的变量称为**局部变量**。函数定义中在函数体内所声明的变量就是局部变量，其作用范围是函数体。函数中的局部变量包括函数的形参以及在函数体内所定义的变量，局部变量属于创建它的函数，只有函数体内的语句可以访问该变量，因此局部变量的作用域是创建该变量的函数，即从创建变量的语句开始，直至函数结束。

1. 仅作用域内可见

局部变量仅在其作用域内可见，作用域外不可见。可见的意思是可以引用，不可见的意思是无法引用。下面示例中，函数中的语句试图访问另一个函数的局部变量，出现运行错误。

```
    def main():
       get_name()
       print("Hello,",name)              # 试图访问语句①中的变量 name
    def get_name():
①      name = input("Enter your name:")
       return name
    main()                               Enter your name:Linda [Enter]
                                         Traceback... # 注：省略其他信息
                                         NameError: name 'name' is not defined
```

语句①中的变量 name 定义在 get_name() 函数内，是只属于这个函数的局部变量，不能被另一个 main() 函数引用，也不能被 get_name() 函数外的任何一个语句所引用。

< 139 >

2．仅函数执行时可见

局部变量仅在创建它的函数内可见，因此不同的函数可以创建和引用名称相同的局部变量。

```
def beijing():
    population = 2000          # 仅在执行函数 beijing() 时可见
    return population

def tianjin():
    population = 1500          # 仅在执行函数 tianjin() 时可见
    return population
① print("Beijing:",beijing())          Beijing: 2000
② print("Tianjin:",tianjin())          Tianjin: 1500
```

程序执行语句①时，beijing()函数内的局部变量 population 可见，赋值 2000；程序执行语句②时，tianjin()函数内的局部变量 population 可见，赋值 1500。因此，尽管有两个名为 population 的变量，但每次只有一个变量是可见的。

7.6.2 全局变量

局部变量仅在创建它的函数内可见，如果一个程序文件中定义了多个函数，那么存在于不同函数内的局部变量互不可见。但是，也有这样的可能性：有些变量存在于所有函数的外部。这是一种什么类型的变量呢？这是一种全局变量。在程序文件中所有函数外部声明的变量称为**全局变量**。全局变量可以被程序文件中的任何语句访问，包括函数中的语句。

1．函数内可见

对于全局变量而言，尽管其未在函数内部定义，但由于是全局变量，故可以在程序文件内的任何函数中引用。

```
def show_rate():            # 函数体引用了一个未创建的变量 rate，但并不会引发错误，因为此变量
    print(rate)             # 在所有函数外创建，是全局变量
rate = 0.01                 # 变量 rate 在所有函数外声明，为全局变量
show_rate()                 0.01
```

2．作用域

全局变量的作用域是整个程序，具体而言是从变量声明的位置起至程序结束。

```
def show_rate():
    print(rate)
① show_rate()                          NameError: name 'rate' is not defined
② rate = 0.01
```

语句①调用 show_rate()函数时，程序还未执行语句②来定义全局变量 rate，因此程序出错。此时，全局变量 rate 的作用域仅为语句②。

3．解释为局部变量

函数内部的全局变量会作为局部变量处理。

< 140 >

```
    def is_global():
        print('n:',n)                    # 翻译器将变量 n 解释为全局变量
        print("ID:",id(n))
    def is_loacal():
        print('m:',m)                    # 翻译器将变量 m 解释为全局变量
        print("m ID:",id(m))
①      n = 150                          # 向变量 n 赋值，导致翻译器将 n 解释为局部变量
        print('n:',n)
        print("ID:",id(n))
    m = 200                              # 定义于所有函数外部，为全局变量
    print("ID:",id(m))                   2617591929296
② n = 500                               # 定义于所有函数外部，为全局变量，与①定义的 n 为不同变量
    print("ID:",id(n))                   2617592963024
    is_global()                          n: 500  # 全局变量 n 的值，见②
                                         2617592963024
                                         m: 200  # 全局变量 m 的值
    is_loacal()                          2617591929296
                                         n: 150  # 局部变量 n 的值，见①
                                         2617591927696
    print('n:',n)                        n: 500  # 全局变量 n 的值，见②
```

语句①向变量 n 赋值，翻译器据此将变量 n 解释为局部变量，与语句②定义的全局变量 n 不同，这两个 n 是两个变量，作用域不同。根据运行结果可知，函数内修改局部变量 n 的值不会影响全局变量 n 的取值。这一点也可通过分析不同作用域内变量的 ID 结果得到。

4. 函数内部定义全局变量

函数内部声明的变量为局部变量，但可以利用关键字 global 将其声明为全局变量。

```
    num = 0                              # 全局变量
    def main():
        global num                       # 函数内声明为全局变量
        num = int(input("enter a number:"))  # 修改全局变量的值
        show_number()
    def show_number():
        print("the number is:",num)      # 引用全局变量
    print("the numnber is:",num)         the numnber is: 0  # 未调用 main() 前的值
    main()                               enter a number:5 Enter
                                         the number is: 5  # 调用 main() 后的值
① print("the numnber is:",num)          the number is: 5  # main() 函数修改后的值
```

调用 main() 函数之前，全局变量 num=0。main() 函数内还定义了另外一个变量 num，本来这个变量是局部变量，与全局变量 num 是两回事，但 main() 函数中的 global 语句将函数体内的变量 num 声明为全局变量，这样此 num 与函数体外的 num 为同一变量。因此，程序中所有的变量 num 均为全局变量，程序中任何一个语句修改了 num 的值，都会体现在后续语句中，无论这些语句在函数内（如 show_number()）还是函数外（如语句①）。

一般而言，应该尽量避免使用全局变量，其原因如表 7.5 所示。

< 141 >

表 7.5　尽量避免使用全局变量的原因

原因	说明
全局变量不利于程序调试	程序中的任何语句都可以改变一个全局变量的值，如果发现全局变量的值是错误的，则必须跟踪每一条引用了全局变量的语句，工作量和烦琐程序可想而知
信息抽取复杂	使用全局变量的函数需要全局变量提供的信息，在不同的程序中调用这些函数时，需要抽取单一类型的全局变量所包含信息，会让抽取代码变得复杂
程序变得难以理解	任何引用全局变量的语句都可以修改其值，程序不易理解

7.7　递归函数

引例 7.4　利用递归的方式求取 5 的阶乘。

引例 7.1 中给出了阶乘的计算公式，这个公式还可以表示为下列递归形式。

$$0! = 1$$

$$n! = n \times (n-1)!$$

根据阶乘的递归公式可知，手工求取 5 的阶乘可以表示为图 7.2 所示的过程。

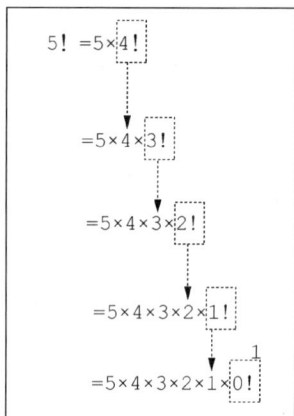

图 7.2　手工求取 5! 的阶乘的过程

将 5 的阶乘表示成 4 的阶乘，然后按照递推公式将 4 的阶乘表示为 3 的阶乘；依次递推下去，每次需要计算的阶乘阶数减少 1，直至需要计算 0 的阶乘。而 0 的阶乘结果是已知的，将结果代入就可以得到 5 的阶乘。

编程求取阶乘的方法也大体如此：阶乘计算过程封装为函数，函数形参为阶数 n，函数体中将阶乘阶数减为 n-1，然后再次调用函数，直至形参的值降为 0 为止。其具体实现代码如下。

```
      def factorial(n):
①         if n == 0:                      # 递归终止条件
              return 1
          else:
②             return n * factorial(n - 1)  # 递归调用
      n = eval(input("输入一个非负整数: "))    输入一个非负整数: 5 Enter
      result = factorial(n)
      print(n,"的阶乘: ",result)             5 的阶乘: 120
```

< 142 >

7.7.1　递归函数的概念

像上面示例中的语句①一样，在函数体内部调用自身的函数称为递归函数。递归函数利用函数嵌套来直接或者间接地调用自身，因此这种调用具有递归性质。

利用递归函数解决问题时，往往需要把问题简化为一个子问题，而子问题在本质上与原问题相同，但会比原问题变得更简单或者规模更小，因此原问题最终会简化到终止条件。当程序执行到终止条件时，不再递归调用，而是开始将结果依次返回到调用处，从而得到最终结果。表 7.6 以列表的形式解释了 factorial(3) 函数的递归过程，我们可以看到递归过程包括两个相反的过程：一是递归调用；二是依次返回。图 7.3 以图示的方式显示了类似过程。

表 7.6　factorial(3) 函数的递归过程

顺序	递归调用所执行内容	顺序	依次返回所执行内容
1	result=factorizal(3)　　调用处 A3	9	result=6
2	调用 factorial(3) 函数，执行代码 return 3*factorizal(2)　　调用处 A2	8	return 3*2 返回调用处 A3
3	调用 factorial(2) 函数，执行代码 return 2*factorizal(1)　　调用处 A1	7	return 2*1 返回调用处 A2
4	调用 factorial(1) 函数，执行代码 return 1*factorizal(0)　　调用处 A0	6	return 1*1 返回调用处 A1
5	调用 factorial(0) 函数，执行代码 return 1	5	返回调用处 A0

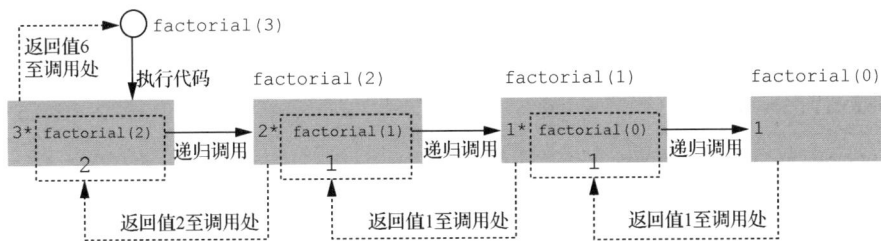

图 7.3　递归函数的调用过程

7.7.2　递归函数的原理

引例 7.4 中阶乘的递归实现是理解递归函数概念很好的例子，从其实现过程可以发现递归函数所必需的两个机制：**终止条件**和**简化机制**，如表 7.7 所示。

表 7.7　递归函数的两个机制

机制	说明
终止条件	终止条件是递归结束的条件，用于返回函数值，不再进行递归调用。计算阶乘的递归函数中，n=0 或者 n=1 就是递归函数的终止条件
简化机制	将原问题简化并最终收敛到终止条件的方法，称为**简化机制**。factorial(n)=n*factorial(n−1) 即简化机制：将最初的 n 阶阶乘简化为 n−1 阶阶乘，并最终简化到终止条件 n=0 或 n=1 下的阶乘

< 143 >

如果递归函数不具备上述的机制，即不能使问题简化并使之收敛到终止条件，就有可能出现无限递归。例如，求取阶乘的递归函数写为如下的形式就会导致无限递归。

```
def factorial(n):          # 尽管具备简化机制，但缺乏终止条件，此递归函数会出现无限递归
    return n * factorial(n - 1)
```

7.7.3 递归函数的应用

利用非递归方式也可以很容易地解决阶乘问题。但在某些情况下，递归方法可以更为直观、简洁地解决问题。

1. 数学归纳法

数学模型中常见的数学归纳法非常适合利用递归函数来编码实现。

例题 7.9 求取斐波那契数列。

斐波那契数列 $F(n)$ 是中世纪数学家斐波那契（Fibonacci）用来描述兔子繁殖数量的增长模型：$F(0)=0, F(1)=1, F(n)=F(n-1)+F(n-2)$（$n \geq 2$）。

斐波那契数列的定义式就是递归形式的，因此利用递归函数会更容易地解决斐波那契数列的求解问题。

```
def get_fib(n):
    if n == 0:                              # 递归函数终止条件1
        return 0
    elif n == 1:                            # 递归函数终止条件2
        return 1
    else:
        return get_fib(n - 1) + get_fib(n - 2)   # 递归函数的简化机制
print("斐波那契数: ")
N = 12
for n in range(N):
    fib = get_fib(n)                        斐波那契数:
    print(fib, end = '')                    0 1 1 2 3 5 8 13 21 34 55 89
```

2. 具有递归性质的物理问题

例题 7.10 汉诺塔问题。汉诺塔（Towers of Hanoi，又称河内塔）源于印度的古老传说，相传圣庙里建造了 3 根金刚石石柱，其中 1 根金刚石石柱上从下往上按照由大到小的顺序叠放着 64 个黄金圆盘，称之为汉诺塔。圣庙僧侣的任务是将所有圆盘从最左侧石柱移动到最右侧石柱上。僧侣移动圆盘时需要遵守以下规则：任何时候圆盘都不能放在比它小的圆盘上方；每次只能移动一个圆盘，并且这个圆盘必须位于塔顶。

汉诺塔问题是一个经典的计算机科学问题，利用递归可以很容易解决；如果不使用递归则解决起来非常困难。

- 示例中 A、B、C 表示 3 根石柱，假设需要移动 3 个圆盘，其移动过程如图 7.4 所示。
- 递归解决方案。在只有 3 个圆盘的情况下可以手动解决汉诺塔问题，但当圆盘数量较大时，即便只有 4 个圆盘，汉诺塔问题也会变得非常复杂。幸运的是，汉诺塔问题本身就具有递归性质，通过图 7.5 可以得到直观的递归解决方案。
- 终止条件。圆盘层数 $n=1$ 时，为递归函数的终止条件，此时可以简单地将圆盘从柱 A 移到柱 C。
- 简化机制。当圆盘层数 n 大于 1 时，可以将原问题简化为以下 3 个子问题。

< 144 >

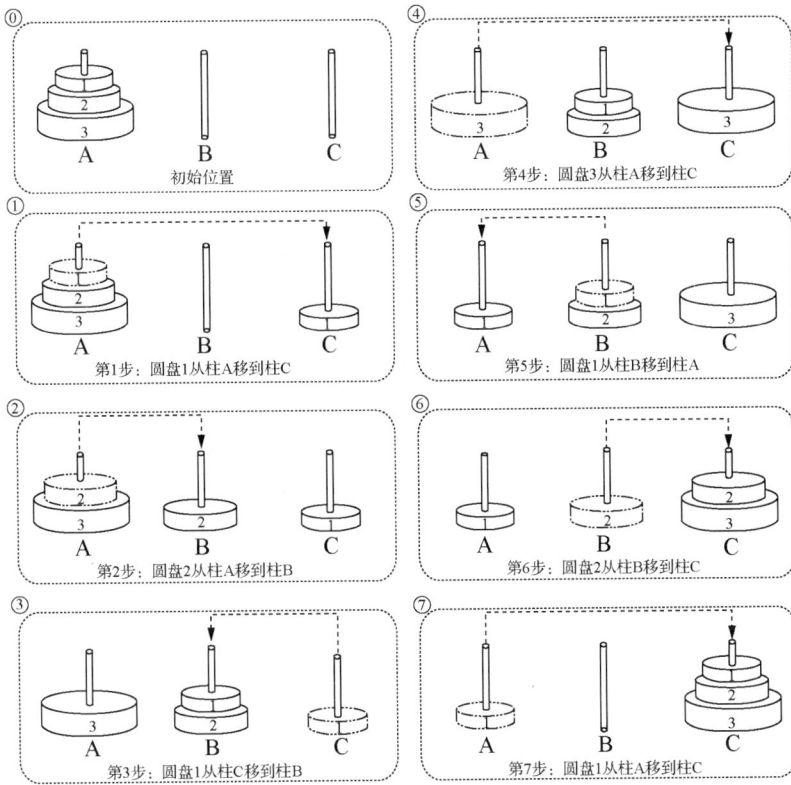

图 7.4　3 层汉诺塔的移动过程

子问题一：将前 $n-1$ 个圆盘从柱 A 移到柱 B，柱 C 为辅助柱。

子问题二：将圆盘 n 从柱 A 移到柱 C，无需辅助柱。

子问题三：将前 $n-1$ 个圆盘从柱 B 移到柱 C，柱 A 为辅助柱。

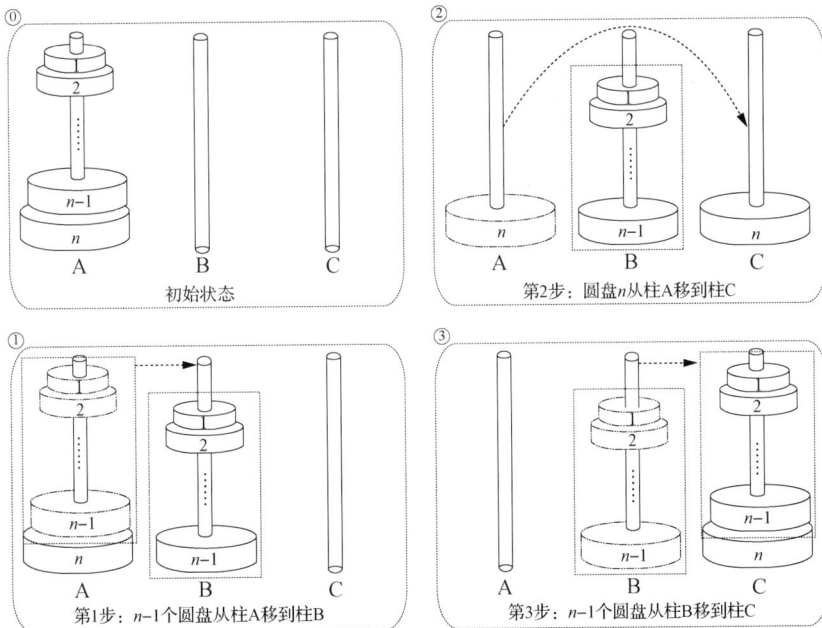

图 7.5　汉诺塔问题的递归解决方法

< 145 >

其具体实现代码如下。

```
                原位置柱      辅助柱      目标柱
def move_hanoi(n,from_column,aux_column,to_column):
    if n == 1:                                                  # 终止条件
        print(n,":",from_column,"->",to_column)
    else:
                    原位置柱      辅助柱      目标柱
        move_hanoi(n-1,from_column,to_column,aux_column)        # 子问题一
        print(n,":",from_column,"->",to_column)                 # 子问题二
        move_hanoi(n-1,aux_column,from_column,to_column)        # 子问题三
                原位置柱      辅助柱      目标柱
n = 3                                                           # 圆盘层数
            原位置柱     目标柱                            1 : A -> C # 执行顺序❶①
move_hanoi(n,"A","B","C")                                      2 : A -> B # 执行顺序❶②
                辅助柱                                         1 : C -> B # 执行顺序❶③
                                                               3 : A -> C # 执行顺序❷
                                                               1 : B -> A # 执行顺序❸①
                                                               2 : B -> C # 执行顺序❸②
                                                               1 : A -> C # 执行顺序❸③
```

上述代码的执行顺序如图 7.6 所示。

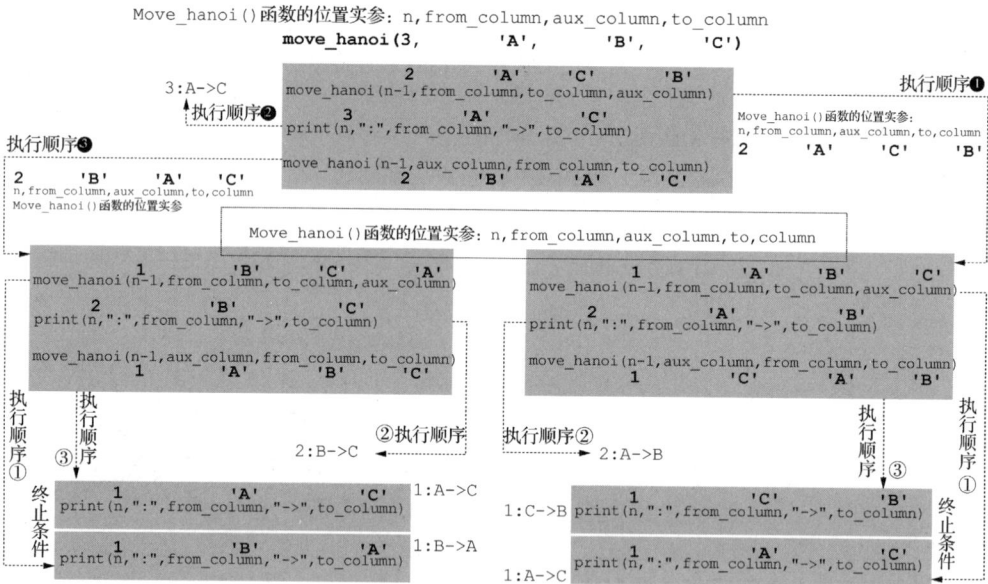

图 7.6　3 层汉诺塔递归函数执行顺序

7.8　匿名函数

7.8.1　匿名函数的语法

匿名函数是 Python 中一种很特殊的函数，并不利用 def 关键字进行定义，而是利用 lambda 关键字

< 146 >

进行定义。lambda 关键字所定义的是一个表达式，称为lambda **表达式**，因此匿名函数本质上是一个lambda表达式，也称为lambda函数。lambda函数的语法格式如下。

👉 **lambda** <形参列表>:<表达式>

其中，**表达式**的值就是 lambda 函数的返回值。

```
import math                                    # 导入所需的模块
                                               # 利用 lambda 函数求取面积
① area = lambda r: math.pi * r * r             # lambda 函数返回值赋给 area
                                               # 利用 lambda 函数求取体积
   vol = lambda r,h: math.pi * r * r * h       # lambda 函数返回值给 vol
❶ print('面积: {:6.2f}'.format(area(2)))        # 调用 lambda 函数，传入所需参数
   print('体积: {:6.2f}'.format(vol(2,2)))      # 调用 lambda 函数，传入所需参数
```

7.8.2 匿名函数的本质

上述示例中，语句①是赋值语句，包含两部分："="右侧是 lambda 表达式，即匿名函数定义；"="左侧是保存匿名函数返回值的变量。语句❶是匿名函数调用语句，利用保存匿名函数返回值的变量 area 调用匿名函数并传递所需参数。

因此，从本质来说，匿名函数并非没有函数名，而是将函数返回值所保存的变量名作为函数名，进而利用此函数名传递所需的参数。

7.8.3 匿名函数的应用场景

根据匿名函数的特点，匿名函数往往用于定义简单、能在一行内表示的函数。Python 提供了很多函数式编程的工具，如 map、reduce、filter 和 sorted 等函数都支持函数作为参数，匿名函数（lambda 函数）也可以应用于这些函数式编程工具中。

例题 7.11 利用匿名函数，将列表中的元素按照绝对值大小进行升序排列。

```
lst = [3,5,-8,4,-6]                            # 列表
sorted_lst = sorted(lst,key = lambda x:abs(x)) # 匿名函数作为 sorted()函数的参数
print(sorted_lst)                              [3, 4, 5, -6, -8]
```

7.9 模块

函数的一个优点是函数代码块与主程序可以分离。函数可以存储在称为**模块**的独立文件中，使用时再使用 import 语句将模块导入主程序中。函数存储在模块中，可以隐藏函数实现的细节，将工作重点放在程序的高层逻辑设计上。同时，函数模块可以导入多个主程序中，实现代码复用；注意是与其他程序员共享特定文件，而不是整个程序。

7.9.1 导入模块

函数保存在**模块**中，**模块**是扩展名为.py 的文件，该文件中包含要导入程序中的代码。现以引

< 147 >

例 7.2 中 build_users 函数为例来说明模块的构造和导入步骤。

1. 函数保存到文件

将 build_users 函数的定义代码保存到文件 users.py（只包括函数定义代码，不要含有其他代码）中。

2. 创建程序文件

在同一目录中，创建文件 building_users.py，其包含的代码如下。

文件名: **building_users.py**

文件名[模块名]

```
① import users
② user1 = users.build_users('Linda',2008,school = 'Harvard')
          模块名. 函数名
   print('school:',user1['school'])                         school: Harvard
```

执行程序 building_users.py 时，Python 解释器读取文件 building_users.py，语句①会让解释器打开文件 users.py，并将此文件中包含的所有函数复制到正在解释执行的程序 building_users.py。用户看不到复制的函数代码，这是因为 Python 解释器是在编译阶段复制了这些代码。

语句②采用**模块名. 函数名**的方式指定所需函数。根据输出结果可以看出，使用 import 语句的程序输出结果与没有导入模块的原始程序相同。这种 **import 模块名**的方法只须编写一条 import 语句，就可使用该模块中的所有函数。

7.9.2 导入函数

调用函数时，还可以直接导入模块中的特定函数。

```
    模块名        函数名
from users import build_users
```

如果要导入多个函数，其语法格式如下。

👉 **from** 模块名 **import** 函数名 1, 函数名 2, ..., 函数名 n

使用这种方法导入函数，调用函数时无须使用**模块名. 函数名**的方式，直接指定函数名即可，因为已经在 import 语句中显式地指明了函数。

```
from users import build_users
user1 = build_users('Linda',year = 2008,school = 'Harvard')
```

7.9.3 指定函数别名

如果要导入的函数名太长，或者与程序中的现有名称冲突，则可指定**别名**：函数的另一个名称。若要指定别名，则需要在函数导入时指定；调用此函数时，直接使用其别名即可。

```
    模块名        函数名        别名
from users import build_users as BU
user1 = BU('Linda',year = 2008,school = 'Harvard')
       别名
```

< 148 >

7.9.4　指定模块别名

除了可以为函数指定别名外，还可以使用 as 为模块指定别名；调用函数时，直接使用该模块的别名即可。

```
      模块名      模块别名
import users as U
user1 = U.build_users('Linda',year = 2008,school = 'Harvard')
      模块别名  函数名
```

上面的代码为 users 模块指定了别名 U，此模块中的所有函数的名称并没有改变。调用模块中的函数时，使用通常的函数调用方法：**模块别名. 函数名**。

7.9.5　导入所有函数

使用 "*" 运算符可让 Python 导入模块中的所有函数。

```
      模块名          所有函数
from users import *
user1 = build_users('Linda',year = 2008,school = 'Harvard')
          函数名
```

若使用这种函数导入方式，调用函数时直接使用函数名即可。但有一点需要注意的是，使用第三方模块时，最好不要使用这种导入方式，如果模块中有些函数的名称与当前程序中使用的名称相同，可能会导致意想不到的结果：Python 遇到了多个名称相同的函数或者变量，它会直接覆盖原函数，而不是分别导入所需函数。因此，最好的做法是：要么只导入所需的函数，要么导入整个模块并采用**模块名. 函数名**的方式调用函数。这样会让代码更清晰，也更容易阅读和理解。尽管如此，了解 "**from** 模块名 **import** *" 这种方式也是必要的，因为阅读别人的代码时可能会遇到类似的导入方法。

7.10 名称空间

7.10.1　名称空间概述

1. 名称空间的引入

Python 中的赋值语句会创建一个符号名称（即变量名）并指定此符号名称所引用的对象，例如，赋值语句 is_done=True 会创建符号名称 is_done 并将其指向布尔值 True。根据前面对函数以及模块所做的介绍，我们已经知道，Python 程序中每个变量甚至函数都有一个作用范围。例如，只有在程序中导入了 math 模块之后，我们才能引用圆周率 π 的高精度值 3.141 592 653 589 793（如利用赋值语句 p=math.pi 说明变量名 p 所引用的高精度值只存在于模块 math 中）。在作用范围之内，可以直接引用该符号名称（即变量名）；在作用范围之外，该变量名并不存在。变量名作用范围的概念可以推广到 Python 中的任意一个符号名称（包括变量名、函数名、模块名以及类型名等）；符号名称的作用范围（即名称起作用的范围）称为**名称空间**或**命名空间**（name space）。

< 149 >

2. 名称空间的实现

Python 利用字典可实现名称空间的功能：名称和其指向的对象构成映射关系，而名称空间则是这种映射关系的集合，如表 7.8 所示。因此，字典中的键值对就反映了这种映射关系：**键**为名称，而**值**则为名称所指向的对象。

表7.8　名称空间示例

主程序	主程序的名称空间
a='Linda' b=165 c=['Linda',165]	a → 对象的ID 200801　对象的Type str　对象的Value 'Linda' b → 对象的ID 200802　对象的Type int　对象的Value 165 c → 对象的ID 200803　对象的Type list　对象的Value ['Linda',165]

3. 名称空间的特点

Python 中各个名称空间是独立的，不同名称空间之间无任何关系；同一名称空间中不能有相同的名称，但不同的名称空间可以有相同的名称且没有任何影响。名称空间与计算机中的文件夹类似：同一文件夹中的文件不可重名，但不同文件夹中可以有相同的文件名。

```
D:\python
  ch01                  ch02                  ch03
    main.py               main.py               main.py
    north.docx            north.docx            north.docx
    test.py               test.py               test.py
```

7.10.2　名称空间的种类

名称空间可以分为 3 类：内置名称空间、全局名称空间和局部名称空间。不同种类的名称空间有不同的生命周期。在程序执行时，Python 解释器会根据需要创建必需的名称空间，并在执行过程中删除不再需要的名称空间。当然，有些名称空间是一直存在的。

1. 内置名称空间

内置名称空间包含了 Python 内置的对象，如对象的类型名称 int 和 str 等，内置函数名 abs()、max()以及 len()等，异常名称 NameError 和 BaseException 等都是内置名称空间中的对象。我们可以利用命令 dir(_builtins_)查看内置名称空间中的对象。

当用户启动 Python 解释器时，Python 解释器就会创建内置名称空间，这个内置名称空间在 Python解释器运行期间始终存在，直到 Python 解释器退出的时候才会删除。

2. 全局名称空间

全局名称空间包含了在主程序水平上定义的名称（即变量），这些名称就是**全局名称**或**全局变量**，包括在主程序中定义的变量名、函数名和类名等。但全局名称空间并不仅限于此，还包括导入的模块。

< 150 >

一旦启动主程序，Python 解释器就会创建全局名称空间，直到 Python 解释器退出为止，全局名称空间中的全局名称会一直存在。我们可以利用函数 dir() 查看 Python 解释器中的全局名称空间，如表 7.9 所示。

表 7.9　全局名称空间

语句	全局名称空间	说明
>>>**dir**()	['__annotations__', '__builtins__', '__doc__', '__loader__', **'__name__'**, '__package__', '__spec__']	# Python 解释器一旦启动就会创建的全局名称空间。已经接触过的有 __builtins__；其中的全局名称 __name__ 较为重要，会在后续内容中介绍
>>>**import** math >>>**dir**()	['__annotations__', '__builtins__', '__doc__', '__loader__', '__name__', '__package__', '__spec__', **'math'**]	# 导入 math 模块后，全局名称空间中添加了全局名称 math
>>>**import** math >>>a=1 >>>**dir**()	['__annotations__', '__builtins__', '__doc__', '__loader__', '__name__', '__package__', '__spec__', **'a'**, 'math']	# 增加了全局名称 a
>>>**dir**(math)	['__doc__', '__loader__', '__name__', '__package__', '__spec__', 'acos', ···, 'tau', 'trunc', 'ulp']	# math 模块的名称空间

3．局部名称空间

局部名称空间包含在函数的函数体或类方法的函数体中所定义的名称。这些名称的作用范围为函数体，因此称为**局部名称**或局部变量。调用函数时，Python 解释器就会为这个函数创建一个局部名称空间，函数调用结束时这个局部名称空间就会被删除。局部名称空间中包含的局部名称具有如下特点。

- 仅对函数中的代码可见。
- 不会影响函数以外定义的名称，即使名称相同。
- 其仅在函数执行期间存在。函数执行前，不存在；函数执行后会被删除，不再存在。

7.10.3　名称查找顺序

我们一再强调，分别属于不同名称空间的名称，即便名称完全相同，也不会相互干扰，Python 解释器会分别维护这些名称。但这样会存在一个问题：假设程序要引用名称 x，而名称 x 存在于多个名称空间中，那么 Python 解释器是如何知道代码要引用哪个 x 呢？

Python 解释器根据名称定义的位置和程序运行时名称引用的位置来决定。对于前面所说的名称 x，Python 解释器按照表 7.10 中的顺序来查找名称空间，因为名称 x 及其值存在于名称空间中。

表 7.10　名称的查找顺序

名称的查找顺序	说明
① 局部名称空间	Python 解释器首先在当前的局部名称空间中搜索函数或者方法内部所定义的局部变量
② 全局名称空间	如果在局部名称空间中未搜索到名称 x，Python 解释器接着会搜索全局名称空间，即在主程序中所定义的名称
③ 内置名称空间	如果在全局名称空间中未搜索到名称 x，Python 解释器最后会尝试搜索内置名称空间，即认为名称 x 是内置的函数或变量； 如果在内置名称空间中仍未搜索到名称 x，Python 解释器就会抛出 NameError

< 151 >

关于名称查找顺序的代码举例如下。

```
>>>math.e                    NameError: name 'math' is not defined
>>>import math
>>>math.e

                             2.718281828459045
                             '''
                             导入 math 模块之前，Python 查找不到名称 math 而抛出 NameError；导入
                             math 模块后，查找到 math 模块中的全局变量 e，故返回其值
                             '''
```

7.10.4 __name__变量

1. 顶层模块

Python 应用程序通常由多个模块组成，其中必有一个模块作为整个程序的启动代码。Python 解释器从执行这个模块开始，逐步调用相关模块以完成应用程序的功能。这个包含了启动代码的模块就是**顶层模块**，其他相关模块由顶层模块逐步导入 Python 解释器中，里面包含了应用程序所需的函数和类等。

文件名：**one.py**

```
import two                   # one.py 中的代码
⋮                            # two.py 作为模块导入
```

文件名：**two.py**

```
⋮                            # two.py 中的代码
C:\Users\Linda>python one.py    # one.py 模块为当前运行程序的顶层模块
C:\Users\Linda>python two.py    # two.py 模块为当前运行程序的顶层模块
```

2. 无处不在的特殊变量__name__

每个模块的名称空间中都有特殊变量 __name__，如表 7.11 所示。

表 7.11 特殊变量__name__

命令	结果	说明
C:\Users\Linda\Desktop>python >>>**dir()**	['__annotations__', '__builtins__', '__doc__', '__loader__','**__name__**','__package__','__spec__']	一旦启动 Python 解释器，Python 解释器就会创建特殊变量 __name__，位于全局名称空间中
>>>**import** one >>>**dir()**	['__annotations__','__builtins__','__doc__', '__loader__','**__name__**','__package__', '__spec__', '**one**']	导入 one.py 模块后，全局名称空间中增加了对象 one，指向另外的一个全局名称空间
>>>**dir(one)**	['__builtins__', '__cached__', '__doc__', '__file__', '__loader__', '__name__', '__package__', '__spec__', '**function_a**', '**two**']	全局名称空间 one 中包含 one.py 模块中定义的 function_a 函数和导入的 two 模块，以及特殊变量 __name__
>>>**dir(one.function_a)**	['__call__',…,'**__name__**']	局部名称空间 function_a 包含特殊变量 __name__
>>>**dir(one.two)**	['__builtins__',…,'**__name__**']	局部名称空间 two 包含特殊变量 __name__

根据示例中的结果可知，Python 解释器为每个模块所创建的名称空间中都包含一个特殊变量 __name__。

3. 查看__name__的值

现查看未执行程序仅导入模块时特殊变量 __name__ 的值，如表 7.12 所示。

< 152 >

表 7.12　查看 __name__ 的值

命令	结果	说明
C:\Users\Linda\Desktop>python >>>__name__	'__main__'	Python 解释器启动时所创建的全局名称空间中 __name__ 的值
>>>**import** one	two Linda one	two 名称空间中 __name__ 的值，指向 two.py 模块 function_a()的结果 one 名称空间中 __name__ 的值，指向 one.py 模块
>>>one.__name__	'one'	查看名称空间 one 中的特殊变量 __name__ 的值，其值指向 one.py 模块的名称
>>>one.two.__name__	'two'	名称空间 two 中特殊变量 __name__ 指向 two 模块
>>>one.function_a.__name__	'function_a'	名称空间 function_a 中特殊变量 __name__ 指向 function_a 函数

4. __name__ 变量与顶层模块

当输入命令 C:\Users\Linda>python one.py 时，Python 解释器是如何标记 one.py 模块为顶层模块的呢？答案是利用特殊变量 __name__ 来标记。假设 one.py 和 two.py 模块中的代码如下所示。

文件名: **one.py**

```
import two
def function_a():
    print('Linda')                    # __name__ 在名称空间 function_a 中
function_a()
print(__name__)                       # __name__ 位于名称空间 one 中
```

文件名: **two.py**

```
print(__name__)                       # two.py 中的代码
                                      # __name__ 位于名称空间 two 中
```

分析对比表 7.13 中的示例，可以看出名称空间中特殊变量 __name__ 的作用。

表 7.13　特殊变量 __name__ 的作用

命令	结果	说明
C:\Users\Linda\Desktop>python >>>__name__	'__main__'	__name__='__main__'：表明 Python 解释器是当前的顶层模块
C:\Users\zhaim\Desktop>python two.py	'__main__'	two.py 输出 two 名称空间中 __name__ 的值，表明 two.py 是顶层模块
C:\Users\zhaim\Desktop>python one.py	two① Linda② __main__ ③	结果分析如下

Python 解释器在执行 one.py 模块时，为导入的 two.py 模块创建局部名称空间 two，此名称空间中含有特殊变量 __name__。导入的代码位于 import 语句处，因此程序首先执行 two.py 模块中的语句 print(__name__)，此处的特殊变量 __name__ 引用的是名称空间 two 中的值，输出值 "two"（见①），为模块名而不是 "__main__"，说明 two.py 模块不是顶层模块，当前运行的程序并不是从 two.py 模块开始启动的。

程序接着执行函数调用语句 function_a()，执行语句 print('Linda')，结果见②；语句 function_a()执行

< 153 >

完后，Python 解释器接着执行语句 print(__name__)，此处 __name__ 引用全局名称空间 one 中的值，其值为 "__main__"，表明当前运行的程序是从模块 one.py 开始的，模块 one.py 是顶层模块。

5. 特殊变量 __name__ 的应用

程序运行时，Python 解释器会为导入的每个模块创建专属名称空间，每个名称空间都包含一个特殊变量 __name__。如果模块 A.py 不是顶层模块，则对应的特殊变量 __name__ ='A'；若为顶层模块，则对应的特殊变量 __name__ ='__main__'。我们可以利用这个特点指定某个模块为顶层模块。

文件名: **print_name.py**

```
def print_name(name):
    print("name:",name)
① if __name__ == '__main__':
    name = 'Linda'
    print_name(name)
```

```
# 运行与结果
C:>python print_name.py [Enter]
name:Linda
```

文件名: **import_print.py**

```
import print_name
```

```
# 运行与结果
C:>python import_print.py [Enter]
```

当利用命令 python print_name.py 直接运行程序 print_name.py 时，print_name.py 是顶层模块，其对应的 __name__ ='__main__'，语句①为 True，故执行后续的语句，输出 name:Linda；当利用命令 python import_print.py 直接运行程序 import_print.py 时，print_name.py 模块是导入模块，所对应的特殊变量 __name__ ='print_name'，语句①为 False，不再执行后续语句，故程序没有输出结果。

习题

一、选择题

1. Python 中函数定义可以不包括（　　）。

    A. 函数名　　　　　B. 可选参数列表　　　C. 关键字 def　　　　D. 一对圆括号

2. 下列关于函数中关键字参数的描述中，错误的是（　　）。

    A. 定义函数时，关键字参数必须位于位置参数之前

    B. 定义函数时，不得重复定义关键字参数

    C. 定义函数时，关键字参数的顺序没有限制

    D. 定义函数时，关键字参数的形式是 **kwargs

3. 下列不是定义函数目的的选项是（　　）。

    A. 增加代码量

    B. 提高代码复用程度

    C. 通过函数提供统一的对外接口，隐藏函数内改动代码带来的影响

    D. 增加程序的可读性

4. 下列关于递归函数的描述中，错误的选项是（　　）。

    A. 递归函数调用自身，某种意义上必须更接近于解

    B. A 函数调用 B 函数，B 函数调用 A 函数，则 A 函数不是递归函数

    C. 递归函数必须有终止条件

    D. 实现相同功能时，递归函数一般更为简洁，也更易阅读

< 154 >

5. 下列可能在函数内部改变参数 x 值的选项是（　　）。

    A. x=20　　　　　　B. x='too'　　　　　C. x=[20]　　　　　D. x=('t')
      func(x)　　　　　　 func(x)　　　　　 func(x)　　　　　 func(x)

6. 下列不是 Python 函数中参数类型的选项是（　　）。

    A. 定长参数　　　　B. 关键字参数　　　　C. 默认参数　　　　D. 位置参数

7. 下列关于函数参数的描述中，正确的选项是（　　）。

    A. 默认参数在函数调用时才会计算其值

    B. 可以随意调整关键字参数的顺序，从而提高代码的可读性

    C. 参数顺序是固定的，调用时必须按顺序传入对应的值

    D. 调用函数时传入函数的参数个数必须与函数定义中的函数个数相同

8. 下列关于可变参数的描述中，错误的选项是（　　）。

    A. *parameter 可接收 0 到多个实参并将其放在一个元组中

    B. +parameter 类似于*parameter，但需要至少传入一个参数

    C. 对于*parameter，如果传入了 0 个参数，则相当于()

    D. **parameter 可接收键值对并将其放在字典中

9. 下列代码的输出结果是（　　）。

```
f = lambda x,y:x if x < y else y
a = f(1,2)
b = f('a','b')
print(a,b)
```

    A. 1,a　　　　　　B. 1,b　　　　　　C. 2,a　　　　　　D. 2,b

10. 下列代码的输出结果是（　　）。

```
f = (lambda a = 'hello',b = 'python',c = 'wow':a + b.split('o')[1] + c)
print(f('hi'))
```

    A. hellopythonwow　　B. hipythwow　　　C. hellonwow　　　D. hinwow

二、填空题

1. 函数定义以关键字_____开始。

2. 函数定义时使用的参数称为_____。

3. 函数调用时提供的参数称为_____。

4. 没有 return 语句的函数将返回_____。

5. 已知 f = lambda x:10，则表达式 f(3)的值为_____。

6. 已知 t = lambda x,y:{x:y}，则表达式 t(1,2)的值为_____。

7. 已知 g = lambda x,y=3,z=5:x+y+z，则语句 print(g(10))的输出结果为_____。

8. 函数内部定义的变量称为_____变量。

9. 在 Python 中，一个函数既可以调用另一个函数，也可以调用自身。一个函数如果调用了_____，则称为递归函数。

10. 如果局部变量和全局变量同名，则程序会使用_____。

三、程序分析题

1. 下列代码的输出结果是什么？

```
def print_fun(i)
    ones = i % 10
```

< 155 >

```
        print(ones,end = '')
    if i > 10:
        print_fun(i // 10)
print_fun(12345678)
```

2. 比较下列两段代码的不同，并简述原因。

```
def adding(y):
    return x + y
def main():
    x = 12
    print(add(33))
main()
```

```
def adding(y):
    return x + y
x = 10
print(adding(20))
```

3. 比较下列代码的不同，并简述原因。

```
def inc():
    return i + 1

i = 0
① print(inc())
② print(inc())
```

```
def inc():
    i = i + 1
    return i
i = 0
① print(inc())
② print(inc())
```

```
def inc():
    global i
    i = i + 1
    return i
i = 0
① print(inc())
② print(inc())
```

4. 分析下列代码的输出结果。

```
def fun1(a):
    a = a + 1

x = 100
func1(x)
print(x)
```

```
def fun2(a):
    a = a + 1
    return a
x = func2(x)
print(x)
```

```
def fun3(a):
    a.append(10)

l = [1,2,3]
func3(l)
print(l)
```

四、编程题

1. 调用自定义函数 gcd() 求取两个数的最大公约数。

2. 编写函数计算自然数 m、n 的组合数 C_n^m，计算公式为 $C_n^m = \dfrac{n!}{m(n-m)!}$。

3. 编程解答以下问题：5 个人坐在一起，问第 5 个人有多少钱，第 5 个人说比第 4 个人多 20 元；第 4 个人说比第 3 个人多 20 元；第 3 个人说比第 2 个人多 20 元；第 2 个人说比第 1 个人多 20 元；第 1 个人说有 100 元。现问每个人有多少钱？

4. 编写程序实现求取自然数的数根。数根求取方法：如果自然数的各位数字之和为 1 位数，则此 1 位数为数根；如果不是 1 位数，则按照上述方法继续求和，直至得到 1 位数为止。

5. 编写函数，输入一个字符串，返回字符串长度、大写字母个数、小写字母个数和数字格式。

6. 编写程序实现求取最大回文串，即寻找一个字符串中为回文串的最长字串。

7. 编写程序实现输入个数任意的数值，将其中的全部整数相加，忽略非整数。

8. 编写程序实现给定正整数 n，返回 1~n 内的所有质数。

9. 编写程序实现判断字符串 s 和字符串 t 是否同构。如果字符串 s 中的字符替换为另一字符，得到字符串 t，则称字符串 s 和 t 同构。例如，"foo" 与 "egg" 同构，但与 "egi" 不同构。

< 156 >

第**8**章　面向对象程序设计

　　面向对象程序设计是实现代码重复利用的一种程序设计形式，适用于大型软件的开发与设计。本章介绍面向对象程序设计的概念，重点介绍类和对象所涉及的基础知识，以及类的封装和继承等特性。

8.1　类与对象

8.1.1　类与对象的关系

　　当我们谈起"人类"时，很明显并不是特指某个人，而是指代一个群体。人类是所有人的抽象，并不指代某个个体。人类就是对现实世界中人的一种抽象；当谈起张三、李四等某个人时，我们大脑里面会有他的形象。以上就是现实世界中类别与个体之间的关系：**类别**是所有个体的抽象，而**个体**则是类别的一个个实例。**个体**不但具有所属**类别**的基本特征，同时还有自己鲜明的个性。

微课视频

　　利用计算机模拟现实世界时，也需要建立类别和个体之间的这种关系。Python 将现实世界中的"类别"概念映射为"类"（class），而将现实世界中的"个体"映射为"对象"（object）。因此，类与对象之间的关系就是类别与个体之间的关系：类是所有对象的抽象，而对象则是类的实例；对象具有类的基本特征。这些概念之间的映射关系如图 8.1 所示。

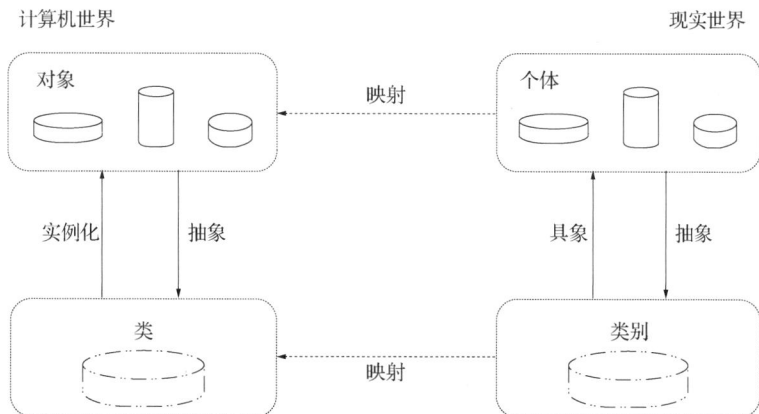

图 8.1　类与对象之间的映射关系

8.1.2 类的基本组成

1. 行为与方法

现实世界中，作为个体的人会具有某些具体的行为，如吃饭、上学和苦恼等；因此计算机世界中与个体对等的对象也应具有某些行为，而这些行为应该是通过对象所属的类来描述的。在 Python 语言中，类（class）所定义的对象行为称为**方法**。

例如，str 类定义了所有字符串对象的行为，其未定义的行为自然不属于字符串对象。

```
"Linda".lower()                '''
"Linda".upper()                Linda 是 str 类的一个对象（即实例），具有下列行为
"Linda".title()                （Python 中称为方法）: lower()、upper()和 title()等。
                               当然还有其他的行为，此处不再赘述
                               '''
"Linda".pop()                  AttributeError: 'str'object has no attribute
                               'pop'# str 类的对象"Linda"没有 pop()方法，即不具有
                               弹出元素的行为
```

再如，list 类定义了所有列表对象所应具有的行为，其未定义的行为自然不属于列表对象。

```
a_list = ["Linda","Emily","Emma"]
a_list.pop()                   # a_list 是 list 类的一个对象，具有 pop()、append()
a_list.append("Alice")         和 remove()等行为
a_list.remove("Emily")
a_list.upper()                 AttributeError: 'list'object has no attribute
                               'upper'# 列表对象 a_list 没有 upper()行为
```

2. 属性与状态

在现实世界中，个体除了具有行为特性外，还具有一些自然属性，如小学生的身高、体重和年龄等。因此，计算机世界中与个体相对应的对象也可以定义属性。在 Python 语言中，对象属性的具体取值称为**对象状态**。对象既然是类的实例，其属性也应通过类来定义。

举例来说，在 Python 中创建自定义的 Person 类，用于模拟"人"这一抽象概念：Person 类中定义性别、身高和出生年份 3 个属性。对象 Linda 和 Peter 是 Person 类的两个实例化对象，如下所示。对象状态表明了当前对象属性的取值。有些属性可能会随着时间的变化而变化，如身高。

对象属性与对象状态

```
Linda: 性别 = 女 身高 = 165 厘米 出生年份 = 2008 年
Peter: 性别 = 男 身高 = 166 厘米 出生年份 = 2007 年
```

对象属性与对象状态

3. 公共接口

Python 中 str 表示字符串类，但我们并不了解此类在计算机中如何存储数据，也不了解字符串类中的 title()方法是如何实现的，大多数情况下也无须了解字符串类如何组织字符串、列表类如何存储元素和弹出元素（pop()方法）。作为用户，我们只需要了解如何使用方法。

类所提供的针对方法和行为的描述，称为**公共接口**（public interface）。例如，我们对于要弹出列表对象的最后一个元素只需要知道调用 pop()方法即可，对于要弹出第一个元素只需要知道调用 pop(0)方法即可，类似的调用语法就是公共接口。

< 158 >

4. 封装

如前所述，对于已经定义的类和对象，我们只需要了解公共接口。通过公共接口可以清楚对象的方法及其作用。在隐藏实现细节的同时提供公共接口的过程称为**封装**（encapsulation）。我们可以使用封装来设计自定义类。也就是说，程序开发者会提供一组方法并隐藏方法的实现细节，其他的开发者可以直接使用定义好的类而无须了解类的具体实现，就像我们使用 str 类和 list 类一样。

封装的目的是隐藏对象的属性和实现细节，对外仅仅公开公共接口、控制程序中对象属性的访问方式和对象方法的调用方式。封装可以将抽象得到的数据和行为相结合，形成一个有机体，从而形成"类"。

如果针对一个长期开发项目，为了提升对象的效率或者增加对象的功能，实现细节通常会发生改变。封装对于细节的更改至关重要，其隐藏了具体的实现细节后，细节的更改就不再会影响使用者了。

8.2 类的定义与对象的创建

类用于模拟现实世界中的群体，对象则用于模拟现实世界中的个体。对象是类的实例，无法脱离类而独立存在。因此，创建对象时，一般首先定义类，然后根据类的定义来创建对象。同时，类是对象的抽象，其属性与行为需要通过对象来体现，因此对类的测试需要结合对象的行为来进行。如此一来，类的定义与对象的创建难以分割开来单独讲述。下面创建 Student 类来模拟学生群体，并创建一个 Student 类的实例 Linda 来观测类的属性与行为。

微课视频

例题 8.1　为简单起见，假设学生仅具有姓名和学校两个属性，且学生只具备一些简单的行为。要求：显示姓名信息和学校信息。

```
                     类名：自定义
①  class Student:                        # 定义 Student 类

                     必需    形参：可选，自定义
②      def __init__(self,name,school):   # 定义 __init__() 方法
            self.name = name
            self.school = school
                     属性 school

        def show_info(self)              # 定义 show_info() 方法
            print("name:",self.name)
            print("school:",self.school)
        对象        类名       实参       实参
❶  student = Student("Linda","Harvard") # 创建类 Student 的实例 student
    print(student.name)                  Linda
    print(student.school)                Harvard  # 访问对象 student 中的属性 school
❷  student.show_info()                  # 调用对象 student 中的方法 show_info()
                                         name: Linda
                                         school: Harvard
```

8.2.1 类的定义

对类进行定义的基本语法格式如下。

< 159 >

> 👉 **class**□类名：
> 　　□□□□类体

类定义中各部分（关键字 class 以及类名和类体）的说明如表 8.1 所示。

表 8.1　类定义中各部分的说明

部分	说明
关键字 class	类利用关键字 **class** 来定义，如例题 8.1 中的语句①
类名	类名根据需要自行定义，但应为有效的标识符，一般由多个单词组成。通常情况下，建议类名采用**驼峰命名法**：类名中每个单词的首字母大写，且不使用下画线，这样可以较容易地区分类名和变量名，如 BankAccount 和 Car 等类名
类体	类体由缩进的语句块组成。例题 8.1 中的类体由 2 个函数定义块组成。除了__init__()函数（较为特殊）不可缺少外，其他函数根据需要自行定义，可多可少，例如，show_info()函数就是根据实际需要自行定义的函数

如前所述，类具有属性和行为。属性的取值描述了类的状态，而行为描述了类具有的功能。下面分别介绍属性和行为的定义方法。

1. 定义类的属性

例题 8.1 代码中语句②声明了__init__()函数，用于定义类的属性 name 和 school。语句 self.name=name 中，赋值运算符 "=" 左侧的 self.name 表明 Student 类具有属性 name，此属性取值为赋值运算符 "=" 右侧的变量 name。同理，语句 self.school=school 中，赋值运算符 "=" 左侧的 self.school 表明 Student 类具有属性 school，其值为赋值运算符 "=" 右侧的变量 school。

2. 定义类的行为

类的行为表示类中个体所具有的功能，Python 利用函数来实现类的行为特性，但类中所定义的函数称为方法，因此方法就是描述类行为特性的函数。关于函数的一切都适用于方法，但方法的调用方式与一般函数略有区别，方法的调用者是对象。

例题 8.1 代码的类体部分定义了 show_info()方法，此方法用于显示对象状态（即属性取值，也就是属性 name 和 school 的取值）。

8.2.2　对象的创建

例题 8.1 中语句❶创建了类 Student 的实例 student，通过后续的输出语句，可以看出对象 student 具有类所定义的属性 name 和 school 以及 show_info()方法。因此，创建对象的语法格式如下。

> 👉 实例名 = 类名(属性名 1，属性名 2，...，属性名 N)
> 　　　　　　└──────────────┘
> 　　　　与__init__()函数中参数顺序保持一致

创建对象的语句充分体现了 Python 所倡导的简洁、优美风格，其语法与函数调用的语法类似，并且传递了属性参数，下面将详细介绍。

1. 创建对象的语句

类定义了属性和方法，类的实例即对象，因此类相当于对象的创建"指南"，类的所有对象均按照此"指南"创建。例题 8.1 中 Student 类的定义语句较多，哪个语句创建了 Student 类的对象呢？我们分析下面新定义的 StudentA 类。

< 160 >

```
class StudentA:                              # 无例题 8.1 中的__init__()函数
    def show_info(self):                     # 定义类 StudentA 中的 show_info()方法
        print("name:Linda")
print(type(StudentA()))                      <class '__main__.StudentA'>
print(id(StudentA()))                        2108627271632
StudentA().show_info()                       name:Linda
student_a = StudentA()                       # 创建对象 student_a
print(type(student_a))                       <class '__main__.StudentA'>
print(id(student_a))                         2108627271632
student_a.show_info()                        name:Linda
```

示例中类 StudentA 未声明__init__()函数，仅声明了 show_info()函数。根据输出结果可知，语句 StudentA()创建了类 StudentA 的实例，保存在 ID 为 2108627271632 的内存地址中，具有 Type 属性值 **<class'__main__.StudentA'>**，调用 show_info()方法时输出了正确的结果，这表明语句 StudentA()创建了类的实例。据此可以推知，语句 student_a=StudentA()将 StudentA()创建的类实例赋值给变量 student_a，故变量 student_a 指向 StudentA()创建的实例，student_a.show_info()输出了正确结果。

2．初始化对象的属性值

例题 8.1 中的语句②定义了__init__()函数。这个函数比较特殊，现通过分析、对比例题 8.1 的代码与下面 StudentB 类代码来了解__init__()函数的作用。

```
class StudentB:
    def show_info(self):                     # 未定义__init__()函数
        print("name:",self.name)             # 未定义属性 name 和 school
        print("school:",self.school)
class StudentC:
    self.name = name_para                    # 未定义__init__()函数
    self.shool = school_para                 # 但定义了属性 name 和 school
    def show_info(self):
        print("name:",self.name)
        print("school:",self.school)
student_b = StudentB("Linda","MIT")          TypeError: StudentB() takes no arguments
student_c = StudentC("Linda","MIT")          NameError: name 'name_para' is not defined
```

根据运行时出现的错误可知，如果没有__init__()，描述对象 student_b 和 student_c 状态的属性值 "Linda" 和 "MIT" 将无法传递给对象。因此，__init__()函数用于初始化对象状态的属性值。事实上，每当程序创建类的实例（即对象）时，程序会自动调用__init__()方法。Python 通过调用__init__()方法对类的实例进行初始化，因此__init__()称为**构造函数**（constructor）或**构造方法**。

综上所述，__init__()构造方法通过形参 self、name 和 school 来定义对象的属性，并通过语句❶中的实参 "Linda" 和 "Harvard" 来初始化属性值。构造方法的名称中，开头和结尾各有两个下画线，这是一种约定，目的是避免 Python 默认方法和普通方法发生名称冲突。同时，要确保此方法两边都有两个下画线，否则当使用类创建实例时，程序不会自动调用这个方法，从而引发错误。

3．直接调用构造方法

Python 解释器会自动调用构造方法。那么直接调用构造方法可以吗？

```
student = Student("Linda","Harvard")         name: Emma
student.__init__("Emma","Princeton")         school: Princeton
student.show_info()
```

< 161 >

① new_student.__init__("Alice","Yale")　　　　NameError: name 'new_student 'is not defined

　　以上示例表明可以直接调用构造方法来修改对象的属性值，但并不建议这样做，最好还是通过 student =Student("Emma","Princeton")或者定义专门的属性值更新方法来修改对象状态。与__init__()这样自动调用的方法一样，类中还有一些可以自动调用的方法，通常都以双下画线开头和结尾。一般情况下不要直接调用这类方法，因为这些方法具有特殊的内部用途。同时，分析语句①的执行结果可以看出，__init__()构造方法就如其函数名所表明的那样，此方法仅用于对象状态的初始化而不是创建对象；创建对象的任务是由语句 student= Student()完成的，这与我们前面分析的结果是一致的。

4．对象的创建过程

　　总结前面介绍的知识，我们可以明确对象创建的大致过程。当程序执行语句 student = Student("Linda", "Harvard")时，Python 会首先执行语句 Student()创建 Student 类的一个实例，这个实例在 Python 中称为**实例对象**，具有 Python 对象的3个特性（ID、Type 和 Value）。接着 Python 解释器会自动调用__init__()构造方法，构造方法按照函数中形参和实参的匹配原则，将传递过来的位置实参"Linda"和"Harvard"分别赋值给形参 name 和 school，这样实例对象的属性 name 具有值"Linda"，属性 school 具有值"Harvard"。执行完__init__()构造方法后，Python 解释器会接着调用 show_info()方法。此实例对象的状态初始化和方法调用也完成后，Python 解释器将把此实例对象赋值给变量 student，student 会成为 Student 类的一个实例，变量 student 指向刚刚创建的实例对象，是对此实例对象的引用。对象的创建过程如图 8.2 所示。

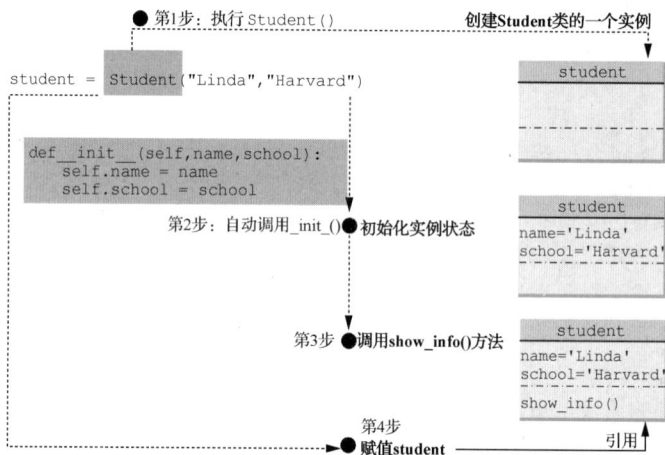

图 8.2　对象的创建过程

8.2.3　访问属性与调用方法

1．访问属性

　　类的实例具有类所定义的属性和方法。Python 使用**句点表示法**访问属性，语法格式如下。

实例名　　属性名
student.name

　　Python 会先找到实例 student，然后查找与该实例相关联的实例变量 name。

2．调用方法

　　实例 student 具有类 Student 所定义的所有方法，Python 仍然使用句点表示法来调用类中的方法。

< 162 >

👉 **实例名 方法名**
```
student.show_info()
```

Python 会在类 Student 中查找 show_info() 方法并运行其代码。show_info() 方法中有一个形参 self，但无须在方法调用语句 student.show_info() 中为这一形参传递相应的值，其值是自动传递的，因为 self 指向对象 student。但是，如果方法需要额外的形参，则需要指定对应的实参。

8.2.4 参数 self

根据举例，可以看到类定义中的参数 self 具有较为特殊的作用，现分析此参数。

__init__() 构造方法中的参数 self 必不可少，而且必须位于其他形参的前面。实际上，Python 在调用构造方法初始化对象的属性值时，会自动传入参数 self；每个与实例相关联的方法（如例题 8.1 中的语句❷）在调用时都会自动传递参数 self。self 是一个指向实例本身的引用，以便实例能够访问类中的属性和方法。为了说明 self 的作用，我们将例题 8.1 中的代码修改如下。

```
      class Student:
          def __init__(self,name):
              print("id(self)in init:")
①            print(id(self))
              self.name = name
          def show_info(self):
              print("id(self)in show_info:")
②            print(id(self))
③            print("name:",self.name)
❶ student = Student("Emma","Princeton")

   print("id(student)in main:")
❷ print(id(student))
❸ student.show_info()
```

```
# 右下方为运行结果
'''
根据运行结果可知:
• 程序执行语句❶，创建 Student 类的实例
  student 时，自动调用了语句①，因为程序并没有显
  式地调用 __init__() 构造方法
• 执行语句❸时执行了语句②
• 语句①、②、❷的运行结果相同
'''
id(self) in init:
2830274484104
id(student) in main:
2830274484104
id(self) in show_info:
2830274484104
name: Emma
```

根据上面代码执行时的输出结果可知，Student 类的实例 student、__init__() 构造方法和 show_info() 方法中的参数 self 都是同一个对象的引用（因为 ID 相同）。结合语句的执行顺序，可知：语句❶创建 Student 类的实例 student，这个 student 传递给 self。由于函数形参与实参之间传递对象的引用，因此 self 和 student 指向同一个对象，也可以说 self 指向类的实例，因而语句❸可以调用此对象的 show_info() 方法；而语句③可以引用此对象的属性 name，如图 8.3 所示。

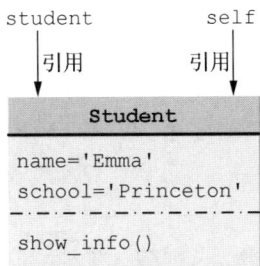

图 8.3 self 引用新建的对象

< 163 >

如前所述，参数 self 和对象名 student 均引用类的实例，但 self 用于类定义内部，而对象名则用于外部语句。

8.2.5 成员变量与类变量

现分析以下代码。

```
class Dog:                          # 定义 Dog 类
①     num = 0                       # 在所有方法外定义的变量
    def __init__(self,aname,acolor): # 构造方法
②       self.name = aname           # name: 构造方法中定义的变量，通过 self 引用其值，作为
                                    #   self 的属性
③       self.color = acolor         # color: 构造方法中定义的变量，通过 self 引用其值，作为
                                    #   self 的属性

    def show_info(self):                                    # 定义方法
        print("名字: {}\t 颜色: {}\t 数量: {}"               # 显示对象状态
                .format(self.name,self.color,Animal.num))
dog1 = Dog("Linda","black")                                 # 创建对象 dog1
dog2 = Dog("Emma","white")                                  # 创建对象 dog2
dog1.show_info()               名字: Linda 颜色: black 数量: 0  # 实例 dog1 的对象状态
dog2.show_info()               名字: Emma 颜色: white 数量: 0   # 实例 dog2 的对象状态
print("通过 dog1 调用 num: ",dog1.num)          通过 dog1 调用 num: 0
print("通过 dog2 调用 num: ",dog2.num)          通过 dog2 调用 num: 0
print("通过 Dog 类调用 num: ",Dog.num)          通过 Dog 类调用 num: 0
Dog.num = 2                                    # 通过类 Dog 修改 num 的值
print("通过 dog1 调用 num: ",dog1.num)          通过 dog1 调用 num: 2
print("通过 dog2 调用 num: ",dog2.num)          通过 dog2 调用 num: 2
print("通过 Dog 类调用 num:",Dog.num)           通过 Dog 类调用 num: 2
④ dog1.num = 4                                 # 通过 dog1 修改 num 的值
print("通过 dog1 调用 num: ",dog1.num)          通过 dog1 调用 num: 4
print("通过 dog2 调用 num: ",dog2.num)          通过 dog2 调用 num: 2
print("通过 Dog 类调用 num:",Dog.num)           通过 Dog 类调用 num: 2
```

由上面的示例可以看出，对象 dog1 和 dog2 都具有属性 name 和 color；这两个属性分别以形式 self.name 和 self.color 保存在变量 name 和 color 中，见语句②和③。根据前面的介绍，self 指向类的实例，因此构造方法中以 **self.变量名**形式保存属性值的变量称为**实例变量**（instance variable）或**成员变量**。self.name 和 self.color 中的 name 和 color 就是对象 dog1 和 dog2 的实例变量。实例变量可以利用句点表示法通过对象名引用其值。不同对象的实例变量，其值并不相同，因此实例变量只能通过对象名进行引用。

语句①定义了一个变量 num，这个变量的定义位于所有方法之外，此类变量称为**类变量**。类变量属于类，因此既可以通过类名进行引用，也可以通过对象名进行引用，类变量被类的所有对象共享。我们不但可以引用类变量的值，也可以修改其值。通过类名和对象名都可以修改类变量的值，但两者还是有差别：通过对象名修改类变量的值时，只会影响此对象所对应的类变量的值，见语句④。

8.2.6 创建多个实例

根据需要，利用类可以创建多个实例。下面的示例创建了多个 Student 的实例。语句①、②、③创建了 3 个实例，这 3 个实例具有相同的属性名称和方法名称，甚至具有相同的属性值。即便如此，Python

< 164 >

解释器仍然会创建不同的实例。如图 8.4 所示，**id**(student1)、**id**(student2)和 **id**(student3)的值并不相同，说明这 3 个实例在内存空间中的保存位置并不相同。

```
① student1 = Student("Linda","Harvard")
   print(student1.name)              Linda
   print(student1.school)            Harvard
   student1.show_info()              name: Linda
                                     school: Harvard
② student2 = Student("Linda","Harvard")
   print(student2.name)              Linda
   print(student2.school)            Harvard
   student2.show_info()              name: Linda
                                     school: Harvard
③ student3 = Student("Linda","Harvard")
   print(id(student1))               1546142269392
   print(id(student2))               1546142269104
   print(id(student3))               1546142269008
```

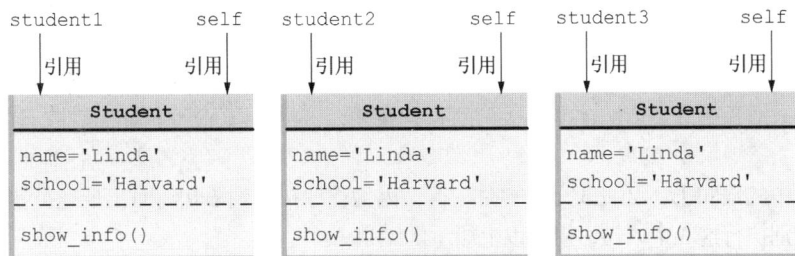

图 8.4　对象不同占用内存空间不同

8.3　私有属性

8.3.1　数据隐藏

通过**句点表示法**可以直接引用对象的属性值，也就是说可以通过对象的实例变量直接访问数据域。但是，直接访问数据域并不合适。

- 直接访问数据域可能会造成数据被篡改。例如，实例变量name 的值可能被错误地设置为：student.name="Lina"。
- 直接访问数据域会让类变得难以维护。假设对象 student 有一个实例变量 year，由于直接访问数据域可能会修改 year 的值，因此开发人员很自然地要检查 year 的值是否合理，这样不但要修改类的定义，而且要修改使用类的程序。

为避免直接修改数据域，就不要让程序直接访问它，这种处理方式称为数据隐藏。Python 中可以通过私有属性来实现数据隐藏。

8.3.2　设置与访问私有属性

将属性设置为私有属性的方法如下。

< 165 >

☞
| 私有属性 | 属性值 |
```
self.__name = name_value
        实例变量
```

接下来，我们看一看私有属性的访问方法。

```
class Student:
    def __init__(self,name,school):
        self.__name = name                      # 声明私有属性
        self.__school = school                  # 声明私有属性
    def show_info(self):
        print("name:",self.__name)              # 在类定义的内部访问私有属性
        print("school:",self.__school)          # 在类定义的内部访问私有属性
    student = Student("Linda","Harvard")        # 创建对象
① print(student.name)       AttributeError: 'Student' object has no attribute 'name'
② print(student.__school)   AttributeError: 'Student' object has no attribute '__school'
③ student.show_info()       name: Linda
                            school: Harvard
```

语句③的输出结果表明，可以在类定义内部访问私有属性，然后通过公共接口（即类中定义的成员方法，这里是 show_info()方法）对私有属性进行操作；而语句①、②表明无法在类定义的外部访问私有属性，只有对象的成员方法才能直接访问私有属性，这样可以保护对象的属性，达到隐藏数据域的目的。

注：示例中的语句①、②、③无法同时运行，因为程序执行到语句①时出现运行错误就会退出执行；但可以分别执行这 3 个语句，得到以上所示的结果。

8.4 类和对象的应用

类可以用来模拟现实世界中的很多场景。类定义好之后，开发人员的大部分时间可以用来创建类的实例，并修改属性和方法。

引例 8.1　创建 BankAccount 类，模拟银行账户存款、取款并查询账户余额。

```
    class BankAccount:

①      def __init__(self,name,balance = 0.0):          # balance 默认值为 0
            self.__name = name                          # 私有属性：保存名称
            self.__balance = balance                    # 私有属性：存款余额

②      def deposit(self,amount):                        # 模拟银行账户存款
            self.__balance += amount
            print('current balance:',self.__balance)

③      def withdraw(self,amount):                       # 模拟银行账户取款
            self.__balance -= amount
```

< 166 >

```
        print('current balance:',self.__balance)

④  def get_balance(self):                            # 查询银行账户余额
        return self.__balance
```

8.4.1 访问器方法

如果要查询对象状态（即获取对象属性的值），建议使用私有属性，但又无法在类外直接访问私有属性，因此这时可以在类内定义访问器（accessor）方法来获得对象状态。

```
Linda = BankAccount('Linda')
current_balance = Linda.get_balance()    # get_balance()方法为访问器方法
print(current_balance)                   0.0 # 默认值
```

访问器方法可以在不改变对象属性值的情况下，获取对象状态。

8.4.2 更改器方法

如上例所示，创建 BankAccount 类的实例时，__init__()构造方法会将实例的私有属性 balance 的值初始化为 0.0。也许这并不符合实际情况，需要修改 balance 的值。这时可以在类的定义中增加 update_balance()方法，此处的 update_balance()方法就是更改器（mutator）方法。**更改器方法**用于更新修改对象状态。

```
    class BankAccount:               '''
        ⋮                            语句①新增 update_balance()更改器方法，允许用
①      def update_balance(self,amount):   户利用形参 amount 更新私有属性 balance 的值。将
            self.__balance = amount        新值传递给更改器方法，由此方法在类内部更新属性值
                                           '''
    Linda = BankAccount('Linda')
    print(Linda.get_balance())       0.0    # 默认值

❶ Linda.update_balance(20.0)        # 通过更改器方法修改属性值
    print(Linda.get_balance())       20.0 # 更新后的值
```

8.4.3 实时更新属性值

如果不断往银行账户存钱，账户余额会不断增加；不断从账户里面取钱，账户余额会不断减少。因此余额会实时变化，那么如何模拟账户的这种功能呢？

```
    Linda = BankAccount('Linda')
    print(Linda.get_balance())          0.0

①  Linda.deposit(20.0)                 current balance: 20.0
    print(Linda.get_balance())          20.0

②  Linda.deposit(30.0)                 current balance: 50.0
```

< 167 >

```
print(Linda.get_balance())                50.0

③ Linda.withdraw(5.0)                      current balance: 45.0
   print(Linda.get_balance())              45.0
```

实例 Linda 的初始化余额为 0.0。语句①调用 deposit()方法并传递了实参 20.0，表示存入 20.0，当前余额为 0.0+20.0=20.0；语句②调用 deposit()方法并传递实参 30.0，当前余额为 20.0+30.0=50.0。调用 get_balance()方法得到了正确的结果。

语句③调用 withdraw()方法并传递实参 5.0，表示取款 5.0，当前余额为 50.0−5.0=45.0，调用 get_balance()方法得到了正确结果。

8.4.4 对象作为函数实参

前面已经介绍过，传递实参时函数所传递的是对象的引用而非对象的值。实例名是类实例的引用，可以作为函数实参传递吗？答案是可以（见例题 8.2）。

例题 8.2 创建函数将两个银行账户合并。

```
class BankAccount:
        ⋮
    def merge_account(first_account,second_account):
        merged_account = BankAccount("Linda")           # 创建新账户
①       first_balance = first_account.get_balance()      # 账户 1 余额
②       second_balance = second_account.get_balance()    # 账户 2 余额
        merged_balance = first_balance + second_balance  # 合并余额
        merged_account.update_balance(merged_balance)    # 新账户余额更新
        return merged_account                            # 返回新账户
Linda1 = BankAccount('Linda')
Linda1.update_balance(20.5)                              # 更新账户 1 的余额

Linda2 = BankAccount('Linda')
Linda2.update_balance(50)                                # 更新账户 2 的余额

③ Linda = merge_account(Linda1, Linda2)                  # 对象作为实参调用函数

merged_balance = Linda.get_balance()                     # 获取新账户的余额
print(merged_balance)                                    70.5 # 新账户余额
```

语句①和②调用了 BankAccount 类实例的 get_balance()访问器方法，说明语句③中 merge_account()函数的实参 Linda1 和 Linda2 传递的是 BankAccount 类实例的引用，而非值，Linda1 和 Linda2 并没有确定的值，只有对象状态和方法。

8.5 特殊方法与方法重载

微课视频

8.5.1 特殊方法

创建类实例时，程序会自动调用__init__()构造方法。像__init__()这样以双下画线开头和结束的方

< 168 >

法就是 Python 中的**特殊方法**，又称**魔幻方法**（magic method）。Python 在处理某些针对类实例的操作时会自动调用相应的特殊方法，如初始化实例变量时会自动调用__init__()构造方法；而在解释执行 a<b 时则会自动调用对象 a 的__lt__()方法。

1. __str__()方法

通常情况下，我们需要查询某个对象的状态（即当前对象某个属性的值），这时可通过定义查询器方法实现。由于查询对象状态是一项很常见的任务，Python 为此提供了一个特殊的__str__()方法，可返回显示对象状态的字符串。

```
class BankAccount:
    ⋮
    def __str__(self):                       # 自定义__str__()特殊方法
        status = self.__name + "'s balance:"
        status += str(self.__balance)
        return status                        # 返回字符串 status
Linda = BankAccount('Linda')
① print(Linda)                              Linda's balance:0.0

Linda.update_balance(20.5)
② print(Linda)                              Linda's balance:20.5

③ message = str(Linda)                      # 调用 Linda 的__str__()方法
④ print(message)                            Linda's balance:20.5
```

执行语句①、②时，Python 会自动调用对象 Linda 的__str__()特殊方法，然后显示从__str__()特殊方法返回的字符串。

语句③调用了内置 str()函数，实参为对象 Linda，这时会自动调用对象 Linda 的__str__()特殊方法，然后返回字符串并将返回的字符串赋值给变量 message。

2. 常见的特殊方法

上例中，解释执行语句①、②、④时会自动调用 BankAccount 类中定义的__str__()特殊方法，这说明 **print**()函数和 **str**()函数与__str__()特殊方法存在关联关系。正是这种关联关系，才使得自动调用对应的特殊函数得以顺利进行。很明显，这种关联关系是 Python 解释器内置的。除了已经看到的__str__()与 **print**()函数（以及 **str**()函数）之间存在内置关联关系外，Python 还内置了一些常用的运算符及函数与特殊方法之间的关联关系。常见的特殊方法如表 8.2 所示。

表 8.2　常见的特殊方法

运算符和函数	关联的特殊方法	返回值	说明
x+y	__add__(self,y)	对象	加法运算
x−y	__sub__(self,y)	对象	减法运算
x*y	__mul__(self,y)	对象	乘法运算
x/y	__truediv__(self,y)	对象	除法运算
x//y	__floordiv__(self,y)	对象	整除运算
x%y	__mod__(self,y)	对象	取余数运算
x**y	__pow__(self,y)	对象	幂运算

< 169 >

续表

运算符和函数	关联的特殊方法	返回值	说明
x= =y	__eq__(self,y)	布尔值	等于
x!=y	__ne__(self,y)	布尔值	不等于
x<y	__lt__(self,y)	布尔值	小于
x<=y	__le__(self,y)	布尔值	小于或等于
x>y	__gt__(self,y)	布尔值	大于
x>=y	__ge__(self,y)	布尔值	大于或等于
−x	__neg__(self)	对象	取相反数
abs(x)	__abs__(self)	对象	取绝对值
float(x)	__float__(self)	浮点数	转换为浮点数
int(x)	__int__(self)	整数	转换为整数
str(x)	__str__(self)	字符串	转换为字符串
print(x)	__str__(self)	字符串	输出字符串
x=ClassName()	__init__(self)	对象	构造方法

表 8.2 中的 x 和 y 为对象，可以是 Python 内置的对象，如 int、float 及 str 等，也可以是自定义类的实例，如 BankAccount 类的实例 Linda；self 指向对象本身，如 x+y 中 self 指向操作数 x；返回值一栏中的"对象"表示与操作数的对象类型相同。

8.5.2 特殊方法的应用与重载

特殊方法可以实现针对类实例的某些特殊操作，例如，__init__()构造方法实现类实例的状态初始化操作。根据这样的思路，可以推知__add__()实现加法操作符"+"所表示的加法运算。

```
    x = 10          # int 类型对象          x = '10'        # str 类型对象
    y = 20          # int 类型对象          y = '20'        # str 类型对象
①  z = x + y       # 加法运算              z = x + y       # 字符串拼接
    print(z)        30              ❶  print(z)        1020

②  z = x.__add__(y)  # 特殊方法          ❷  z = x.__add__(y)  # 特殊方法
    print(z)        30                  print(z)        1020
```

由语句①、②及语句❶、❷的结果可知，加法运算符"+"与相关联的__add__()特殊方法的结果相同，实际上 Python 在执行"+"操作时，调用了__add__()特殊方法，如表 8.3 所示。

表 8.3   __add__()特殊方法的操作数类型

操作数类型	执行的操作
数值类型	如果对象（即操作数）为 **int/float** 类型，则 x+y 中的操作符"+"执行四则运算中的加法
str 类型	如果对象（即操作数）为 **str** 类型，则 x+y 中的操作符"+"将拼接字符串 x 和 y

由此可见，同一运算符"+"可以实现不同的操作，这一点可以通过在不同类中定义不同的__add__()特殊方法来实现。也就是说，特殊方法提供了一个非常灵活的接口，用户可以在这个接口中定义期望的操作，这也体现了面向对象编程方法中的"封装"概念，隐藏实现细节而尽可能提供风格统一的公共接口。

例题 8.3   定义两个 BankAccount 类实例的"+"操作：执行账户余额的求和运算。

< 170 >

```
class BankAccount:
    ⋮
    def __add__(self,r_account):          # 定义__add__()特殊方法
        balance = self.__balance
        r_balance = r_account.get_balance()   # 返回 "+" 右侧账户余额
        balance_sum = balance + r_balance     # 求取两个账户余额的和
        return balance_sum                    # 返回两个账户余额的和
Linda1 = BankAccount('Linda')             '''
Linda1.update_balance(20.5)               Python 翻译器在执行语句①中的 "+" 操
Linda2 = BankAccount('Linda')             作时,自动调用了 BankAccount 对象的
Linda2.update_balance(60)                 __add__()特殊方法。这个特殊方法是在类
① sum_balance = Linda1 + Linda2          中根据需要自定义的
print(sum_balance)                        '''
                                          # 语句①的输出结果
                                          80.5
```

像例题 8.3 中的__add__()那样,重写运算符或者函数(简称操作符)所对应的特殊方法,称为**重载**。对操作符重载后,不要直接调用特殊方法,而应该使用相应的操作符,让 Python 自动调用该特殊方法。

理论上讲,可以在自定义的类中重新编写(即重载)Python 中全部操作符所对应的特殊方法,但很明显,只有在操作符对类及其实例有意义时这样做才合理。例如,可以对负数执行 abs()操作,但对一个 BankAccount 类实例进行 abs()操作显然没什么实际意义。

8.5.3　案例:创建有理数类 Fraction

对于数值,Python 中提供了 int 和 float 常见的数值类型,但计算机存储的是二进制数据,因此有些实数难以利用二进制精确表示。例如,无限循环小数 1/3= 0.33333…不可能利用二进制数无误差地表示。实数分为有理数和无理数两大类。无理数无法利用分数来表示(如 π),但有理数可以利用分数表示,因此在运算精度要求比较高的应用程序中,可以针对有理数定义特殊的四则运算以得到更为精确的运算结果,如 $\frac{1}{3} \times 3 = 1$。Python 未提供有理数数据类型,因此我们定义一个有理数类 Fraction,并提供一些针对此类的基本操作。

1. Fraction 类的基本特性

在设计 Fraction 类表示有理数时,需要考虑有理数的以下基本特性。

- 有理数在形式上表示为分子 a 和分母 b 的商,例如,$\frac{1}{6}$、$\frac{5}{6}$ 和 $\frac{12}{8}$ 均为有理数。因此可以定义 Fraction 类的数据域(即属性)中的实例变量存储有理数的分子和分母。

- 有理数的分母不能为 0,但分子可以为 0。因此在创建 Fraction 类对象时,需要判断分母是否为 0。

- 整数 i 等价于有理数 $\frac{i \times a}{1 \times a}$。为简化 Fraction 类中的一些运算,整数 i 表示为有理数 $\frac{i}{1}$,例如,0 表示为 $\frac{0}{1}$。

- 负有理数可以有两种表示方法:分子为负而分母为正;或者分子为正而分母为负。当执行算术运算或者逻辑比较运算时,采用单一形式表示负有理数会更加方便。因此为简单起见,采用分子为负而分母为正的形式表示负有理数。

< 171 >

- 有理数可以有许多不同的表示形式，例如，$\frac{1}{4}$可以表示为$\frac{2}{8}$和$\frac{3}{12}$等诸多形式。为简单起见，将 Fraction 类表示为最简形式，即约掉分子、分母的最大公约数，这需要调用 get_GCD 函数求取最大公约数。

文件名：**get_GCD.py**

```
def get_GCD(a,b):
    n1 = abs(a)
    n2 = abs(b)
    gcd = 1

    k = 1
    while k <= n1 and k <= n2:
        if n1%k == 0 and n2%k == 0:
            gcd = k
        k +=1

    return gcd
```

```
# 举例
import get_GCD
print(get_GCD(7,8))
# 输出结果:
1
import get_GCD
print(get_GCD(3,9))
# 输出结果:
3
import get_GCD
print(get_GCD(-3,9))
# 输出结果:
3
```

2．Fraction 类的基本操作

根据 Fraction 类具有的基本特性，我们需要在 Fraction 类的定义部分指定公共接口，以便对类的实例进行一些基本操作。Fraction 类应能执行的基本操作如下。

- 创建有理数，这自然由__init__()构造方法完成。
- 分别访问分子和分母，这可以通过定义访问器方法完成。
- 确定有理数正负。
- 对两个有理数执行常规的数学运算：加、减、乘、除和指数。
- 比较两个有理数的大小。
- 生成有理数的字符串表示。
- 将有理数转换为 int、float 和 str 类型。
- 正如 Python 中 int 和 float 类型的对象不可变一样，我们希望 Fraction 类的对象也不可变，只要不定义修改实例变量值的更改器方法即可实现。

Fraction 类的属性和特殊方法如图 8.5 所示。

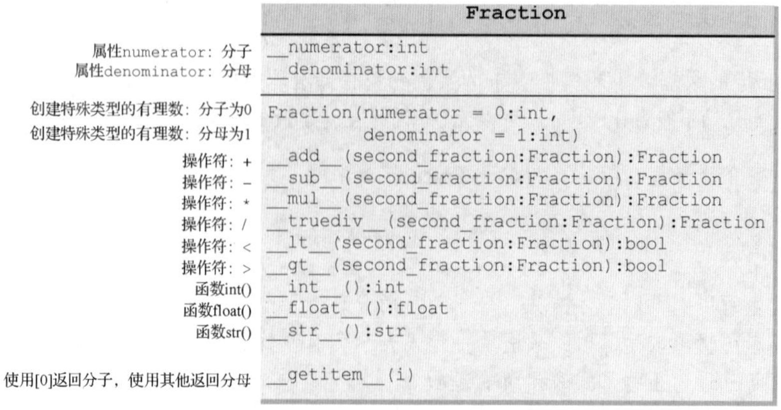

图 8.5 Fraction 类的属性和特殊方法

< 172 >

3．构造方法

由于 Fraction 类实例的值须设置为不可变的，不能定义更改器方法，因此需要利用构造方法来传递有理数的分子、分母两部分，同时确保分母不能为 0，并在必要时引发 ZeroDivisionError 错误。为将有理数化简为最简形式，需调用 get_GCD() 函数求取分子、分母的最大公约数并进行化简。构造方法的代码如下。

文件名：**class_Fraction.py**

```
import get_GCD                                       # 单个类最大公约数求解模块
class Fraction:
    def __init__(self,num = 0,den = 1):
        if den == 0:
            raise ZeroDivisionError("分母不能为 0")    # 分母为 0，触发错误
        sign = 1                                       # 有理数默认为正数
        if num == 0:
            self.__numerator = 0                       # 0 转换为有理数
            self.__den = 1
        else:
            if num * den < 0:                          # 更改为负号
                sign = -1
            div = get_GCD(num,den)                      # 求取分子、分母的最大公约数，
            self.__numerator = int(abs(num)/div) * sign # 并分别并化简分子和分母
            self.__denominator = int(abs(den)/div)
        print("分子: ",self.__numerator,end = '')        # 仅用于验证类定义正确
        print("分母: ",self.__denominator)
frac1 = Fraction(1,8)                                  分子: 1 分母: 8
frac2 = Fraction(4,8)                                  分子: 1 分母: 2
frac3 = Fraction(3,-9)                                 分子: -1 分母: 3
frac4 = Fraction(3)                                    分子: 3 分母: 1
frac5 = Fraction(0)                                    分子: 0 分母: 1
frac6 = Fraction(6,0)                                  ZeroDivisionError:分母不
                                                       能为 0
```

4．特殊方法实现算术运算

（1）加法

下面以加法"+"运算为例，介绍 __add__() 特殊方法实现有理数的加法运算操作。

加法的计算公式如下。

$$\frac{a}{b}+\frac{c}{d}=\frac{a\times d+c\times b}{b\times d}$$

```
import get_GCD
class Fraction:
    ⋮
    def __add__(self,secondFraction):       # self: 第 1 个分数
        a = self.__numerator
        b = self.__denominator
        c = secondFraction.__numerator      # secondFraction: 第 2 个分数
        d = secondFraction.__denominator

        num = a *d + c *b
        den = b *d
```

< 173 >

```
        return Fraction(num,den)              # 创建一个新有理数并返回
frac1 = Fraction(2,5)                         分子：2 分母：5
frac2 = Fraction(1,8)                         分子：1 分母：8
fracSum = frac1 + frac2                       分子：21 分母：40
frac1 = Fraction(2,-5)                        分子：-2 分母：5
frac2 = Fraction(1,8)                         分子：1 分母：8
fracSum = frac1 + frac2                       分子：-11 分母：40
```

其他的四则运算与加法的定义类似，不再赘述。由加法的实现代码可以看出，当使用四则运算符时，Python 会为左侧的类实例调用相应的特殊方法。运算符右侧的类实例作为实参传递到特殊方法中。

（2）整数有理数的加法

整数是一类特殊的有理数，因此可以与一般意义上的有理数（即分数）相加（或其他的四则运算），但前面所定义的有理数加法运算仅限于两个 Fraction 类实例，即便是整数也需要先将其转换为有理数（即 $\frac{i}{1}$ 的形式）再相加。在这种情况下，如果有理数和整数相加则会引发错误。

```
frac1 = Fraction(12,5)            AttributeError: 'int' object has no attribute
sumF = frac1 + 12                 'Fraction__numerator'
```

为了解决这个问题，可以使用 isinstance()函数检查参数的类型，并根据类型采取适当的操作。下面以加法为例说明解决的方法。

```
    import get_GCD
    class Fraction:
        ⋮
①   def __add__(self,secondValue):
        if isinstance(secondValue,int):
②           secondFraction = Fraction(secondValue,1)
        elif isinstance(secondValue,Fraction):
            secondFraction = secondValue
        else:
            raise TypeError("int 或 Fraction 为参数")
        ⋮
③       return Fraction(num,den)

    frac1 = Fraction(12,5)                    分子：12 分母：5 # 构造 frac1 时的输出结果
    sumF = frac1 + 12                         分子：12 分母：1 # 语句②的执行结果
                                              分子：72 分母：5 # 语句③的执行结果
```

语句①中将原先的形参 secondFraction 修改为 secondValue 以适应非 Fraction 类实例的情况；语句②将 int 类型的参数 secondValue 转换为 Fraction 类对象。

5．特殊方法实现逻辑运算

在 Python 语言中，如果一个类实现了比较运算符（==、!=、<、<=、>和>=），则可以运用逻辑运算比较类的两个实例。下面的代码用于判断两个有理数是否相等，其他的逻辑运算与此类似，不再赘述。

```
import get_GCD
class Fraction:
    ⋮
```

< 174 >

```
    def __eq__(self,secondFrac:)
        boolNum = self.__numerator == secondFra.__numerator
        boolDen = self.__denominator == secondFrac.__denominator

        return boolNum and boolDen
frac1 = Fraction(2,5)
frac2 = Fraction(1,8)
print(frac1 == frac2)
frac1 = Fraction(2,8)
frac2 = Fraction(3,12)
print(frac1 == frac2)
```

分子：2 分母：5
分子：1 分母：8
False
分子：1 分母：4
分子：1 分母：4
True

6. 特殊方法实现类型转换

下面利用特殊方法实现类型转换：将有理数转换为 int 型、float 型和 str 型。

```
import get_GCD
class Fraction:
    ⋮
    def __float__(self):
        return self.__numerator / self.__denominator
    def __int__(self):
        return int(self.__float__())
    def __str__(self):
        if self.__denominator == 1:
            return str(self.__numerator)
        else:
            message = str(self.__numerator) + '/'
            message += str(self.__denominator)
            return message
frac = Fraction(12,5)
print(float(frac))
print(int(frac))
print(str(frac))
```

\# 实现 float() 函数

\# 实现 int() 函数

\# 实现 str() 函数

\# 分子：12 分母：5
2.4
2
12/5

7. 特殊方法实现下标运算符

图 8.5 中定义了 Fraction 类应该具有的下标运算符：[0]返回有理数的分子，其他返回有理数的分母。

```
import get_GCD
class Fraction:
    ⋮
    def __getitem__(self,index):
        if index == 0:
            return self.__numerator
        else:
            return self.__denominator
frac = Fraction(12,5)
print(frac[0])
print(frac[1])
print(frac[2])
```

\# 分子：12 分母：5
12
5
5

< 175 >

8.6 继承

引例 8.2 为汽车经销商编写程序保存二手车库存信息。二手车有 3 种车型：轿车、皮卡车和 SUV。每一辆车都有品牌、型号和里程信息，但不同类型的汽车还有一些不同信息：轿车的门数（两门或四门）、皮卡的驱动类型（两轮驱动或四轮驱动）、SUV 的乘客容量。

设计这个程序时，一种方法是为 3 种车型分别定义 3 个类：轿车类——具有品牌、型号、里程和门数等属性；皮卡类——具有品牌、型号、里程和驱动类型等属性；SUV 类——具有品牌、型号、里程和乘客容量等属性。这是一种低效率的方法，因为这 3 个类都有一些通用属性，在 3 个类中分别定义这些属性，将导致类定义中包含大量重复代码。另外，如果以后要添加更多通用属性，将不得不重复修改所有的类。

创建类时，并非一定从空白开始。如果要创建的类 B 是另外一个类 A 的特殊情况，则用户可使用**继承**（inheritance）：类 B **继承**类 A 时，会自动获得类 A 的所有属性和方法。像类 A 这样具有更通用属性和方法的类称为**超类**（superclass）或**父类**，而类 B 这样具有更专门属性和方法的类称为**子类**（subclass）。子类继承了超类的所有属性和方法，同时还可以定义自己的属性和方法。

根据继承的概念，上面例子中更好的编程方法是：首先创建超类 Auto 定义所有汽车都具有的属性；然后为每种特定类型创建子类，如 Car、Truck 和 SUV；最后将类定义保存在模块 class_Auto.py 中，以备后用。

文件名：**class_Auto.py**

```
class Auto:
    def __init__(self,make,model,mileage):      # 构造方法
        self.__make = make
        self.__model = model
        self.__mileage = mileage
    def show_info(self):                          # 访问器方法
        info = self.__make + '' + self.__model + ''
        info += str(self.__mileage)
        print(info)
    def update_mileage(self,new_mileage):         # 更改器方法
        self.__mileage = new_mileage
from class_Auto import Auto                        # 导入类定义
auto = Auto(make = 'audi',model = 'm00',mileage = 100)   # 创建类实例
auto.show_info()                                  # audi m00 100
auto.update_mileage(1500)                         # 更新里程值
auto.show_info()                                  # audi m00 1500
```

8.6.1 子类的构造方法

在超类的基础上创建子类，通常要调用超类的 __init__() 构造方法，这样将会初始化超类对象的所有属性，因此子类也将包含这些属性。下面的代码演示了子类 Car 中构造方法的实现方法。

文件名：**class_AutoCar.py**

```
from class_Auto import Auto      # 导入 Auto 类
① class Car(Auto):
```

< 176 >

```
        def __init__(self,make,model,mileage):              # 子类的构造方法

②          super().__init__(make,model,mileage)
   car = Car(make = 'BMW',model = 'B00',mileage = 1300)      # 创建实例
③  car.show_info()                                          BMW B00 1300
```

创建子类 Car 时，超类的定义代码必须包含在当前文件中，且要位于子类定义前面（本例使用 **import** 语句导入超类的定义代码）。创建超类（Auto）的子类（Car）时（见语句①），其语法格式如下。

👉　**class**　子类类名(超类类名):

在定义子类 Car 的 __init__()构造方法时，形参包括其超类 Auto 的 __init__()构造方法所需全部形参 make、model 和 mileage。语句②中的 **super**()是一个特殊函数，用于调用超类的方法。语句②调用的就是超类中的 __init__()构造方法并传递了所需形参 make、model 和 mileage。语句②的调用结果是子类 Car 具有超类 Auto 的所有属性，如语句③的结果所示。

既然语句②调用的是超类的构造方法，根据类中函数调用的句点表示法，能否表示为 Auto.__init__() 这样的形式？答案是可以的，但需要传递所有的形参，包括 self，如下所示。

👉　Auto.__init__(self,make,model,mileage)

8.6.2　子类的属性和方法

现在定义 Car 子类所特有的属性和方法。
属性：doors。方法：获取轿车门数的访问器方法 get_doors()。

```
from class_Auto import Auto
class Car(Auto):
    def __init__(self,make,model,mileage,doors = 2):
        super().__init__(make,model,mileage)
①      self.__doors = doors                                 # 子类属性 doors

②   def get_doors(self):                                     # 子类方法
        return self.__doors
```

语句①添加了属于子类的新属性 doors，并设置默认值为 2。利用 Car 类所创建的实例都会有此属性，但利用 Auto 类所创建的实例则没有此属性。

语句②添加了 get_doors()方法，该方法返回属性 doors 的值。

```
car = Car(make = 'BMW',model = 'B00',mileage = 1300,doors = 2)  # Car 类对象
auto = Auto(make = 'BMW',model = 'B10',mileage = 100)           # Auto 类对象
car.show_info()                     BMW B00 1300 # 方法和属性均继承自 Auto 超类
doors = car.get_doors()             # 调用 Car 类特有 get_doors()方法
print('doors:',doors)               doors: 2

auto.show_info()                    BMW B10 100
doors = auto.get_doors()            AttributeError: 'Auto' object has no attribute
                                    'get_doors'
```

对于 Car 子类的特殊程度没有任何限制，我们可根据需要添加任意数量的属性和方法。如果某个

< 177 >

属性或方法是任何汽车（即 Auto 类）都有，而不是轿车（即 Car 类）独有，则应将其加入 Auto 超类中。这样，Car 类的定义中只包含处理轿车特有属性和方法的代码。

8.6.3 重写超类方法

在超类中定义的方法，只要它不符合子类的行为，就可以进行重写：在子类中定义一个同名的方法。Python 不会考虑超类的同名方法，而只执行子类定义中的代码。

假设 Auto 超类中定义了 fill_gas 方法，但它对于 ElectricAuto 子类来说没有意义，则可以重写如下。

```
from class_Auto import Auto          '''
class ElectricAuto(Auto):            ElectricAuto 子类的实例在调用 fill_gas()方法时，将执行此
    def fill_gas(self):              处子类定义中的相关代码，而忽略超类 Auto 中的相关代码
        print('No gas tank')         '''
```

8.6.4 实例用作属性

在引例 8.2 中，可能需要添加更具体的细节，如也许还需要加入轮胎、车灯、座椅等方面的信息，也就是对类添加的细节会越来越多，定义属性和方法的代码会越来越长。在这种情况下，可以将类的一部分抽取出来，作为一个独立的类。

下面将轮胎方面的信息构建为一个独立的 Tire 类，并将其封装为 class_Tire.py 模块。

文件名: **class_Tire.py**

```
class Tire:
    def __init__(self,year,size = 195):      # 属性 size 的默认值: 195
        self.year = year
        self.size = size

    def show_info(self):                      # 类 Tire 的方法
        info = 'year:' + str(self.year) + ''
        info += 'size:' + str(self.size)
        print(info)
tire = Tire(year = 2022)                      # 创建 Tire 类的实例
tire.show_info()                              year:2022 size:195
```

接着，将 Tire 类加入 Car 类中，作为 Car 类的一个属性。

文件名: **class_Auto_Tire.py**

```
    from class_Auto import Auto              # 导入 Car 类的定义
    from class_Tire import Tire              # 导入 Tire 类的定义
    class Car(Auto):
        def __init__(self,make,model,mileage):
            super().__init__(make,model,mileage)    # 调用超类的构造方法
            self.__doors = 2                        # doors 默认值为 2
①           self.__tire = Tire(year = 2022)         # 添加私有属性 tire

        def get_doors(self):
            return self.__doors
```

< 178 >

```
car = Car(make = 'audi',model = 'A0',mileage = 10)    # 创建 Car 类的对象
car.show_info()                                        audi A0 10
❶ car.tire.show_info()                                 year:2022 size:195
❷ print(car.tire.year)                                 2022
```

语句①为 Car 类定义了一个新的属性 tire，这个属性的值是 Tire 类所创建的实例。

变量 car 是 Car 类的一个实例，根据 Car 类的定义，其实例 car 具有属性 tire。语句❶引用了实例 car 的属性 tire，由于这个属性是通过语句①定义的，因此程序会调用 Tire 类的 __init__()构造方法，并向其传递实参 year=2022；此构造方法的另外一个形参 size 取默认值 195，因此语句❶中 car.tire 部分的值为 Tire 类实例，此实例的 show_info()方法将输出 Tire 类的两个属性值（year:2022 和 size:195）。语句❷单独输出 Tire 类实例 car.tire 的属性 year，其值为 2022。有一点需要注意的是，如果要像语句❶、❷那样在外部访问 Car 类属性 tire 的值，则不能将 tire 设置为私有属性。实例作为类的属性的具体执行过程如图 8.6 所示。

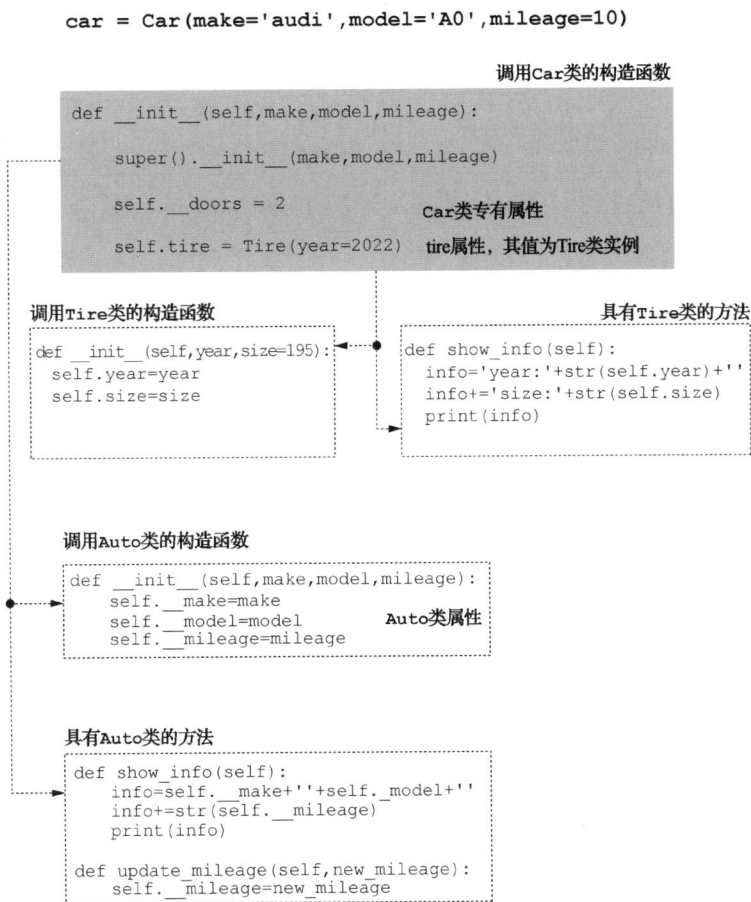

图 8.6　实例作为类的属性的具体执行过程

8.7　实例对象和类对象

我们总是在强调：Python 中一切皆对象。这就意味着 int 类、str 类、list 类和自定义类也是 Python

< 179 >

对象。既然这些都是对象，那么它们是哪个类的实例呢？或者换句话说，定义它们的是哪个类呢？

我们已经定义了 Auto 超类，单独保存在 class_Auto.py 模块中；Auto 类的 Car 子类，保存在 class_AutoCar.py 模块中；在当前工作目录中创建了 Car 类的实例 car。下面的代码演示了如何查看它们之间的关系。

```
from class_AutoCar import Car          # 从 class_AutoCar 模块导入 Car 类
car = Car('a','0',1)                   # 创建 Car 类的实例 car
① print(car.__class__)                 <class 'class_AutoCar.Car'>
② print('24.0'.__class__)              <class 'str'>
```

语句①中 Car 类的实例 car 访问了特殊属性__class__，返回其所属的 class_AutoCar.Car 类，此格式表明类实例 car 从属于 class_AutoCar 模块中所定义的 Car 类。

语句②中字符串字面量'24.0'访问了特殊属性__class__，返回其所属的 str 类。

按照类似的思路，我们看一下 Car 类及其 Auto 超类是哪个类的实例？

```
from class_Auto import Auto
from class_AutoCar import Car
① print(Car.__class__)                 <class 'type'>
② print(Auto.__class__)                <class 'type'>
```

语句①、②表明，自定义类（无论是超类还是子类）都是 type 类的对象。那么对于 Python 中内置的类 int、str 等呢？

```
print(int.__class__)                   <class 'type'>
print(float.__class__)                 <class 'type'>
print(str.__class__)                   <class 'type'>
print(list.__class__)                  <class 'type'>
print(dict.__class__)                  <class 'type'>
```

以上代码说明 Python 内置的类都是 type 类的实例。本质上而言，类是一种数据结构，定义了数据（即属性）和行为（即方法）。因此，Python 中所有内置的类和自定义类都是对"数据和行为"这一概念更进一步的具体化，都是 type 类的对象。

因此，按照 Python 中**一切皆对象**的说法，Python 中类的实例（即面向对象编程方法中的术语"对象"）称为**实例对象**（instance object）；而类则称为**类对象**，因为它们是 Python 中 type 类的实例。

8.8 类定义的导入

随着不断给类添加功能，代码会变得越来越长，即便妥善地使用了继承也是如此。为了让代码文件尽可能简洁，Python 允许将类存储在模块中，然后在主程序中导入所需的类及其定义。

8.8.1 导入类与导入函数的方法

类定义是一段代码，用于完成类实例的创建。因此从本质上讲，类定义可以被看作某种特殊函数，类的导入方法与函数的导入方法相同：将类定义的代码保存在文件中封装为模块（文件名即模块名），然后根据需要分别导入所需的类及其定义。

< 180 >

8.8.2　导入类

假设文件 class_Auto.py 中定义了 Auto 类和 Tire 类，按照如下方法导入所需的单个或者多个类。

1．导入单个类

导入单个类的语法格式如下。

☞　**from** 模块名 **import** 类名

举例如下。

```
from class_Car import Car
```

2．一个模块包含多个类的定义

假设文件 class_AutoTire.py 中定义了 Auto 类和 Tire 类，则可以导入特定类到主程序中。

☞　**from** class_AutoTire **import** Auto

或者

☞　**from** class_AutoTire **import** Tire

3．导入多个类

导入多个类的语法格式如下。

☞　**from** 模块名 **import** 类名 1,类名 2,...

或者

☞　**from** 模块名 **import** 类名 1
　　from 模块名 **import** 类名 2
　　⋮

举例如下。

```
from class_AutoTire import Auto,Tire
```

4．导入整个模块

句点表示法也可以用来导入模块中的类：**模块名.类名**。这种导入方式简单明了，代码易于阅读。由于创建类实例的代码都包含模块名，因此不会与当前文件使用的任何名称发生冲突。

```
import class_AutoTire                        # 导入模块
auto = class_AutoTire.Auto('audi','A0',100)  # 句点表示法引用类的构造方法创建类实例
tire = class_AutoTire.Tire(year = 2022)
```

5．导入模块中的所有类

如果要导入模块中的所有类，则可使用以下语法格式。

☞　**from** 模块名 **import** *

尽管可以使用这种方法，但并不推荐大家使用此方法。原因有二：其一，**import** *方式未指明类的名称，不如 **import** **类名**这种方法清晰明了；其二，有可能引发命名方面的歧义。也许导入的类名与程

< 181 >

序文件中的变量名称相同，将引发难以发现的错误。因此，需要从一个模块导入多个类时，最好导入整个模块，并使用句点表示法（**模块名.类名**）访问类。

6. 模块中导入其他模块

一般情况下，会将有关联的类保存在同一个模块文件中，而不相关的类保存在另一个模块中。如果某模块中的类依赖于其他模块中的类，则可在前一个模块中导入后一个模块。

7. 导入类时指定别名

与模块一样，导入类时也可以指定别名，利用别名来引用类。

👉 **from** 模块名 **import** 类名 as 别名

利用别名引用类的举例如下。

```
from class_AutoTire import Tire as T
tire = T(year = 2022)                          # 使用别名创建类的实例
```

8.9 案例：超市收银程序的设计

引例 8.3　设计一个超市收银程序，根据商品价格和数量显示顾客应付金额。利用面向过程和面向对象两种编程方法实现。

编程方法有两种：面向对象编程方法和面向过程编程方法。简而言之，面向过程编程方法以事件发生过程为核心，利用代码模拟事件发生的全过程；面向对象编程方法则以事件主体为核心，利用代码模拟事件主体状态的转换。我们以引例 8.3 的代码实现过程来介绍面向对象和面向过程两种编程方法。

8.9.1　静态单一的需求

下面的代码实现了引例 8.3 的基本需求：根据商品价格和购买数量计算应付金额。

```
# 面向过程编程
① def get_amount(quantity,price):                 # 定义函数
      amount = price * quantity
      return amount

   quantity = 10;price = 1.2
② amount = get_amount(quantity, price)             # 调用函数得到应付金额

# 面向对象编程
   class Bill:                                      # 定义类
❶     def __init__(self,quantity,price):           # 构造方法
          self._quantity = quantity                # 定义实例变量
          self._price = price                      # 保存价格和数量
❷     def get_amount(self):                        # 定义方法求取应付金额
          quantity = self._quantity
          price = self._price
          amount = price * quantity
          return amount
```

< 182 >

```
    quantity = 10;price = 1.2
❸ bill = Bill(quantity,price)              # 创建实例
❹ amount = bill.get_amount()              # 调用方法并返回应付金额
```

两种编程方法都能完成所需任务，相比较而言，面向过程方法代码简单明晰；面向对象方法实现的代码较为复杂，须做大量的初始工作来创建类实例。

8.9.2 动态变化的需求

客户需求总是不断变化：超市根据市场情况先后提出了一系列新的要求。

* 五一劳动节快到了，超市推出五一购物优惠活动：购物打八折。

面向过程编程

```
    def get_amount(quantity,price):
        amount = price * quantity
①      if isLaborDay():
            rate = 0.8
            return amount * rate
        return amount
② def isLaborDay():
        return True

    quantity = 10;price = 1.2
    amount = get_amount(quantity,price)
```

'''
如果修改原有函数的形参列表，增加劳动节判断参数，会带来更多的代码更改和维护工作量。因此，我们采用增加函数的方法，而不是将 isLaborDay 作为形参传入
'''
①调用函数判断为劳动节，则应付金额打折
②定义劳动节判断函数，为测试和简单起见，直
接在函数中定义 True 或 False

面向对象编程

```
    class Bill:
        ⋮
❶ class LaborDayBill(Bill):
❷     def __init__(self,quantity,price):
            Bill.__init__(self,quantity,price)

❸     def get_amount(self):
❹         amount = Bill.get_amount(self)
            rate = 0.8
            amount *= rate
            return amount
    def isLaborDay():
        return True
    quantity = 10; price = 1.2
    if isLaborDay():
❺         bill = LaborDayBill(quantity,price)
❻ amountOOP = bill.get_amount()
```

❶新增 Bill 类的 LaborDayBill 子类，专门用于
劳动节优惠活动
❷子类构造方法，可省略

❸重载超类的 get_amount() 方法，引入折扣
❹调用超类的 get_amount() 方法

❺LaborDayBill 类实例
❻调用 LaborDayBill 方法

* 国庆中秋双节临近，超市决定推出更大的优惠活动：中秋节满 400 减 50；国庆节购物 100 元内以 10% 的概率免单。

面向过程编程

```
    def get_amount(quantity,price):
```

< 183 >

```
          amount = price * quantity
①        if isMidAutumnDay() and amount >= 400:    # ①增加针对中秋节和购物金额的判断条件以及
              return amount - 50                         操作
②        if isNationDay() and amount <= 100:       # ②增加针对国庆节和购物金额的判断条件以及
              from random import randint                 操作
              temp_int = randint(0,9)              # 省略idMidAutumnDay()和isNationalDay()
              if temp_int == 0:                        的函数定义
                  return 0.0

# 面向对象编程
    class Bill:                                    # 省略类定义
    class LaborDayBill(Bill):
❶ class MidAutumnDayBill(Bill):                    # ❶新增MidAutummDayBill子类，用于中秋节
❷     def get_amount(self):                        # 优惠活动，省略构造方法
          amount = Bill.get_amount(self)
              if amount >= 400:                    # ❷重载Bill类的get_amount()方法，引入
                  amount -= 50                         优惠
              return amount
❸ class NationDayBill(Bill):
      def get_amount(self):                        '''
          amount = Bill.get_amount(self)           ❸新增NationDayBill子类，用于国庆节的优惠
              if amount <= 100:                    活动，并重载Bill类的get_amount()方法，对
                  from random import randint       符合条件的账单以10%的概率免费
                  temp_int = randint(0,9)          '''
                  if temp_int == 0:                # 省略isMidAutummDay()、isNationalDay()
                      amount = 0.0                 和isLaborDay()的函数定义
              return amount
    quantity = 10; price = 4
    if isLaborDay():
        bill = LaborDayBill(quantity,price)
    elif isMidAutumnDay():
❹      bill = MidAutumnDayBill(quantity,price)     # ❹MidAutumnDayBill实例
    elif isNationDay():
❺      bill = NationDayBill(quantity,price)        # ❺NationDayBill类实例
    amountOOP = bill.get_amount()
```

- 超市决定修改五一劳动节的优惠活动：65 岁以上的老人购物满 99 元，随机赠送礼品一份（鲜花、巧克力或 9.9 元购物券），并且以前的八折优惠修改为仅限 65 岁以上老人参加。

```
# 面向过程编程
    def isOver65():                                # 新增老年人判断函数
        return True
    ⋮
    def get_amount(quantity,price):                # 修改五一劳动节优惠活动
        amount = price * quantity
        if isLaborDay() and isOver65():
            if amount >= 99:
                gifts = ['flowers','chocolate','9.9Discount']
                from random import randint
```

< 184 >

```
                      lucky_index = randint(0,len(gifts) - 1)
                      gift = gifts[lucky_index]
                      print("恭喜! 您获得了",gift)
                  rate = 0.8
                  return amount * rate
            ⋮
        return amount

# 面向对象编程
    class Bill:
        ⋮
    class LaborDayBill(Bill):                            # 修改子类实现五一劳动节
        def get_amount(self):                           # 新的优惠活动
            amount = Bill.get_amount(self)
            if not isOver65():
                return amount
            if amount >= 99:
                gifts = ['flowers','chocolate','9.9Discount']
                from random import randint
                lucky_index = randint(0,len(gifts) - 1)
                gift = gifts[lucky_index]
                print("恭喜! 您获得了",gift)
            rate = 0.8
            return amount * rate
    ⋮
    def isOver65():                                     # 新增老年人判断函数
        return True
```

8.9.3　面向过程编程

　　面向过程（procedure-oriented）的程序设计把计算机程序视为一系列的命令集合，即一组函数的顺序执行。为了简化程序设计，面向过程把函数继续切分为子函数，即通过把大块函数切割成小块函数来降低系统的复杂度。面向过程是一种以过程为中心的编程思想，其以什么正在发生为主要目标进行编程。

　　通过前面的引例我们可以发现，无论是新增代码还是删除代码，都需要开发者在一个很长的函数中找到需要修改的位置，不得不浏览大量无关代码；小心翼翼地修改后，又要反复确认不会影响到其他部分代码。

8.9.4　面向对象编程

1. 面向对象编程的概念

　　面向对象编程（object-oriented programming，OOP）是另一种编程思想。OOP 把对象作为程序的基本单元，一个对象包含了数据和操作数据的函数。面向对象的程序设计把计算机程序视为一组对象的集合，每个对象都可以接收其他对象发过来的消息，并处理这些消息。计算机程序的执行过程就是一系列消息在各个对象之间的传递过程。

　　面向对象的编程思想是从自然界中来的，因为在自然界中，类（class）和实例（instance）的概念

< 185 >

是很自然的，所以面向对象的编程思想是抽象出 Class，根据 Class 创建 Instance。面向对象的抽象程度又比函数要高，因为一个 Class 既包含数据，又包含操作数据的方法。

面向对象的编程思想对软件开发相当重要，它的概念和应用甚至已超越了程序设计和软件开发，扩展到如数据库系统、交互式界面、应用结构、应用平台、分布式系统、网络管理结构、CAD 技术、人工智能等领域。面向对象是一种对现实世界理解和抽象的方法，是计算机编程技术发展到一定阶段后的产物。

通过前面的示例，我们已经发现，应对新需求时，面向对象编程方法无须更改已经测试通过的类。它良好的灵活性和可扩展性仿佛天生就是来适应变化的。除了超类和子类，其他的类相互独立，假如某天不再需要时，开发人员将对应的类删除即可。程序的其他部分完全不需要修改，测试时也仅需测试这一个类而已。

2. 面向对象编程的特点

Python 支持面向对象的编程思想，从而使应用程序的结构更加清晰。根据前面的介绍，我们可以概括出面向对象程序设计的特点如下。

（1）封装性

将数据和数据处理方法组织在一起，定义为类的过程，就是前面我们所说的**封装**。封装是面向对象的核心思想。通过封装，对象隐藏了实现细节，对象以外的事物不能随意获取对象的内部属性，提高了对象的安全性，有效地避免了外部错误对它产生的影响，减少了软件开发过程中可能发生的错误，降低了软件开发的难度。

（2）继承性

继承描述了类之间的关系，子类可以共享超类所定义的数据和操作。同时，子类也可以对超类的操作进行扩展或重新定义。通过继承，无须重新编写超类，就可以扩展超类的功能。继承不仅增强了代码的复用性，提高了开发效率，而且为程序的修改、更新提供了便利。

（3）多态性

多态（polymorphism）通常指类中的方法重载，即类中可以有多个同名但参数不同的方法。调用方法时，可以根据参数情况选择不同的方法。

习题

一、选择题

1. Python 中用来描述相同或相似事物的工具是（　　　）。
   　A. 类　　　　　　　　B. 对象　　　　　　　　C. 方法　　　　　　　　D. 属性

2. 下列关于构造方法的描述中，正确的选项是（　　　）。
   　A. 类中至少要定义一个构造方法
   　B. 如果类中没有定义构造方法，Python 解释器会提供默认的构造方法
   　C. 类中总有默认的构造方法
   　D. Python 中构造方法名与类名相同

3. 下列关于面向过程编程和面向对象编程的描述中，错误的选项是（　　　）。
   　A. 面向对象是基于面向过程的
   　B. 面向对象和面向过程都是解决问题的思路
   　C. 面向过程强调的是解决问题的步骤
   　D. 面向对象强调的是解决问题的对象

< 186 >

4. 下列关于类与对象间关系的描述中，正确的选项是（ ）。

    A. 类是面向对象的基础

    B. 类是现实世界中事物的描述

    C. 对象是根据类创建的，一个类对应一个对象

    D. 对象是类的实例，是具体的事物

5. 构造方法的作用是（ ）。

    A. 显示对象初始化信息   B. 初始化类

    C. 初始化对象   D. 引用对象

6. Python 中定义私有属性的方法是（ ）。

    A. 使用 private 关键字   B. 使用 public 关键字

    C. 使用_X 定义属性   D. 使用_X_定义属性

7. 假设 C 类继承 A 类和 B 类，则下列正确的语句是（ ）。

    A. **class** C extends A,B: B. **class** C(A:B):

    C. **class** C(A,B):   D. **class** C implements A,B:

8. 下列关于_init_()构造方法的描述中，错误的选项是（ ）。

    A. 无须用户显式调用，在实例化类时自动被调用

    B. __init__方法需要用户显式调用

    C. __init__方法可以有参数

    D. __init__方法的参数将在实例化时传递

9. 下列关于类属性和实例属性的描述中，正确的选项是（ ）。

    A. 修改实例属性会影响到其他实例   B. 都可以动态添加类属性和实例属性

    C. 通过类可以获取实例属性的值   D. 类的实例只能获取实例属性的值

二、代码分析题

1. 分析下面代码的输出结果。

```python
class A:              class B(A):    classC(A):        class D(B,C):
    def __init__(self):   pass      def __init__(self):   Pass
        print('A')                     print('C')
obj = D()
```

2. 分析下面代码的输出结果。

```python
class B:                          class A(B):
    def __init__(self):               def __init__(self):
        print("类B构造方法)               super().__init__()
    def info(self):                       print("类A构造方法")
        print("类B的info()方法")        def info(self):
                                          super().info()
                                          print("类A的info()方法")
a = A()
a.info()
```

三、编程题

1. 设计实现一个名为 Student 的类，包含 name、age 和 id 属性，分别表示学生的姓名、年龄和学号。初始化学生对象时提供姓名和年龄，学号自动增加，同时定义方法输出姓名、年龄和学号。

2. 设计实现一个名为 Student 的类，包括下列属性：id 表示学号；name 表示姓名；math 表示数学

< 187 >

成绩；english 表示英语成绩；computer 表示计算机成绩。类中方法包括计算 3 门课程的总分、平均分和最高分。

3. 设计实现一个全新的 Student 类，包括属性 name 和 age，并要求类中有一个属性用于统计实例化的学生数量。

4. 设计实现一个类，用于判断字符串中的括号是否配对。

5. 设计实现 Point 类，利用特殊方法使得类支持下面的运算操作。

- p1+p2：向量加法，两个点 p1 和 p2 的 x、y 坐标相加，得到一个新的 Point 对象。
- p1−p2：向量减法，两个点 p1 和 p2 的 x、y 坐标相减，得到一个新的 Point 对象。
- p*n：向量放大，点 p 的 x、y 坐标乘以数值 n，得到一个新的 Point 对象。
- p/n：向量缩小，点 p 的 x、y 坐标除以数值 n，得到一个新的 Point 对象。

6. 设计实现 Person 类，该类具有 name（姓名）、age（年龄）和 gender（性别）属性；通过继承 Person 类创建 Teacher 类，该类具有 title（职称）、degree（学历）、salary（工资）和 bonus（奖金）属性，并计算包括工资和奖金在内的总收入。

7. 设计实现 Point 类。该类包括属性：x 为点的横坐标；y 为点的纵坐标。该类包括方法：构造方法；获取点的横坐标方法；获取点的纵坐标方法；获取当前点与另一点间的距离方法。

8. 设计实现一个类，继承自 Python 内置字符串类 str，根据给定整数实现字符串的左右循环移动：正数表示右移，负数表示左移。

< 188 >

第9章 文件和异常

在通常情况下，我们会将数据（包括源程序）保存在文件中，以便日后使用。文件广泛应用于用户与计算机的数据交换。本章先介绍 Python 的文件操作，主要内容包括文件的概念与分类、文件的读写操作等，然后介绍与文件有关的异常及其处理方式等。

9.1 文本文件与二进制文件

文件有不同的类型，可由文件扩展名加以区别，例如，常见的文件扩展名有.txt、.bmp 和.csv 等。文件类型不同，表明文件中数据保存的方式不同。如果文件保存的是字符，则为**文本文件**；如果文件保存的是数值（即数学上的实数），则为**二进制文件**。

微课视频

9.1.1 文本文件

1. 文本文件中的数据

文本文件保存的数据是字符，但在文件中字符以二进制序列的形式存在：按照 ASCII 或者 Unicode 编码方案进行编码，因此文本文件中的数据为比特流（0、1 序列）。例如，字符序列"Hello"按 ASCII 编码方案（7 位，省略高位的 0）进行编码得到的比特流为：

$$\underbrace{1001000}_{H} \quad \underbrace{1100101}_{e} \quad \underbrace{1101100}_{l} \quad \underbrace{1101100}_{l} \quad \underbrace{1101111}_{o}$$

2. 常见的文本文件类型

文本文件有很多种，常见的类型如表 9.1 所示。

表 9.1　常见的文本文件类型

文本文件类型	说明
.txt	纯文本文件，以 ASCII 或 Unicode 编码方案进行编码，没有格式
.xml	可扩展标记语言。它是一种数据交换公共语言，现多用于配置文件
.json	轻量级的数据交换格式，独立于编程语言
.csv	用逗号分隔文件，常用于电子表格或数据库软件（利用半角逗号作为行的分隔符）

9.1.2 二进制文件

1. 二进制文件中的数据

二进制文件保存的是数值，数值分为整数和浮点数两类。整数按照其值的二进制补码（一种编码）形式进行存储，浮点数则按照 IEEE 754 国际标准编码为二进制序列后进行存储。IEEE 754 国际标准采用科学记数法来表示浮点数，浮点数 V 的表示形式如下。

$$V = S \times M \times 2^E$$

IEEE 754 国际标准规定了符号 S、尾数 M（$1 \leqslant M < 2$）和指数 E 的二进制表示形式。例如，如果利用单精度（32 位）表示浮点数 $V = -0.023\ 437\ 5$，按 IEEE 754 国际标准进行编码的过程如表 9.2 所示。

表 9.2 IEEE 754 国际标准的编码过程

步骤	内容	浮点数 V 对应的值
确定符号 S 的值	S=0：表示正数。S=1：表示负数	S=1
绝对值表示为二进制数	将 $|V|$ 表示为二进制数	$|V| = 0.023\ 437\ 5 \rightarrow 0.0000011$
规范化	将二进制数规范化为科学记数法表示形式	$V = 1.1 \times 2^{-6}$
指数 E 的补码表示	指数 E 表示为 8 位补码形式	$E = -6+127 = 121 = 01111001$
尾数 M 的简略表示	因 $1 \leqslant M < 2$，故只需要表示小数点后面的数值 M=1.1 → 小数点后面为 1 → 10000000000000000000000 23 位	
按 S、E、M 顺序排列	将符号 S、指数 E 和尾数 M 的上述编码按 S、E、M 顺序排列，得到最终表示形式： 1 01111001 10000000000000000000000 符号[占 1 位] 指数[占 8 位] 小数[占 23 位]	

2. 常见的二进制文件类型

二进制文件有很多类型，常见的二进制文件类型如表 9.3 所示。

表 9.3 常见的二进制文件类型

类型	说明
.bmp	图像文件的一种格式，数据量大，显像清晰
.jpg	具有较高压缩比的图像文件格式，目前使用广泛，数据量较小而分辨率较高
.mpeg	目前常见的视频文件格式，采用 MPEG（中间帧）压缩方式
.dat	常见的 VCD、CD 存储视频文件格式
.wav	常见的音频文件格式

9.1.3 不同文件类型的差别

无论是文本文件还是二进制文件，文件所保存的数据都是二进制序列。因此，文本文件是一种特殊的二进制文件。文本文件的处理对象是字符，因此无论是显示文件中的数据还是处理文件中的数据，都是以字符的形式来进行的。例如，打开文本文件时，我们看到的是其中所保存的字符，而不是比特流。对于前述的浮点数 $V = -0.023\ 437\ 5$，如果一定要利用文本文件来保存，则其在文本文件中存储的形式为：

< 190 >

0101101	0110000	0101110	0110000	0110010	0110011	0110100	0110011	0110111	0110101
'−'	'0'	'.'	'0'	'2'	'3'	'4'	'3'	'7'	'5'

二进制文件有很多类型，如图像文件类型中的.bmp 和.jpg 等，这些文件都是对数据进行了不同的技术处理，但处理之后的数据仍然按值进行编码而保存为二进制文件。

因此，无论是二进制文件还是文本文件，写入文件时会采用不同的编码方案，读取文件时也需要采用对应的译码方案，否则会引起乱码。

9.2 读取文本文件

文本文件可存储的数据量多得难以置信，包括天气预报、交通数据、社会经济数据和文学作品等。需要分析或修改文件中的信息时，都需要读取文件，对于数据分析、数据挖掘等方面的应用程序来说更是如此，例如，读取文本文件中的内容，重新修改数据格式并存入文件，以便浏览器等可以显示这些内容。为了使用文本文件中的数据，需要将这些数据读取到内存中：可以一次性读取文件中的全部内容，也可以一次一行地读取。

微课视频

9.2.1 读取整个文件

创建文本文件 digits.txt，其内容如表 9.4 中的左栏所示，其中的带圈数字表示行号，并不是文件的内容。中间一栏所显示的代码可以读取文件 digits.txt 并输出，输出结果见右栏。

表9.4 读取文件

文件内容	程序代码	输出结果
① 1	❶ with **open**('digits.txt') as f_object:	1
②	❷ contents = f_object.read()	
③ 23		23
④ 345	❸ **print**(contents)	345
⑤		
⑥ 456 7		456 7

1. 打开文件

收到对文件中所保存数据进行处理的任务后，哪怕仅仅是显示其内容，我们也需要首先打开这个文件，然后才能访问它。打开文件时，表 9.4 中语句❶做了大量操作。

（1）**open()**函数的参数

open()函数的作用就是把文件打开，要打开文件的文件名是这个函数的参数。Python 会在当前的目录中查找该文件。

（2）**open()**函数的返回结果

open()函数返回的是一个表示文件的对象。本例中，**open**('digits.txt')返回一个表示文件 digits.txt 的对象并将此对象赋给 f_object，供以后使用。

```
print(open('digits.txt'))        # 返回结果如下所示
                                 <_io.TextIOWrapper name='digits.txt' mode='r'
                                 encoding='cp936'>
```

< 191 >

```
print(f_object)        # 返回结果如下所示
                       <_io.TextIOWrapper name='digits.txt' mode='r' encoding='cp936'>
```

（3）关键字 with

如果不再需要访问文件，关键字 with 会将文件关闭。通常情况下，关闭文件 digits.txt 可以调用 close ('digits.txt')函数。但 close()函数会带来一个问题：如果程序存在 bug 导致 close()函数未执行，则文件不会正常关闭，未妥善关闭文件可能导致数据丢失或受损；如果在程序中过早调用 close()函数，则可能会发现需要文件时文件已经关闭而无法访问，即我们可能无法轻松确定关闭文件的恰当时机。

使用 with 语句可以避免上述两种情况，程序仅须利用 **open**()函数打开文件，Python 会在合适的时机自动将其关闭。建议使用 with **open**()语句将文件打开。

2．读取文件全部内容

表 9.4 中的语句❷调用文件对象 f_object 的 read()方法读取这个文件的全部内容，并将其作为一个长字符串赋给变量 contents。

```
>>> type(contents) Enter                      str
>>> contents Enter                            '1\n\n23\n345\n\n456 7'
>>> print('1\n\n23\n345\n\n456 7') Enter      1

                                              23
                                              345

                                              456 7
```

3．读取指定数量的字符

假设当前目录中文件 pi.txt 中的内容为 3.141 592 6，我们可以采用下面的方式指定一次读取的最多字符数。

```
with open('pi.txt','r') as f_object:     # 打开文本文件
content1 = f_object.read(1)              # 一次最多读取 1 个字符
print(content1)                          3
content5 = f_object.read(5)              # 一次最多读取 5 个字符
print(content5)                          .1415
content8 = f_object.read(8)              # 一次最多读取 8 个字符
print(content8)                          926
```

根据读取的内容可知，文件读取操作是从当前位置开始顺序读取的。

9.2.2 文件路径

像上例 **open**('digits.txt')那样，只给出文件名则表示在 Python 当前的工作目录中查找文件。如果要打开的文件不在当前目录，则应该怎么办呢？

1．相对文件路径

假设 Python 当前的工作目录是 D:\Python，而要打开的文件为 D:\Python\files\digits.txt，那么可以使用相对目录的表示方式。

```
open('files\digits.txt')                 # 在当前目录下的子目录 files 中查找文件
```

< 192 >

相对文件路径表示在当前工作目录下的子目录中查找文件。

2．绝对文件路径

除了相对文件路径，还可以利用绝对文件路径来指定文件，即文件的完整路径。文件 digits.txt 利用绝对文件路径可以表示为：D:\Python\files\digits.txt。由于绝对文件路径比较长，因此我们可以将其赋给一个变量，再将该变量传递给 **open**()函数。

```
① file_path = 'D:/Python/files/digits.txt'          # 定义文件的绝对文件路径
   with open(file_path) as f_object:
       contents = f_object.read()
```

显示文件路径时，Windows 操作系统是使用反斜杠 "\" 而不是使用斜杠 "/"。编写 Python 代码时，直接使用反斜杠将会引发错误，因为反斜杠用于字符转义。假如指定了路径 "D:\path\to\file.txt"，其中的\t 将解读为制表符而不是路径名称的一部分。如果一定要使用反斜杠，我们可对路径中的每个反斜杠进行转义，因此语句①可表示为：file_path = 'D:\\Python\\files\\digits.txt'。

9.2.3 逐行读取

读取文件时，通常需要检查文件中的每一行内容，如在每一行中查找特定信息、修改特定文本等。在这种情况下，无须一次读取文件全部内容再逐行进行处理，可以一次读取一行。

1．readlines()方法

读取文件中每一行的内容可以利用文件对象的 readlines()方法，如表 9.5 所示。

表 9.5　readlines()方法逐行读取文件内容

代码	说明与结果

`filename = 'digits.txt'`
`with open(filename) as file_object:`
①　`lines = file_object.readlines()`
②　`print(type(lines))`
③　`for line in lines:`
　　`print(line.rstrip())`
	`# 返回结果赋给 lines`
	`<class 'list'>`
	`# 遍历列表 lines`
	`1`
	
	`23`
	`345`
	
	`456 7`

语句①将文件对象 readlines()方法的返回结果赋给变量 lines，根据语句②输出的结果可知，变量 lines 的数据类型是列表，因此语句③利用 **for** 语句遍历列表中所有元素。根据语句③显示的结果也可以推知，列表 lines 中的元素值是文件 digits.txt 中的行内容。

2．直接利用文件对象

每次读取文件中的一行内容时，可以利用 for 循环直接对文件对象进行处理。

```
① filename = 'digits.txt'                    '''
   with open(filename) as file_object:        语句①将文件名赋值给字符串变量，并在 open()函数中
②      for line in file_object:               使用此字符串变量。语句②将文件对象中的一行内容赋给
          print(line)                          变量 line，然后输出
                                               '''
```

< 193 >

程序的输出结果如下左侧所示。可以发现，输出多了①至⑥行的 6 个空行。

```
  1
①

②
  23
③
  345
④

⑤
  456 7
⑥
```

为了查找其中的原因，请看下面名为 read_digits.py 的程序。这个程序将每行的内容读取到列表变量 line_content 中，然后输出此列表变量中的所有元素。可以看到，line_content 中的内容与原文件相同，上个例子中之所以会多出 6 个空行，问题在 **print**(line)语句：此语句会在输出 line 中的字符串后自动将打印机（**print**()语句模拟了打印机的功能）当前的打印位置移动到下一行的行首位置。这相当于在 line 中的字符串中又加上了一个换行符"\n"，因此每行末尾都有两个换行符：一个来自文件（输入文件内容时按 Enter 键得到的），另一个来自 **print**()函数。

文件名：read_digits.py

```
filename = 'digits.txt'
line_content = []                                # 初始化列表
with open(filename) as file_object:
    for line in file_object:
        line_content.append(line)                # 当前行内容追加到列表中
print(line_content)                              # 输出内容如下所示
[  '1\n',        '\n',        '23\n',  '345\n',  '\n',  '456 7'        ]
```

第1 行内容, 有 Enter   第2 行内容, 只有 Enter   ……   ……   ……   最后一行内容, 没有 Enter

如果要消除多余的空白行，则可以调用字符串的 rstrip()方法。

```
filename = 'digits.txt'                  1
with open(filename) as file_object:
    for line in file_object:             23
        print(line.rstrip())             345

                                         456 7
```

通过上面的程序，我们也可以了解到，文件对象中的数据是按行保存的，即利用 Enter 键（Python 中的符号"\n"）来分隔字符串。

9.2.4 文本文件的编码

如前所述，文本文件用来保存字符。除了标准的 ASCII 和 Unicode 外，还有很多其他的编码方案，打开文本文件时可以指定编码方式。

☞ **open**(**file**,mode = 'r',encoding = None)

< 194 >

可以看到，encoding 的默认值为 None，即使用操作系统的默认编码。我们可以使用下面的命令查看操作系统的默认编码方式。

```
>>>import sys                          # 导入所需的 sys 模块
>>>sys.getdefaultencoding()            'utf-8'
```

Python 内置的编码方式包括常见的 utf-8、ascii、utf-16 和 utf-32 以及 latin-1 等，我们可以使用下面的语句指定编码方式。

```
with open('digit.tex',mode = 'w',enconding = 'utf-32')as f_object
```

9.2.5　使用文件的内容

将文件的内容读取到内存中后，就可以使用这些数据了。下面给出一个简单的例子。

```
filename = 'digits.txt'
with open(filename) as file_object:
    lines = file_object.readlines()
num = ''                                # 初始化字符串变量 num
for line in lines:
    num += line.rstrip()
print(num)                              123345456 7
new_num = num.replace('□','')          # 用''代替空格'□'
print(new_num)                          1233454567     # 删除了 num 中的空格
```

由这个例子看出，读取文本文件时，Python 将其中的所有文本都解读为字符串。如果其中的内容是数字，并要将其作为数值使用，则应该使用类型转换 **int**()或者 **float**()函数。

9.3　写入文本文件

前面所有示例中输出的数据都显示在终端窗口中，当退出程序或者退出 Python 解释器时，数据就会从终端窗口中消失，也会从内存中消失。为了永久保存数据，我们可以将其写入文件中，只要文件存在，数据也会存在，并且可以利用适当的编辑器查看文件、与别人分享文件以及利用程序处理文件中的数据。

9.3.1　写入空文件

1．write()方法

根据文件读取的做法，可以推测：将数据写入一个文件，首先要将此文件打开为一个文件对象，然后才可对文件对象进行相应的操作。

```
  filename = 'olympics.txt'                        # 要写入数据的文件名

① with open(filename,'w')as file_object:          # 以 "w" 模式打开文件
②     file_object.write('Together For Future!')    # 写入数据
③     lines = file_object.readlines()              UnsupportedOperation: not
                                                    readable

  print(lines)
```

< 195 >

语句①以**写入模式**（"w"）打开文件，创建文件对象；语句②调用文件对象的 write()方法写入字符串'Together For Future!'；语句③调用文件对象的 readlines()方法读取文件内容，但程序报错：UnsupportedOperation：not readable。这是因为语句①打开文件时指定了打开模式"w"，无法读取文件内容。尽管如此，在当前目录中可以发现文件 olympics.txt 已经存在，利用 Windows 操作系统中的记事本查看文件，其内容与写入内容一致。

如果要写入的文件不存在，**open()**函数会自动创建此文件；如果文件已经存在，**open()**函数会清空文件中已有内容后返回文件对象。Python 只能将字符串写入文本文件。如果要写入数值数据，则可利用 **str()**函数将其转换为字符串再写入。

2. 文件打开模式

利用 **open()**函数打开文件时，可指定文件打开模式，如表 9.6 所示。

表 9.6　文件打开模式

文件打开模式	说明	文件打开模式	说明
'w'	写入模式	'r'	读取模式（只读模式）
'a'	追加模式	'r+'	读写模式
默认值	—	—	—

根据上述文件模式，上例中语句①修改为下面语句就可以调用文件对象的 readlines()方法。

```
with open(filename,'r+')as file_object:
```

9.3.2　写入多行

下面的代码试图在文件中写入两行文本。

```
filename = 'olympics.txt'

with open(filename,'w') as file_object:
    file_object.write('Together For Future!')
    file_object.write('Welcome To Beijing!')
```

```
'''
利用 Windows 操作系统中的记事本打开
文件，显示文件内容为：Together For
Future!Welcome To Beijing!
'''
```

打开文件后却发现，文件中只有一行内容，而不是所期望的两行。这是因为文件对象的 write()方法不会在行末自动添加换行符，所以需要在程序中添加换行符（"\n"）。

```
filename = 'olympics.txt'

with open(filename,'w') as file_object:
    file_object.write('Together For Future!\n')
    file_object.write('Welcome To Beijing!\n')
```

9.3.3　追加到文件

如果要在原文件的基础上追加内容，而不是像"w"模式那样先删除再写入，则可在 **open()**函数中指定参数"a"（**追加模式**）。追加模式会在文件的末尾添加行，如果指定的文件不存在，Python 会自动创建一个空文件。

假设文件 olympics.txt 当前的内容为"Together For Future!\nWelcome To Beijing!\n"，下面的代码在

< 196 >

此文件的末尾添加一行字符串"Welcome to Python!"。

```
filename = 'olympics.txt'                      # olympics.txt 的内容
                                               Together For Future!
with open(filename,'a')as file_object:         Welcome To Beijing!
    file_object.write('Welcome to Python!\n')   Welcome to Python!
```

9.4 读写二进制文件

9.4.1 创建二进制文件对象

若要读写二进制文件，则在打开文件创建文件对象时指定模式为"b"即可，如表 9.7 所示。

表 9.7　创建二进制文件对象

方法	说明
open(filename,'rb')	以读取模式打开二进制文件 filename
open(filename,'r+b')	以读写模式打开二进制文件 filename，若文件不存在，触发 FileNotFoundError
open(filename,'wb')	以写入模式打开二进制文件 filename，若文件不存在，则创建它
open(filename,'xb')	以写入模式创建二进制文件 filename，若文件已存在，则触发 FileExistsError
open(filename,'ab')	以追加模式打开二进制文件 filename，若文件不存在，则创建它

9.4.2 bytes 类型

如前所述，文本文件的处理对象是字符，无论是写入还是读取，都是以字符的形式进行的。但在某些应用场合，我们并不关心某个字节所代表的具体字符。例如，利用套接字（socket）进行网络编程时，我们更关注数据传输的有效性而不是传输了哪个字符，这时可以利用 Python 3 中新引入的 bytes 类型的数据，将 0～255 范围内的整数表示为字节，而这正好涵盖了 ASCII 中的字符，因此也可以将字符表示为 bytes 类型。与字符串类型一样，bytes 类型的数据是不可变对象。

1. 创建 bytes 常量

利用下列 4 种方法可以创建 bytes 常量，如表 9.8 所示。

表 9.8　创建 bytes 常量

方法	举例	说明
单引号	b'a'	包含在单引号中的字符串可以包含双引号。例如，b'ab"10"'是正确的。而 b'国'将引发错误（SyntaxError: bytes can only contain ASCII literal characters）
双引号	b"20"	包含在双引号中的字符串可以包含单引号。例如，b"ab'10'"
三单引号	b'''2&0'''	可以跨行
三双引号	b"""2andC"""	可以跨行

2. 创建 bytes 对象

利用下面的方法可以创建 bytes 对象，如表 9.9 所示。

< 197 >

表 9.9　创建 bytes 对象

方法	结果	说明
bytes()	b''	创建空的 bytes 对象
bytes(3)	b'\x00\x00\x00'	创建 3 个 bytes 对象，各字节为 0
bytes((1,3))	b'\x01\x03'	利用可迭代对象创建 bytes 对象
bytes([2,5])	b'\x02\x05'	利用可迭代对象创建 bytes 对象
bytes('a','utf-8')	b'a'	利用字符串创建 bytes 对象，需指定编码方式
bytes((345,))	ValueError: bytes must be **in range**(0, 256)	利用可迭代对象创建 bytes 对象时，可迭代对象中元素的值不能超过 256

3. 编码和译码

字符串可以通过 **str**.encode()方法编码为 bytes 对象，通过 bytes 的 decode()方法译码为字符串，如表 9.10 所示。

表 9.10　编码和译码

举例	结果
s = 'AandB' b = s.encode() **print**(b)	# 默认'utf-8' AandB
s = '中国' b = s.encode() **print**(b)	# 默认'utf-8' 中国
s = '中国' s.encode('ascii')	UnicodeEncodeError: 'ascii'codec can't encode characters in position 0-1: ordinal not in range(128)

9.4.3　写入二进制文件

利用 write()方法可以将数据写入二进制文件。

```
with open('a.dat','wb') as f_object:          # 以写入模式打开二进制文件
    f_object.write(b'1and2')                   # 写入 bytes 类数据
    f_object.write(b'is')                      # 写入 bytes 类数据
```

9.4.4　读取二进制文件

利用 read()方法可以读取二进制文件中的数据。

```
with open('a.dat','rb') as f_object:          # 以读取模式打开二进制文件
    content1 = f_object.read(2)                # 读取 2 字节数据
    print(content1)                            b'1a'
    content2 = f_object.read()                 # 从当前位置读取剩余数据直至文件结尾
    print(content2)                            b'nd2is'
with open('a.dat','rb') as f_object:
    content = f_object.read(-1)                # -1: 读取当前位置至文件结尾的全部数据
    print(content)                             b'1and2is'
with open('a.dat','rb') as f_object:
    f_object.read(1)
    content = f_object.read(None)              # None: 读取当前位置至文件结尾的全部数据
    print(content)                             b'and2is'
```

< 198 >

9.5　读写 CSV 文件

9.5.1　CSV 文件简介

CSV（Comma-Separated Values，逗号分隔值）文件以纯文本形式存储表格数据，常用于 Excel 和数据库中数据的导入和导出。因此，CSV 文件的一般格式如下面的 students.csv 文件所示。

文件名：**students.csv**

```
学号,姓名,班级,总分
2201,Linda,一班,603
2202,Peter,二班,598
2203,Emma,一班,601
```

CSV 文件的每一行称为一条记录，文件所包含的记录条数任意，记录之间利用换行符等特殊字符分隔，通常情况下文件的第 1 条记录用来表明字段的含义，余下的记录才是实际数据。余下每条记录由若干字段值组成，不同字段值利用逗号作为分隔符。例如，上例中 2201、Linda 等都是字段值，它们之间利用逗号分隔，这也是此类文件称为**逗号分隔值**格式文件的原因。以逗号作为分隔符是标准的 CSV 文件。除了标准的 CSV 文件外，还有一些变形，如利用 tab 键作为分隔符，因此 CSV 文件有时也可称为**字符分隔值**格式文件。

通常情况下，所有记录都有完全相同的字段，因此 CSV 是一种结构化的纯文本文件，其格式相对简单，在工程、金融、商业和科学领域得到广泛应用。

Python 标准库模块 csv 用于读写 CSV 格式文件。

9.5.2　读取 CSV 格式文件

根据 csv 模块对 CSV 数据的处理方式，CSV 格式文件的读取可以分为两种：列表方式和字典方式。以列表方式读取 CSV 格式文件时，csv 模块首先创建一个称为 reader 的类，然后调用 reader 类的实例方法读取数据；以字典方式读取 CSV 格式文件时，csv 模块首先创建一个称为 DictReader 的类，然后通过调用 DictReader 类的实例方法进行数据读取。

1．reader 类的实例方法

与 Python 中创建类实例的方法一样，reader 类的实例通过调用 reader() 函数来创建，因此 reader() 函数返回 reader 类的一个实例。这个实例与列表、字符串以及 **open**() 函数所返回的文件对象一样，可以进行迭代，因此利用循环语句（如 **for** 语句）可以读取 reader 类实例中的数据。

```
import csv                          # 导入所需的 csv 模块
L = []                             # 创建空列表，用于后续语句保存读取的行
with open('students.csv','r')as f:  # 以文本文件的只读模式打开 CSV 文件
    csv_R = csv.reader(f)           # 创建 reader 类的实例 csv_R
    row_num = 0                     # 初始化行号
①  for row in csv_R:               # 可以对 csv_R 中的数据进行迭代
        row_num += 1
        print("第",row_num,"行: ",row)  # 显示行内容
        print()                     # 输出一空行
        L.append(row)               # 行内容追加到列表
```

< 199 >

```
    print(type(row))                          <class 'list'>
    print(type(csv_R))                        <class '_csv.reader'>
②  print(L)
```

程序的输出结果如下。

语句①for 循环的输出结果 | # 语句②输出结果

```
第 1 行： ['学号','姓名','班级','总分']    [['学号','姓名','班级','总分'],['2201',
                                        'Linda','一班','603'],['2202','Peter',
第 2 行： ['2201','Linda','一班','603']    '二班','598'],['2203','Emma','一班',
                                        '601']]
第 3 行： ['2202','Peter','二班','598']

第 4 行： ['2203','Emma','一班','601']
```

根据输出结果可以发现，csv.reader()函数返回一个 reader 类实例，此实例中每行数据是一个列表，列表中的元素是一个个字符串，这些字符串就是 CSV 格式文件中的字段。

2．DictReader 类的实例方法

与创建 reader 类实例的方法相同，DictReader()函数用于创建 DictReader 类的一个实例，这个实例与列表、字符串以及 reader 类实例一样，可以进行迭代，因此利用循环语句（如 **for** 语句）可以读取 DictReader 类实例中的数据。

```
    import csv                              # 导入所需的 csv 模块
    Ldict = []                              # 创建空列表，用于后续语句保存读取的行
    with open('students.csv','r') as f:     # 以文本文件的只读模式打开 CSV 文件
        csv_D = csv.DictReader(f)           # 创建 DictReader 类的实例 csv_D
        row_num = 0                         # 初始化行号
①       for row in csv_D:                   # 可以对 csv_Dict 中的数据进行迭代
            row_num += 1
            print("第",row_num,"行: ",row)   # 显示行内容
            Ldict.append(row)               # 行内容追加到列表
    print(type(row))                        <class 'dict'>
    print(type(csv_D))                      <class 'csv.DictReader'>
②  print(Ldict)
```

程序的输出结果如下。

```
# 语句①for 循环的输出结果
第 1 行： {'学号':'2201','姓名':'Linda','班级':'一班','总分':'603'}
第 2 行： {'学号':'2202','姓名':'Peter','班级':'二班','总分':'598'}
第 3 行： {'学号':'2203','姓名':'Emma','班级':'一班','总分':'601'}
# 语句②输出结果
[{'学号':'2201','姓名':'Linda','班级':'一班','总分':'603'}, {'学号':'2202','姓名':
'Peter','班级':'二班','总分':'598'}, {'学号':'2203','姓名':'Emma','班级':'一班',
'总分':'601'}]
```

根据输出结果可以发现，csv.DictReader()函数返回一个 DictReader 类实例，此实例中每行数据是一个字典，字典中的元素当然是键值对，键是 CSV 格式文件中第 1 条记录的各个字段，值则为每条实际

< 200 >

记录相对应的字段，键和值均为字符串。由于 DictReader 类会读取 CSV 格式文件的第 1 条记录作为键，因此 CSV 格式文件的第 1 条记录须为字段含义说明数据，否则读取的数据有误。例如，假设 CSV 格式文件的第 1 条记录不是说明字段，则语句②的输出结果如下。

```
# 没有说明字段的 CSV 格式文件              # 语句②的输出结果
2201,Linda,一班,603                      [{'2201':'2202','Linda':'Peter','一班':'二班',
2202,Peter,二班,598                      '603':'598'}, {'2201':'2203','Linda':'Emma',
2203,Emma,一班,601                       '一班':'一班','603':'601'}]
```

9.5.3　写入 CSV 格式文件

csv 模块在将数据写入 CSV 文件时，采取了与读取 CSV 文件类似的做法：列表方式和字典方式。列表方式通过 writer 类的实例方法实现，字典方式则通过 DictWriter 类的实例方法实现。

1. writer 类的实例方法

writer 类有以下两种实例方法可以将列表数据写入 CSV 文件。

第 1 种是 writerow()方法。

```
import csv                                      # 导入所需的 csv 模块
gender_list = [['姓名','性别'],['Linda','女'],['Peter','男']]
with open('gender.csv','w') as f:               # 以文本文件的写入模式打开
    csv_W = csv.writer(f)                       # 创建 writer 类的实例 csv_W
    for item in gender_list:                    '''
        csv_W.writerow(item)                    调用 writer 类的 writerow()方法将列表中的元素
                                                写入 writer 类的实例，一次写入一行
                                                '''
print(type(csv_W))                              <class '_csv.writer'>
```

第 2 种是 writerows()方法。

```
import csv
gender_list = [['姓名','性别'],['Linda','女'],['Peter','男']]
with open('gender2.csv','w') as f:
    csv_w2 = csv.writer(f)
    csv_w2.writerows(gender_list)               '''
                                                调用 Writer 类的 writerows()方法将列表中的元
                                                素写入 writer 类实例，一次性写入
                                                '''
```

由此可见，writer 类可将列表类型的数据写入 CSV 格式文件。

2. DictWriter 类的写入方法

调用 DictWriter 类的有关方法可以将字典数据写入 CSV 格式文件中。

```
import csv
d_list = [{'姓名':'Linda','性别':'女'},{'姓名':'Peter','性别':'男'}]
```
列表元素为字典类型

< 201 >

```
with open('gender3.csv','w') as f:
    csv_w3 = csv.DictWriter(f,fieldnames = ['姓名','性别'])     # 返回 DictWriter 类
                             指定键，即 CSV 格式文件的第 1 条记录
    csv_w3.writeheader()            # fieldnames 中的数据作为 CSV 文件中的第 1 条记录
    for item in d_list:
        csv_w3.writerow(item)       # 一行行写入记录
    csv_w3.writerows(d_list)        # 一次性写入所有数据
```

9.5.4 dialect 属性集

利用 Windows Excel 打开前面写入数据的 CSV 格式文件 gender2.csv 时，可以发现记录多了两个空行。造成这个问题的原因是 csv 模块在创建用于读取和写入的类时，默认指定了参数 dialect='excel'，例如，前述的语句 csv_w2=csv.writer(f)等同于语句 csv_w2=csv.writer(f,dialect='excel')。

参数 dialect 为属性集，指定了一套属性。参数 dialect='excel'表明前述的 writer 类实例 csv_w2 使用 Excel 生成 CSV 文件时所使用的格式属性。Excel 生成 CSV 格式文件时可以指定的格式属性较多，其中两个重要的属性如表 9.11 所示。

表 9.11　dialect 中的两个重要属性

属性及其值	说明
delimiter=','	逗号 "," 作为记录中不同字段的**分隔符**
lineterminator='\r\n'	"\r\n" 作为不同记录间的分隔符，即**换行符**

gender2.csv 中有多余空行，因为换行符指定为 lineterminator='\r\n'。其解决的办法如下。

```
import csv
gender_list = [['姓名','性别'],['Linda','女'],['Peter','男']]
with open('gender0.csv','w')as f:
    csv_w0 = csv.writer(f,lineterminator='\n')
# 或  csv_w0 = csv.writer(f,lineterminator='\r')
    csv_w0.writerows(gender_list)
```

9.6　JSON 文件

9.6.1 JSON 文件简介

JSON 是 JavaScript Object Notation（JavaScript 对象表示法）的缩写，JSON 文件是一种文本文件。Web 应用程序通常使用 JSON 文件来共享或交换数据，因为这种格式可以在应用程序之间交换纯文本数据。JSON 文件特别适用于字段较多的大型数据，其具有的特点如表 9.12 所示。

表 9.12　JSON 文件的特点

特点	说明
轻量级	JSON 是轻量级的文本数据交换格式，数据量少
独立于语言	JSON 使用 JavaScript 语法来描述数据对象，但 JSON 仍然独立于语言和平台。JSON 解析器和 JSON 库支持许多不同的编程语言。很多编程语言都支持 JSON，如 PHP、JSP、.NET 和 Python 等

< 202 >

特点	说明
层次结构	JSON 具有简洁、清晰的层次结构，这使得 JSON 成为理想的数据交换语言，既易于阅读和编写，又易于机器解析和生成

9.6.2 JSON 文件的数据结构

1. 数据的结构

从结构上看，所有的数据可以分为 3 种基本类型，如表 9.13 所示。

表 9.13 数据的基本类型

基本类型	说明
标量类型	单独的字符串或数值属于标量类型，例如，"Linda"和 165 等属于此类
序列类型	具有相同性质的数据排列在一起构成一个序列，数据之间是并列关系，例如，["Linda","Emma"]和 [165,162]等都属于此类
映射类型	两个数据具有一一对应的映射关系，即数据有一个名称，还有一个与之对应的值，例如，name:Linda 等属于此类

2. JSON 文件语法

对于上述 3 种基本类型，不同的计算机编程语言利用不同的语法来实现。例如，Python 利用单个字符串、整数以及实数等表示标量类型数据，利用列表表示序列类型数据，利用字典表示映射类型数据。JSON 是如何实现的呢？JSON 实现数据的 3 种基本类型说明如表 9.14 所示。

表 9.14 JSON 实现数据的 3 种基本类型说明

基本类型	说明
标量类型	标量类型的数据包括数值（包括整数和浮点数）、用双引号括起来表示的字符串、布尔值（true 和 false）和空值（Null）
序列类型	序列类型的数据利用方括号"[ ]"表示，数据之间利用逗号","分隔。此种类型的数据称为**数组**，形如**[数据 1,数据 2,……,数据 N]**
映射类型	映射关系利用冒号":"表示，利用大括号"{ }"表示映射数据的集合（即映射数据组成的序列）。此种类型的数据称为**对象**，形如**{键 1:值 1,键 2:值 2,……,键 N:值 N}**

关于数据类型的代码举例如下。

（1）具有嵌套结构的对象

文件名：**metroD.json**

```
{
     键                         值：键值对组成的对象
"metropolis1":{"ID":1,"name":"北京","area":["海淀区","昌平区"]},
"metropolis2":{"ID":2,"name":"上海","area":["静安区","浦东区"]}
                               键   值：序列数据组成的数组
}
```

< 203 >

（2）具有嵌套结构的数组

文件名：**metroL.json**

```
[
```
数据1：键值对组成的对象

```
{"ID":1,"name":"北京","area":["海淀区","昌平区"]},
{"ID":2,"name":"上海","area":["静安区","浦东区"]}
```
数据2：键值对组成的对象

```
]
```

9.6.3 写入 JSON 文件

Python 标准库提供了 json 模块来创建和读取 JSON 格式的文件和数据。将 Python 中的数据写入 JSON 文件的函数为 dump()，将 Python 中的数据转换为 JSON 字符串的函数为 dumps()。

1. 数据为对象类型的 JSON 文件

```
import json                                              # 导入所需的json模块
cities = {
        "metropolis1":{"ID":1,"name":"北京","area":["海淀区","昌平区"]},
        "metropolis2":{"ID":2,"name":"上海","area":["静安区","浦东区"]}
}
print(type(cities))                                      <class 'dict'>
with open(r'metroD.json','w') as f:                      # 以文本文件的写入模式打开，默认
                                                         # 为utf-8编码
    json.dump(cities,f, ensure_ascii = False)            # 将cities写入json文件
            适用于字符串中有中文字符的情况
cities_json = json.dumps(cities,ensure_ascii = False)    # 将Python中数据cities转换为
            适用于字符串中有中文字符的情况                 # JSON字符串
print(type(cities_json))                                 <class 'str'>
print(cities_json)                                       # 结果如下
{"metropolis1":{"ID":1,"name":"北京","area":["海淀区","昌平区"]},"metropolis2":
{"ID":2,"name":"上海","area":["静安区","浦东区"]}}
```

2. 数据为数组类型的 JSON 文件

```
import json                                              # 导入所需的json模块
cities = [\
        {"metropolis1":{"ID":1,"name":"北京","area":["海淀区","昌平区"]}},\
        {"metropolis2":{"ID":2,"name":"上海","area":["静安区","浦东区"]}} \
        ]
print(type(cities))                                      <class 'list'>
with open(r'metroL.json','w') as f:                      # 以文本文件的写入模式打开，默认
                                                         # 为utf-8编码
    json.dump(cities,f, ensure_ascii = False)            # 将cities写入json文件
            适用于字符串中有中文字符的情况
```

< 204 >

9.6.4　读取 JSON 文件

json 模块中，读取 JSON 文件的为 load()函数，此函数会将 JSON 文件中的数据解析为 Python 中对应的数据类型。将 JSON 字符串解析为 Python 数据类型的为 loads()函数。

```
import json                              # 导入所需的 json 模块
with open(r'metroL.json','r') as f:     # 以文本文件的只读模式打开，默认为 utf-8 编码
                                         # 将 JSON 文件中的数据读入到 Python 中，并转换为
    cities = json.load(f)                # Python 中的数据类型
print(type(cities))                      <class 'list'>
print(cities)                            [{'metropolis1':{'ID':1,'name':'北京',
                                         'area':['海淀区','昌平区']}},
                                         {'metropolis2':{'ID':2,'name':'上海',
                                         'area':['静安区','浦东区']}}]
cities_json = json.dumps(cities)         # 将 Python 数据转换为 JSON 字符串
print(type(cities_json))                 <class 'str'>
cities_load = json.loads(cities_json)    # 将 JSON 字符串转换为 Python 数据类型
print(type(cities_load))                 <class 'list'>
print(cities_load)                       # 结果如下
[{'metropolis1':{'ID':1,'name':'北京','area':['海淀区','昌平区']}},
{'metropolis2':{'ID':2,'name':'上海','area':['静安区','浦东区']}}]
```

9.7　异常

引例 9.1　计算两数相除，除数为 0，查看触发的错误类型。

```
① print(10 / 0)                          ZeroDivisionError: division by zero
② print(10 / 2)
```

执行语句①时程序抛出了 ZeroDivisionError 类型的异常。Python 使用**异常**来管理程序出现的错误，**异常**是一类特殊对象。Python 解释器在抛出了异常以及附加说明后，会退出程序，语句②未得到执行。这种处理方式过于粗暴，我们可以利用 **try-except** 语句更温和地处理异常。

9.7.1　try-except 语句

对于引例 9.1，利用 **try-except** 代码块可以更妥善地处理可能引发的异常。

```
  try:
①     print('Welcome!')                  Welcome!
②     print(10 / 0)
③     print('Hello!')
  except ZeroDivisionError:
④     print("can't divide by ZERO!")     can't divide by ZERO!
⑤     print("try again!")                try again!

⑥ print(10 / 2)                          5.0
```

< 205 >

根据运行结果，可以了解到上述代码的执行过程如下。

（1）处理 **try** 复合语句。按照逻辑顺序，执行复合语句中的语句①，得到期望的输出。

（2）执行语句②时触发了 ZeroDivisionError 异常，程序开始在 **except** 中查找与此异常匹配的代码，因此 **try** 复合语句中的语句③未得到执行。

（3）触发 **except** 复合语句后，按照逻辑顺序顺利执行语句④、⑤，得到期望的输出结果。

（4）处理完 **try-except** 代码块后，按顺序执行语句⑥。

（5）如果 **try** 复合语句未触发异常，程序就会忽略 **except** 复合语句。

本例中 **try** 代码块触发了 ZeroDivisionError 异常，并在执行 **except** 代码块时输出了更为友好的错误信息。

9.7.2 避免程序崩溃

发生错误时，如果程序还有工作尚未完成，妥善地处理错误就显得尤其重要。这种情况经常会出现在要求用户输入数据的程序中。如果程序能够妥善地处理无效输入而不是直接结束程序的运行，程序就可以重新提示用户提供有效输入，而不至于崩溃。

例如，在下面的程序中，提示用户输入两个数，只要输入的两个数据中有一个是 "q"，就结束 **while** 循环，否则，就计算第 1 个输入数据和第 2 个输入数据的商。在计算商时，如果触发了 ZeroDivisionError 类异常，程序执行 **except** 复合语句中输出语句，执行完后退出 **try-except-else** 代码块；如果未触发 ZeroDivisionError 类异常，程序执行 **else** 复合语句，输出两个输入数据的商。

```
message = "input two numbers\n"
message += "enter 'q' to exit"
print(message)


toDo = True
while toDo:
    first = input("first number:")
    second = input("second number:")
    if first == 'q' or second == 'q':
        toDo = False
    else:
        try:
            answer = int(first) / int(second)
        except ZeroDivisionError:
            print("can't divide by 0!")
        else:
            print("answer:",answer)
```

```
input two numbers
enter 'q' to exit

first number:2 Enter
second number:4 Enter
answer: 0.5

first number:2 Enter
second number:0
can't divide by 0!

first number:3 Enter
second number:q Enter
```

由上例可知，通过预测可能发生错误的代码，可编写出更为健壮的程序。即便面临无效数据或其他导致程序崩溃的情况，异常处理语句也能保证程序继续运行，从而妥善处理用户的无意错误或恶意攻击。

9.7.3 处理 FileNotFoundError 异常

使用文件时，一种常见的问题是找不到文件，这是因为：文件可能保存在其他目录中，文件名可

< 206 >

能不正确，或者这个文件根本就不存在。对于所有这些情形，都会触发 FileNotFoundError 类型的异常，因此可使用 **try-except-else** 代码块更妥善地进行处理。

下面的代码试图打开并不存在的文件 BingDunDun.txt，触发了 FileNotFoundError 类型的异常。

```
filename = 'BingDunDun.txt'                    FileNotFoundError: [Errno 2] No such
                                               file or directory: 'BingDunDun.txt'
① with open(filename,encoding = 'utf-8')as f:
      contents = f.read()
```

语句①的 **open**()函数中指定了参数 encoding='utf-8'。如果操作系统的默认编码与要打开的文件所使用的编码不一致时，必须指定此参数。

很明显，文件异常由 **open**()函数引发，我们可以像下面这样使用 **try-except** 语句来更妥善地处理此类异常。

```
filename = 'BingDunDun.txt'

try:
    with open(filename,encoding = 'utf-8') as f:
        contents = f.read()
except FileNotFoundError:
    print(filename,"does not exist.")          BingDunDun.txt does not exist.
```

9.7.4 触发异常时不输出任何信息

前面的示例中，程序触发异常时会输出比较友好的信息，但其实也可以不输出任何信息而让程序悄悄地继续执行，就像什么都没有发生一样。

```
    def count_words(filename):
        try:
            with open(filename,encoding = 'utf-8') as f:
                contents = f.read()
        except FileNotFoundError:
①           # print(filename,"does not exist.")
②           pass
        else:
            words = contents.split()
            num_words = len(words)
            print(filename,"has about ",num_words,"words.")
```

对示例中的 count_words 函数，将语句①改为语句②。触发异常时，将执行 **except** 复合语句中的 **pass** 语句。**pass** 是 Python 中的关键字，Python 解释器会跳过此处，什么都不做：既不会显示 Python 解释器输出的 traceback 信息，也不会显示任何自定义信息。除了让 Python 解释器跳过此处按照逻辑顺序继续运行外，**pass** 语句还充当了占位符，提醒开发者在这个地方程序啥也没有做，以后可以在这个地方做点什么。

< 207 >

9.8 案例：分析文本文件的统计特性

9.8.1 字符串的统计特性

1. 字符串分解为单词列表：split()方法

下面看一看如何将字符串分解为单词。

```
    string = "Life is shorter,and shorter"
①   words = string.split()
    print(type(words))                <class 'list'>
    print(words)                      ['Life','is','shorter,','and','shorter']
```

语句①调用了字符串方法 split()，以空格为分隔符将字符串分拆为单词。split()方法返回一个列表，此列表中的元素为单词（字符串类型）。可以发现，有些单词包括标点符号。

2. 统计单词数：len()函数

利用 split()方法返回的单词列表可以统计单词数。

```
num_words = len(words)
print("The string has ",num_words,"words")    The string has 5 words
```

3. 统计词频：count()方法

利用 count()方法可以统计某个单词出现的次数。

```
string = "Row,row,row your boat"
print(string.count('row')                2
print(string.lower().count('row'))       3
```

9.8.2 统计单个文本文件的单词数

我们已经统计了字符串中某个单词的词频，在此基础上，现在统计单个文本文件 alice.txt 中所包含的单词数。文本文件 alice.txt 可从古登堡计划官网免费下载。

文件名：**moduleCountWords.py**

```
def count_words(filename):
    try:
        with open(filename,encoding = 'utf-8') as f:
            contents = f.read()
    except FileNotFoundError:
        print(filename,"does not exist.")
    else:
        words = contents.split()
        num_words = len(words)
        print(filename,"has about ",num_words,"words.")
filename = 'alice.txt'
count_words(filename)                    alice.txt has about 18404 words.
```

< 208 >

9.8.3　统计多个文本文件的单词数

利用 moduleCountWords 模块中的 count_words()函数可以统计多个文本文件的单词数。

```
from moduleCountWords import count_words

filenames = ['alice.txt','hamlet.txt','wilson.txt','romeo.txt']
for filename in filenames:
    count_words(filename)
```

程序的输出结果如下。

```
  alice.txt has about 18404 words.      '''
  hamlet.txt has about 34868 words.     for 循环遍历到并不存在的文件 wilson.txt 时，触发了
① wilson.txt does not exist.            FileNotFoundError 异常，但并未退出程序，而是输出
② romeo.txt has about 29001 words.      信息①，继续遍历下一个文件 romeo.txt，输出信息②
                                        '''
```

本案例中，**try-except** 代码块的使用具有两个重要的优点：避免显示 traceback 信息，程序可以继续执行直至正常退出。如果没有使用 **try-except** 代码块，程序在触发了异常后退出，不会统计 romeo.txt 文件所包含的单词数。

习题

一、选择题

1. 下列关于 Python 文件打开模式的描述中，错误的选项是（　　）。

   A. 创建写模式：c　　B. 追加写模式：a　　　C. 只读模式：r　　　D. 覆盖写模式：w

2. 下列关于 open()函数中"+"打开模式的描述中，正确的选项是（　　）。

   A. 与 r,w,a,x 共同使用，具有同时读写功能　　B. 一种写文件模式

   C. 追加写模式　　　　　　　　　　　　　　D. 一种读文件的模式

3. 不是 Python 文件打开模式的是（　　）。

   A. bw+　　　　　　　B. br+　　　　　　　C. bx　　　　　　　D. wr

4. 下列关于 open()函数的文件名参数的描述中，错误的选项是（　　）。

   A. 参数对应的文件名不可以是一个目录

   B. 参数对应的文件名可以是相对路径

   C. 参数对应的文件如果不存在，打开时会报错

   D. 参数对应的文件名可以是绝对路径

5. 如果使用 open()函数打开 Windows 操作系统 D 盘 python 目录下的文件，路径描述错误的选项是（　　）。

   A. D:\python\a.txt　　B. D://python//a.txt　　C. D:\\python\\a.txt　　D. D:/python/a.text

6. 下列不是 Python 文件读操作方法的是（　　）。

   A. readlines()　　　　B. read()　　　　　　C. readchar()　　　　D. readline()

7. 下列关于 Python 对文件处理的描述中，错误的选项是（　　）。

   A. Python 能够以文本和二进制两种方式处理文件

< 209 >

B. 文件使用结束后应利用 close()方法关闭文件，释放文件的使用权

C. Python 使用 open()函数打开一个文件

D. Python 源文件默认的编码方式为 Unicode

8. 下列关于 CSV 文件的描述中，错误的选项是（　　）。

A. CSV 格式是一种通用的文件格式，可在程序之间传递数据

B. CSV 文件每行的数据项必须由逗号分隔

C. CSV 文件的每一行是一个一维数据

D. 整个 CSV 文件是一个二维数据

9. 下列不是文件操作函数的选项是（　　）。

A. writeline()　　　　B. writelines()　　　　C. open()　　　　D. close()

10. 表达式","join(lst)中，lst 是列表类型，下列对该表达式的作用描述正确的选项是（　　）。

A. 将逗号添加到列表 lst 中，作为列表的最后一个元素

B. 将逗号添加到列表 lst 中，作为列表的第 1 个元素

C. 将列表 lst 中的所有元素连接成一个字符串，元素之间添加一个逗号

D. 在列表 lst 的每个元素后面添加一个逗号

11. 下列不能从文件中读取数据的方法是（　　）。

A. readlines()　　　　B. readtext()　　　　C. readline()　　　　D. read()

12. 下列关于 CSV 文件扩展名的描述中，正确的选项是（　　）。

A. 可以为任意扩展名　　　　　　　　B. 扩展名只能是.txt

C. 扩展名只能是.csv　　　　　　　　D. 扩展名只能是.xls

13. 下列关于使用 open()函数打开不存在的文件时的描述中，正确的选项是（　　）。

A. 一定会报错　　　　　　　　　　B. 无法打开不存在的文件

C. 文件不存在时则创建文件　　　　　D. 根据打开文件模式的不同，可能不报错

14. 下列能打开并读取 CSV 文件的语句是（　　）。

A. fo=open("a.csv","w")　　　　　　B. fo=open("a.csv","r")

C. fo=open("a.csv","a")　　　　　　D. fo=open("a.csv","x")

15. 语句 fo=open("a.txt","w")中，文件 a.txt 所在的文件目录是（　　）。

A. C 盘根目录下　　　　　　　　　B. 系统变量 path 指定

C. Python 安装目录下　　　　　　　D. 与程序文件在相同目录下

16. Python 中用于抛出异常的关键字是（　　）。

A. try　　　　　　B. except　　　　　　C. raise　　　　　　D. finally

17. 下列关于异常的描述中，正确的选项是（　　）。

A. 异常是一种对象

B. 程序一旦运行，就会创建异常

C. 为了保证程序运行的速度，要尽量避免使用异常处理机制

D. 所有异常都可以捕捉

18. 产生异常后，如果要完成释放资源、关闭文件和关闭数据库等操作，则应当使用的语句块是（　　）。

A. try 语句块　　　B. except 语句块　　　C. finally 语句块　　　D. else 语句块

19. 下列关于 try-except-finally 语句的描述中，正确的选项是（　　）。

A. try 语句后面的程序段将给出处理异常的语句

B. except 语句在 try 语句后面，该语句可以不包含异常名称

C. except 语句中的异常名称与异常类的含义相同

D. finally 语句中的代码段不一定总是执行，如果抛出异常，该代码段不执行

< 210 >

20. 下列关于用户自定义异常的描述中，错误的选项是（　　）。

　　A. 用户自定义异常需要基本 Exception 类或其他异常类

　　B. 在方法中用于声明抛出异常关键字的是 throw 语句

　　C. 捕捉异常通常使用 try-except-else-finally 结构

　　D. 使用异常处理会使整个系统更加安全和稳定

21. 当 try 语句中没有任何错误信息时，一定不会执行的语句是（　　）。

　　A. try　　　　　　　B. else　　　　　　　C. finally　　　　　　　D. except

二、思考题

1. Python 的异常处理机制有何优点？

2. Python 中，except 语句如何捕捉所有异常？

3. Python 的标准异常与用户自定义的异常有何不同？

三、编程题

1. 编写程序，实现将从键盘输入的内容逐行写入文件中，当输入 "exit" 时退出程序。

2. 名为 scores.csv 的文件记录了学生的姓名和成绩，现要求编写程序实现输出按照成绩降序排列的学生信息。

3. 编写程序，实现读取一个中文文件并进行中文分词，输出词频最高的前 10 个词，要求输出结果中不包括单个字的词。

4. 编写程序，实现文本文件的加密和解密功能，要求：

● 利用加密算法对文本文件进行加密，加密后的文件保存为新的文本文件。

● 加密算法：算法参数为自然数 n（称为密钥），英文字符利用字母表中后面的第 n 个字符代替，例如，"a" 用其后的第 $n=3$ 个字符 "d" 代替。

5. 编写程序，实现将文本文件第 1 行的前 10 个字符输出，余下的字符保存到一个新文件中；如果文件不存在，则给出相应的异常信息。

6. 编写程序，实现以交互模式输入 n 个数字并求和，对可能产生的异常进行捕获和妥善处理。

7. 编写程序，实现以交互模式输入姓名和工资数据，计算年薪，并妥善处理有关异常。

8. 编写程序，实现模拟比赛现场成绩计算过程：评委多于 4 人；每个评委的评分为 5～10 分；去掉一个最高分和一个最低分，剩余分数取平均值。

9. 编写程序，实现定义一个 Circle 类，包含面积求取方法。当半径小于 0 时，抛出一个用户自定义异常。

< 211 >

第2篇

进阶篇

第10章 数值计算和计算可视化

本章以 NumPy（Numerical Python）模块为例，介绍 Python 在数值计算方面的应用；以 Matplotlib 模块为例，介绍 Python 在计算可视化方面的应用。Python 在大数据、人工智能、金融分析及工程问题求解等领域的核心应用都涉及数据处理与可视化，对机器学习和数据分析感兴趣的读者可以重点学习本章。

北美东部夏令时间 2019 年 4 月 10 日 9 点左右，人类首次揭开了黑洞的神秘面纱，科学家公布了 5500 万光年外 M87 星系中央黑洞的照片，它像一个刚刚出炉还散发着热气的甜甜圈。当然，这个质量相当于 65 亿个太阳的超大"甜甜圈"形象，是不可能利用相机拍摄出来的。实际上，这个"甜甜圈"是利用 Python 语言编写的软件包 ehtim 进行海量数据处理和成像后得到的。M87 星系中央黑洞成像和绘制工具 ehtim 是在当前绘图中添加 Python 数值计算模块 NumPy 和绘图模块 Matplotlib 的基础上开发的，这两个模块也是数值计算和计算可视化领域的常用模块。

10.1 NumPy 模块简介

10.1.1 NumPy 模块特性

NumPy 模块的开发者——特拉维斯·奥列芬特（Travis Oliphant）是美国的一名数据科学家。除了开发 NumPy 模块，特拉维斯·奥列芬特还是 SciPy 模块的奠基性贡献者。NumPy 模块于 1995 年第一次发行，但当时其名为 Numeric，后于 2006 年改为现名 NumPy。NumPy 模块的稳定版本于 2018 年 6 月发行。

微课视频

NumPy 模块利用 Python 和 C 语言编写而成，是一款跨平台的开源软件。开发者通常将 NumPy、SciPy 和 Matplotlib 一起使用来进行数值计算和计算可视化，它们可代替科学计算领域常用的 MATLAB 软件。NumPy 模块的特性如表 10.1 所示。

表 10.1　NumPy 模块的特性

特性	说明
NumPy 是一款非优化字节码解释器	提供了多维数组的概念
提供了处理多维数组的函数和操作	可以代替 MATLAB
可以进行傅里叶变换	可以进行线性变换和随机序列方面的处理

10.1.2 NumPy 模块安装和使用

NumPy 模块并不包含在标准库中，因此需要用户自己安装。众所周知，Python 中模块的安装与管理较为复杂，常用模块一般都有很多安装方法可选用。本书以 NumPy 模块的安装为例，介绍 Python 模块最为常用的（或者推荐的）安装方法。

1．初学者安装 NumPy 模块

Python 的集成开发环境 Anaconda 专注于科学计算，既包含 Python 解释器，又包含 100 多个科学计算模块，其中包括 NumPy 模块。Windows、macOS 和 Linux 操作系统都有相应的 Anaconda 安装版本，利用 Anaconda 安装 NumPy 模块的步骤如表 10.2 所示。

表 10.2　利用 Anaconda 安装 NumPy 模块的步骤

步骤	说明
安装 Anaconda	Anaconda 会自动安装 NumPy 模块
启动模块	利用 Anaconda 中的 Navigator 管理模块并启动 JupyterLab、Spyder 或 Visual Studio Code 等模块
编写和执行代码	使用 JupyterLab 中的 Notebooks 以交互方式执行代码，也可以使用 Spyder 或 Visual Studio Code 来编写脚本和模块

2．高级用户安装 NumPy 模块

用户如果比较熟悉 Python 语言，则可以尝试利用包管理工具 pip 来安装 **NumPy 模块**。

```
C:\Users\Linda>pip install numpy
```

10.1.3　NumPy 的核心

NumPy 是数值计算基础库，提供了大量与数值计算相关的功能，可以非常高效地存储和处理数组与矩阵。许多科学计算库（如 Matplotlib、Pandas、SciPy 和 SymPy 等）都是在 NumPy 的基础上进行开发的。可以说，NumPy 是 Python 数值计算的基石。

作为矩阵运算的基础，NumPy 提供了两种最基本的对象，即 ndarray（*N*-dimensional array object，*N* 维数组对象，即数组对象）和 ufunc（universal function object，通用函数对象），如表 10.3 所示。

表 10.3　NumPy 模块中的数组对象和通用函数对象

对象	说明
数组对象	对于大量的同构数据，利用数组进行存储和处理方便且快速。Python 中的数组为 ndarray，用于存储同一数据类型的多维数组，支持大量的数组与矩阵运算。NumPy 支持以向量方式处理 ndarray 对象，极大地提高了程序运算速度
通用函数对象	可以对数组进行处理的一类特殊函数对象

10.2　NumPy 的基本操作

10.2.1　数组的创建

NumPy 中的数组对象 ndarray 其实是 NumPy 对 Python 中的序列数据进行封装后形成的一个新数据类型。NumPy 在该对象的基础上，进一步封装了许多常用的数学函数，以方便进行数据处理和数据分析等。创建 ndarray 对象的方法可以分为两类：一类是直接将 Python 中的序列类型数据转换为 ndarray 对象，另一类是利用 NumPy 中的特殊函数创建具有特殊数学性质的一些 ndarray 对象。

微课视频

1．利用序列数据创建 ndarray 对象

（1）创建一维数组

利用 array()方法可以创建一维数组。

< 214 >

```
import numpy as np              # 导入 NumPy 模块, 并重命名为 np
l = [1,3,5]                     # 含 3 个元素的列表
nd_l = np.array(l)              # 转换为 ndarray 类型对象
print(nd_l)                     [1 3 5]
print(type(nd_l))               <class 'numpy.ndarray'>
t = (1,3,5)                     # 含 3 个元素的元组
nd_t = np.array(t)              # 转换为 ndarray 类型对象
print(nd_t)                     [1 3 5]
print(type(nd_t))               <class 'numpy.ndarray'>
```

（2）创建多维数组

利用 array() 函数创建多维数组。

```
import numpy as np              # 导入 NumPy 模块, 并重命名为 np
l = [[1,3,5],[2,4,6]]           # 双重嵌套列表
nd_l = np.array(l)              # 转换为二维 ndarray 类型对象, 即矩阵
print(nd_l)                     [[1 3 5]
                                 [2 4 6]]
print(type(nd_l))               <class 'numpy.ndarray'>
t = ([1,3,5],[2,4,6])           # 元组中嵌套列表
nd_t = np.array(t)              # 转换为二维 ndarray 类型对象, 即矩阵
print(nd_t)                     [[1 3 5]
                                 [2 4 6]]
print(type(nd_t))               <class 'numpy.ndarray'>
```

2. 创建元素均匀分布的一维 ndarray 对象

NumPy 模块提供了一些特殊函数, 用于创建一维数组, 数组中的元素在一定范围内均匀分布。

- arange(start,stop,step) 创建元素均匀分布一维数组的代码如下。

```
import numpy as np              # 导入 NumPy 模块并重命名
                起始值  终止值  步长
a = np.arange( 1 , 6 , 2 )      [1 3 5]
print(type(a))                  <class 'numpy.ndarray'>
```

注: np.arange() 函数与 Python 中的 arange() 函数类似, 不包括参数 stop。

- linspace(start,stop,number) 创建元素均匀分布一维数组的代码如下。

```
import numpy as np              # 导入 NumPy 模块并重命名
                起始值  终止值  元素个数
a = np.linspace( 1 , 6 , 6 )     [1. 2. 3. 4. 5. 6.]   # 等比序列
print(type(a))                  <class 'numpy.ndarray'>
```

注: 与 np.arange() 函数不同, np.linspace() 函数生成的数值元素包括参数 stop。

- logspace(start,stop,number) 创建对数均匀分布一维数组的代码如下。

```
import numpy as np              # 导入 NumPy 模块并重命名
                起始值  终止值  元素个数
a = np.logspace( 1 , 4 , 4 )    [ 10. 100. 1000. 10000.]  # 等差序列
print(type(a))                  <class 'numpy.ndarray'>
```

< 215 >

示例中调用了 logspace(1,4,4)函数，这个函数表示在常用对数值（以10为底）的分布范围[1,4]内均匀分布4个元素。与 np.linspace()函数类似，np.logspace()函数生成的数组元素包括参数 stop。

3. 创建特殊矩阵

数学中有一些较为特殊的矩阵，如零阵和单位矩阵等。NumPy 模块提供了一些函数来创建此类特殊矩阵。

- zeros()创建零阵的代码如下。

a = np.zeros(3)	[0. 0. 0.]	# 具有3个0元素的向量
		# 2行3列的矩阵
b = np.zeros([2,3])	[[0. 0. 0.] [0. 0. 0.]]	$\begin{bmatrix} 0.0 & 0.0 & 0.0 \\ 0.0 & 0.0 & 0.0 \end{bmatrix}$

- ones()创建全1矩阵的代码如下。

a = np.ones(3)	[1. 1. 1.]	# 具有3个1的向量
		# 3行2列的矩阵
b = np.ones([3,2])	[[1. 1.] [1. 1.] [1. 1.]]	$\begin{bmatrix} 1.0 & 1.0 \\ 1.0 & 1.0 \\ 1.0 & 1.0 \end{bmatrix}$

- eye()创建单位矩阵的代码如下。

		# 三阶单位矩阵
a = np.eye(3)	[[1. 0. 0.] [0. 1. 0.] [0. 0. 1.]]	$\begin{bmatrix} 1.0 & 0.0 & 0.0 \\ 0.0 & 1.0 & 0.0 \\ 0.0 & 0.0 & 1.0 \end{bmatrix}$

- diag()创建对角矩阵的代码如下。

		# 对角矩阵
a = np.diag([1,3,5])	[[1 0 0] [0 3 0] [0 0 5]]	$\begin{bmatrix} 1 & 0 & 0 \\ 0 & 3 & 0 \\ 0 & 0 & 5 \end{bmatrix}$

- full()创建单一元素矩阵的代码如下。

		# 单一元素矩阵（2 × 3维）
a = np.full([2,3],4)	[[4 4 4] [4 4 4]]	$\begin{bmatrix} 4 & 4 & 4 \\ 4 & 4 & 4 \end{bmatrix}$

4. 创建随机数组

利用 NumPy 模块中提供的 random 函数可以创建元素为随机数的数组。

```
import numpy as np
np.random.random((2,3))
```
```
[[0.62715231 0.36540567 0.74510359]
 [0.14304788 0.05078998 0.78963348]]
```

10.2.2 数组与列表

根据前面的示例，我们可以利用列表创建数组，并且数组也是以列表的形式输出的。既然数组与

< 216 >

列表联系如此密切，为什么还要引入数组呢？数值与列表又有什么区别？

　　NumPy 之所以将列表（或者更广泛的序列数据）封装为数组，有 3 个方面的原因：保存数组会占用更少的空间，对数组进行处理的速度会更快，对数组的处理也更为方便。

1. 数组占用的空间更少

查看数组占用空间的代码如下。

```
import numpy as np          # 导入 NumPy 模块并重命名
import time                 # time 模块：统计执行时间
import sys                  # sys 模块：获取 Python 解释器环境参数
S = range(1000)             # 列表
print(sys.getsizeof(5) * len(S))    28000    #占用内存存储空间
D = np.arange(1000)         # 数组
print(D.size * D.itemsize)          4000     #占用内存存储空间
```

2. 数组处理速度更快

查看数组处理时间的代码如下。

```
import numpy as np          # 导入 NumPy 模块并重命名
import time                 # time 模块：统计执行时间
import sys                  # sys 模块：获取 Python 解释器环境参数
SIZE = 1000000
L1 = range(SIZE)            # 列表类型
L2 = range(SIZE)            # 列表类型
A1 = np.arange(SIZE)        # 数组类型
A2 = np.arange(SIZE)        # 数组类型
start = time.time()
result = [x + y for x,y in zip(L1,L2)]  # zip(L1,L2)将列表 L1 和 L2 对应的元素组成元组
                                        # for 循环计算元组中两个元素的和
print((time.time() - start) * 1000)    96.01020812988281
start=time.time()
① result= A1 + A2          # 两个数组直接相加
print((time.time() - start) * 1000)    17.003536224365234
```

　　由示例可知，处理列表数据所需时间比处理数组长很多，这是因为可以对整个数组直接进行处理而无须访问其中的单个元素。因此，数组的处理速度要远快于列表的处理速度。

3. 数组处理更方便

　　上面示例中的语句①表明，像线性代数中的表示方法一样，直接对整个数组进行操作更为方便。

10.2.3　数组的含义

　　由前面的示例可以看出，NumPy 中数组可以表示矩阵（包括向量）。下面详细叙述数组与矩阵之间的关系。

1. 一维数组

创建一个一维数组的代码如下。

< 217 >

```
import numpy as np
a = np.array([1,3,5])                    [1,3,5]
```

一维数组表示 1×3 维矩阵（即 3 维向量）： 1 3 5 。

2. 二维数组

创建一个二维数组的代码如下。

```
import numpy as np                        [[1 3 5]
a = np.array([[1,3,5], [2,4,6]])           [2 4 6]]
```

二维数组表示 2×3 维矩阵： 1 3 5
                          2 4 6 。

3. 三维数组

创建一个三维数组的代码如下。

```
import numpy as np                        [[[0 2 4 6]
a = np.array([[[0,2,4,6],\                  [1 3 5 7]
              [1,3,5,7],\                   [2 4 6 8]]
              [2,4,6,8]],\
              [[3,4,5,6],\                  [[3 4 5 6]
              [4,5,6,7],\                   [4 5 6 7]
              [5,6,7,8]]])                  [5 6 7 8]]]
```

三维数组表示 2×3×4 维矩阵，即两个 3×4 维矩阵：

第 1 个矩阵为
0 2 4 6
1 3 5 7 。
2 4 6 8

第 2 个矩阵为
3 4 5 6
4 5 6 7 。
5 6 7 8

4. N 维数组

一般定义 N 维数组的语法格式如下。

☞ np.array([[... [*, *, ···, *]...]])

D_1 维（over the inner part）; N个（under outer brackets）; N个（under inner brackets）

假设 N 维数组的维数为 $D_N \times D_{N-1} \times \cdots \times D_j \times \cdots \times D_2 \times D_1$，则表示此数组有 D_N 个 $N-1$ 维数组，每个 $N-1$ 维数组又包含 D_{N-1} 个 $N-2$ 维数组。以此类推，此数组共有 $D_N \times D_{N-1} \times \cdots \times D_4 \times D_3$ 个矩阵，每个矩阵的维数为 $D_1 \times D_2$。

10.2.4 获取数组的基本信息

现将数组基本信息的获取方法列于表 10.4 中。

```
import numpy as np
a = np.array([(1,2,3),(4,5,6)])
b = np.array([1.0,2,3]
```

< 218 >

表 10.4　数组基本信息的获取方法

方法	说明	举例	结果
ndim	数组维数	a.ndim b.ndim	2 1
dtype	数组中元素的类型	a.dtype b.dtype	int32 float64
size	数组中元素的个数	a.dtype b.dtype	6 3
shape	矩阵维数	a.dtype b.dtype	(2,3) (3,)

10.2.5　数组元素的索引与切片

在很多情况下，需要对数组中的单个元素或某些元素进行操作，这就涉及如何引用数组元素。

1. 坐标轴与索引

数组元素的索引与数组的坐标轴有关，索引可以认为是坐标轴上点的序号。

（1）一维数组的索引

```
import numpy as np
a = np.array([1,3,5])                # →: 坐标轴 0 的方向
print(a[1])                          3  # 索引为 1 的元素
```

一维数组的索引：

（2）二维数组的索引

```
a = np.array([[1,3,5],[2,4,6]])      # →: 坐标轴 1 的方向
                                     # ↓: 坐标轴 0 的方向
print(a[0,2])                        5  # 行索引 0，列索引 2
print(a[1,1])                        4  # 行索引 1，列索引 1
```

二维数组的索引：

（3）三维数组的索引

```
a = np.array([[[1,3,5],[2,4,6]],[[7,8,9],[1,2,3]]])
```

此三维数组共有 2 个矩阵，分别如下。

第 1 个矩阵：
第 2 个矩阵：

对于每个矩阵来说，其矩阵内的元素索引与二维数组相同。因此，若要引用三维数组中的某个元素，则要先指定矩阵的索引号。

< 219 >

例如：

矩阵序号　　　　列序号　　　　　　矩阵序号　　　　列序号

a [0 , 1 , 0] = 2　　　　a [1 , 1 , 0] = 1

行序号　　　　　　　　　行序号

这样，返回到数组定义语句，可以看出三维数组中元素的索引。

一维数组　　一维数组　　　元素　　　元素
的索引 0　　的索引 1　　序号 0　　序号 2

np.array([[[1,3,5],[2,4,6]],[[7,8,9],[1,2,3]]])

二维数组的索引 0　　　　二维数组的索引 1

2. 数组切片

数组切片就是截取数组的一部分元素，NumPy 中切片的语法格式如下。

array_name[start:stop:step,start:stop:step,...,start:stop:step]

坐标轴 0　　　　　坐标轴 1　　　　　坐标轴 N-1

这 3 个参数都有默认值：start=0，stop=size 和 step=1。其中，size 为对应坐标轴的维数。与 Python 一样，数组切片的索引也遵守"左闭右开"原则，图示如表 10.5 所示。

表 10.5　数组切片图示

图示	操作	维数
	arr[:2]	(2,)
	坐标轴 0 arr[:2,　1:] 坐标轴 1	(2,4)
	arr[2] arr[2,:] arr[2:,:]	(5,) (5,) (1,5)
	arr[:,:2]	(3,2)
	arr[1,:2] arr[1:2,:2]	(2,) (1,2)

< 220 >

10.2.6　数组处理

1．数组重组：reshape()函数

数组重组就是改变数组中元素的顺序。利用 reshape()函数可以实现数组重组，代码如下。

```
a = np.array([1,3,5,7,9,6])
```

1	3	5	7	9	6

```
a.reshape([2,3])        [[1 3 5],[7 9 6]]
```

1	3	5
7	9	6

```
b = a.reshape([3,2])    [[1 3],[5 7],[9 6]]
```

1	3
5	7
9	6

```
a.reshape([2,4])        ValueError: cannot reshape array of size 6 into shape (2,4)
```

2．数组转置：T

数组转置就是将数组中元素的行列位置进行互换。利用 T 可以实现数组转置，代码如下。

```
a = np.array([[1,3],[5,7],[9,6]])
```

1	3
5	7
9	6

```
a.T                     [[1 5 9],[3 7 6]]
```

1	5	9
3	7	6

3．数组连接：concatenate()函数

利用 concatenate()函数可以实现数组连接，代码如下。

```
a = np.array([1,2,3])

b = np.array([[4,5,6],[7,8,9]])
```

1	2	3
4	5	6
7	8	9

```
c = np.array([[1,2],[0,0]])
```

1	2
0	0

```
np.concatenate([a, b])   # 默认参数 axis=0
                        [[1,2,3],[4,5,6],[7,8,9]]
```

1	2	3
4	5	6
7	8	9

```
np.concatenate([b, c],axis = 1)   [[4,5,6,1,2],[7,8,9,0,0]]
```

4	5	6	1	2
7	8	9	0	0

4．数组合并

（1）按列合并

利用 vstack()函数可以实现数组按列合并，代码如下。

```
np.vstack([a,b])        [[1,2,3],[4,5,6],[7,8,9]]
```

1	2	3
4	5	6
7	8	9

< 221 >

（2）按行合并

利用 hstack()函数可以实现将数组按行合并，代码如下。

```
np.hstack([c,b])    [[1,2,4,5,6],[0,0,7,8,9]]
```

| 1 | 2 | 4 | 5 | 6 |
| 0 | 0 | 7 | 8 | 9 |

5. 数组拆分

对数组进行拆分时，可以使用下面的函数。

- hsplit()函数：沿着横轴将数组竖着进行拆分，代码如下。

```
a = np.array([[1,2,3],[4,5,6],[7,8,9],[0,0,0]])
np.hsplit(a,3)          # 沿着横轴排列 3 个新数组，这 3 个新数组是将数组 a 竖着拆分得到的

[array([[1],[4],[7],[0]]),
array([[2],[5],[8],[0]]),
array([[3],[6],[9],[0]])]
```

- vsplit()函数：沿着纵轴将数组横着进行拆分，代码如下。

```
a = np.array([[1,2,3],[4,5,6],[7,8,9],[0,0,0]])
np.vsplit(a,3)          # 沿着纵轴排列 2 个新数组，这 2 个新数组是将数组 a 横着拆分得到的

[array([[1],[2],[3],[4],[5],[6]]),
[array([[7],[8],[9],[0],[0],[0]])]
```

- split()函数：沿着指定的坐标轴将数组进行拆分，代码如下。

```
a = np.array([[1,2,3],[4,5,6],[7,8,9],[0,0,0]])
         数组数量
np.split(a,2,axis = 0)                 # 沿着 axis=0 进行拆分，等同于 vsplit()
np.split(a,2,axis = 1)                 # 沿着 axis=1 进行拆分，等同于 hsplit()
```

利用 split()函数还可以实现按索引拆分，代码如下。

```
a = np.array([1,9,4,5,2,8,7])
np.split(a,[2])                 [array([1, 9]), array([4, 5, 2, 8, 7])]
```

| 0 | 1 | 2 | 3 | 4 | 5 | 6 |
| 1 | 9 | 4 | 5 | 2 | 8 | 7 |

第1个数组　　　　第2个数组

```
np.split(a,[2,4])               [array([1, 9]), array([4, 5]), array([2, 8, 7])]
```

| 0 | 1 | 2 | 3 | 4 | 5 | 6 |
| 1 | 9 | 4 | 5 | 2 | 8 | 7 |

第1个数组　　第2个数组　　　第3个数组

< 222 >

6. 查找元素索引

where()函数返回元素的索引，代码如下。

```
              0 1 2 3 4 5 6
a = np.array([1,2,3,4,5,4,4])
np.where(a == 4)      (array([3,5,6], dtype = int64),)     # 返回值为 4 的元素索引
np.where(a % 2 == 0)  (array([1,3,5,6], dtype = int64),)   # 返回类型为元组
```

7. 数组排序

对数组中的元素进行排序是极为常见的操作。

（1）一维数组排序

利用 sort()函数可以实现对一维数组的排序，代码如下。

```
a = np.array([1,2,3,1,0,1])
np.sort(a)                          array([0,1,1,1,2,3])
b = np.array(['Linda','Emily'])
np.sort(b)                          array(['Emily','Linda'],dtype = '<U5')
c = np.array([True,False,True])
np.sort(c)                          array([False, True, True])
```

（2）二维数组排序

利用 sort()函数可以实现对二维数组的排序，代码如下。

```
a = np.array([[3,2,4], [5,0,1]])
np.sort(a)                          array([[2,3,4],[0,1,5]])
```

8. 选择数组元素

我们可以选择数组中的特定元素组成新的数组。

（1）选择一维数组中的元素

利用下面的代码可以选择一维数组中的某些元素组成新的一维数组。

```
a = np.array([1,2,3])
i = [False,True,False]
c = a[i]                    array([2])
```

（2）选择二维数组中的元素

利用下面的代码可以选择二维数组中的某些元素组成新的一维数组。

```
a = np.array([[3,2,4],[1,2,3]])
i = np.array([[True,False,False],[True,False,False]])
b = a[i]                        array([3, 1])
```

10.3 通用函数

NumPy 中的通用函数（ufunc）用于处理数组对象，通用函数所处理数据的最小单位是向量，而非数组中单个数组元素，因此数据处理速度和效率会明显提升。

< 223 >

10.3.1 算术运算符

对数值进行的算术运算可以推广到数组，如表 10.6 所示。

```
a = np.array([1,2,3]);b = np.array([1,2,3]);c = np.array([1,1,1])
```

表 10.6 数组中算术运算符的含义

运算符	说明	举例	结果
+	对应元素相加	c = a+b	[2,4,6]
−	对应元素相减	**print**(a−b)	[0,0,0]
*	对应元素相乘	**print**(a*b)	[1,4,9]
/	对应元素相除	**print**(a/b)	[1.,1.,1.]

10.3.2 常见算术函数

NumPy 模块中还定义了适用于数组的算术函数，常见的算术函数如表 10.7 所示。

```
a = np.array([1,2,3]);b = np.array([1,2,3]);c = np.array([1,1,1])
```

表 10.7 NumPy 模块中常见的算术函数

函数	说明	举例	结果
add()	对应元素相加	np.add(a+b)	[2,4,6]
subtract()	对应元素相减	np.subtract(a−c)	[0,1,2]
multiply()	对应元素相乘	np.multiply(a,b)	[1,4,9]
matmul()	矩阵相乘	np.matmul(a,b)	14
divide()	对应元素相除	np.divide(a,b)	[1.,1.,1.]
power()	对应元素进行幂运算	np.power(a,b)	[1,4,27]
reminder()	对应元素求余数	np.reminder(a,b)	[0,0,0]
mod()	对应元素求余数	np.mod(a,b)	[0,0,0]
divmod()	返回商和余数	np.divmod(a,b)	(array([1, 1, 1]), array([0, 0, 0]))
absolute()	取元素的绝对值	np.absolute(−a)	[1,2,3]
fabs()	取元素的绝对值	np.fabs(−a)	[1.,2.,3.]
sign()	取元素的符号	np.sign(a) np.sign(−a)	[1,1,1] [−1,−1,−1]
conj()	取元素的共轭	np.conj(a)	[1,2,3]
exp()	取元素的指数	np.exp(a)	[2.7, 7.4, 20.1]
exp2()	取以 2 为底的幂	np.exp2(a)	[2.,4.,8.]
log()	取元素的自然对数	np.log(a)	[0. ,0.69,1.10]
log2()	取以 2 为底的对数	np.log2(a)	[0.,1.,1.58]
log10()	取以 10 为底的对数	np.log10(a)	[0.,0.3,0.48]
sqrt()	取元素的开方	np.sqrt(a)	[1.,1.414,1.73]
square()	取元素的平方	np.square(a)	[1,4,9]
maximum()	取最大值	np.maximum(a,b)	[4,1,1]

< 224 >

函数	说明	举例	结果
minimum()	取最小值	np.minimum(a,b)	[1,0,1]
fmax()	取最大值	np.fmax(a,b)	[4,1,1]
fmin()	取最小值	np.fmin(a,b)	[1,0,1]
floor()	向下取整	np.floor(a)	[1.,2.,3.]
ceil()	向上取整	np.ceil(a)	[1.,2.,3.]

10.3.3 常见三角函数

NumPy 模块中常见的适用于数组的三角函数如表 10.8 所示。

表 10.8 NumPy 模块中常见的适用于数组的三角函数

函数	说明	函数	说明
sin()	求元素的正弦值	cos()	求元素的余弦值
tan()	求元素的正切值	arcsin()	求元素的反正弦值
arccos()	求元素的反余弦值	arctan()	求元素的反正切值
sinh()	求元素的双曲正弦值	consh()	求元素的双曲余弦值
tanh()	求元素的双曲正切值	arcsinh()	求元素的反双曲正弦值
arccosh()	求元素的反双曲余弦值	arctanh()	求元素的反双曲正切值
degrees()	弧度转换为度	radians()	度转换为弧度
deg2rad()	度转换为弧度	rad2deg()	弧度转换为度

10.3.4 比较函数

NumPy 模块中比较函数返回按数组中元素进行比较的结果，如表 10.9 所示。

```
a = np.array([4,0,1]);b = np.array([1,1,1])
```

表 10.9 比较函数返回比较结果举例

函数	说明	举例	结果
greater()	是否大于	np.greater(a,b)	[True,False,False]
greater_equal	是否大于或等于	np.greater_equal(a,b)	[True,False,True]
less()	是否小于	np.less(a,b)	[False,True,False]
less_equal()	是否小于或等于	np.less_equal(a,b)	[False,True,True]
not_equal()	是否不等于	np.not_equal(a,b)	[True,True,False]
equal()	是否等于	np.equal(a,b)	[False,False,True]

10.3.5 统计函数

NumPy 模块中统计函数可以计算数组的顺序统计量以及中位数、均值和方差。

< 225 >

1. 顺序统计量

顺序统计量包括最大差值、百分位数以及分位数等，如表 10.10 所示。

```
x = np.array([[4,9,2,10],[6,9,7,12]])
```

4	9	2	10
6	9	7	12

表 10.10 数组的顺序统计量

函数	说明	举例	结果
ptp()	沿指定坐标轴的数据最大差值：最大值−最小值	np.ptp(x, axis=1) np.ptp(x, axis=0) np.ptp(x) # 所有数据的最大差值	[8,6] [2,0,5,2] 10
percentile()	沿指定坐标轴的百分位数	np.percentile(x,50,axis=0) np.percentile(x,50,axis=1) np.percentile(x,50)	[5.,9.,4.5,11.] [6.5,8.] 8.0
quantile()	沿指定坐标轴的分位数	np.quantile(x,0.5,axis=0) np.quantile(x,0.5,axis=1) np.quantile(x,0.5)	[5.,9.,4.5,11.] [6.5,8.0] 8.0

2. 中位数、均值和方差

中位数、均值和方差是数据的重要统计量，数组的中位数、均值和方差如表 10.11 所示。

```
x = np.array([[4,9,2,10],[6,9,7,12]])
```

4	9	2	10
6	9	7	12

表 10.11 数组的中位数、均值和方差

函数	说明	举例	结果
median()	沿指定坐标轴的中位数	np.median(x, axis=1) np.median(x, axis=0) np.median(x)	[6.5,8.] [5.,9.,4.5,11.] 8.0
mean()	沿指定坐标轴的平均值	np.mean(x,axis=0) np.mean(x,axis=1) np.mean(x)	[6.25,8.5] [5.,9.,4.5,11.] 7.375
average()	沿指定坐标轴的加权平均值	np.average(x,axis=0,weights=[1./4, 3./4]) np.average(x)	[5.5,9.,5.75,11.5] 7.375
std()	沿指定坐标轴的标准偏差，valign=center	np.std(x,axis=0) np.std(x)	[1.,0.,2.5,1.] 3.08
var()	沿指定坐标轴的方差	np.var(x,axis=0) np.var(x)	[1.,0.,6.25,1.] 9.48

10.3.6 常数

NumPy 模块定义了一些常数，如表 10.12 所示。

表 10.12 NumPy 模块定义的常数

常数	说明	常数	说明
Inf	无穷大	Infinity	无穷大
NAN	NaN	nan	NaN（Not a Number），建议使用
NINF	负无穷大	e	自然常数
inf	正无穷大	infty	正无穷大
pi	圆周率	—	—

< 226 >

10.4　Matplotlib 模块

10.4.1　Matplotlib 模块概述

Matplotlib 是 Python 中的绘图库之一，其提供了一整套绘图用的 API，其命令形式与知名科学计算软件 MATLAB 的命令形式类似。Matplotlib 既适合交互式绘图，也适合作为绘图控件嵌入 GUI 应用程序，非常方便。Matplotlib 模块中最为常用的是 pyplot 子库（子库相当于 MATLAB 中的工具箱），其主要绘制 2D 图形和表格，包括直方图、饼图、散点图和曲线等，调用方式与 MATLAB 软件的调用方式极为类似。

微课视频

作为 Python 中的模块，Matplotlib 也使用了对象的概念，每个绘图元素（如线条、文字和刻度等）都是对象。为了实现快速绘图，pyplot 子库封装了复杂的绘图对象结构，用户只需要调用工具包中的函数就可以实现绘图和设置图形的各种细节。

利用下面的命令可以下载、安装 Matplotlib 模块。

```
C:\Users\Linda>pip install matplotlib
```

10.4.2　图形的基本组成元素

下面利用语句绘制一条直线。

```
import numpy as np                      # 导入 NumPy 模块并重命名为 np
import matplotlib.pyplot as plt         # 将 pyplot 子库重命名为 plt
plt.plot([5,5,5,5,5,5,5,5,5,5])         # 调用 plt 子库中的 plot 函数
```

上面程序得到的结果如图 10.1 所示。尽管源程序只提供了一个常数列表，但画出来的图形却增加了很多元素，如 x 轴、直线的 x 轴坐标、x 轴标签、y 轴及其标签、由顶部直线、右侧直线和两条坐标轴所规定的绘图区域。这既说明了图形由一些基本元素组成，也说明这些基本元素无须用户指定，Matplotlib 会根据用户提供的数据使用默认值。

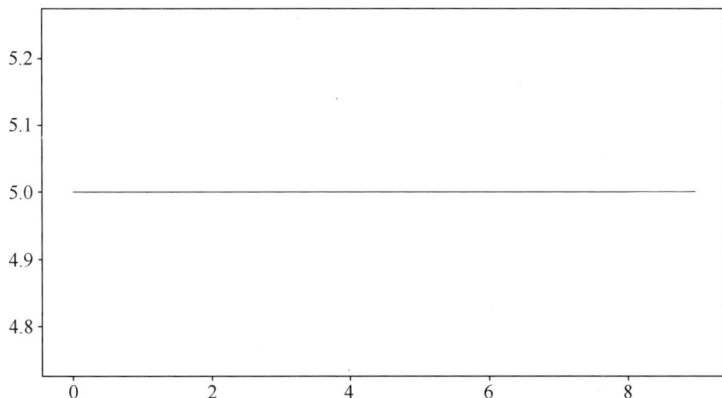

图 10.1　简单的图形

Matplotlib 中，任一图形包含的基本组成元素如图 10.2 所示。

< 227 >

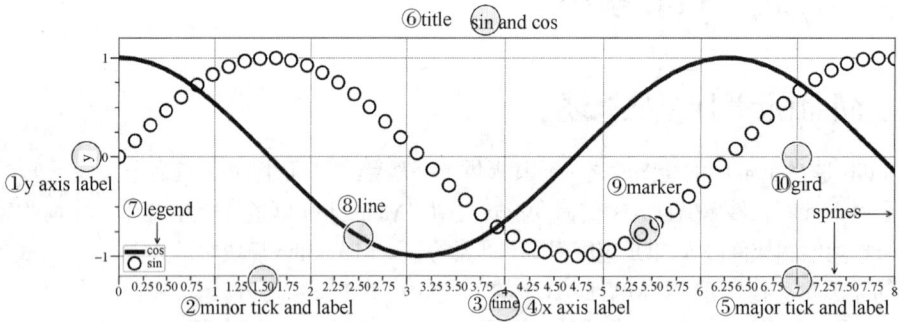

图 10.2　图形的基本组成元素

① y 轴标签；② 次要刻度和标签；③ 时间；④ x 轴标签；⑤ 主要刻度和标签；
⑥ 标题为 "sin()函数和 cos()函数"；⑦ 图标；⑧ 线型；⑨ 标记；⑩ 网格

（1）Spines

Spines 定义图形中用来呈现数据的区域，一般是图形中顶部、底部、左侧和右侧的直线所围成的矩形区域。

（2）Axes

一个图形中可能有多个子图，每个子图都有自己的曲线、坐标系统、图名以及图例等元素，这些子图分属于不同的绘图区域。Matplotlib 利用 Axes 来定义最基本的绘图区域，在这个最基本的绘图区域中绘制曲线、坐标轴、坐标轴标签、子图图名以及图例等基本元素。

（3）Figure

画家作画需要画布，画家所画出的一切（包括形状、色彩等）都将呈现在画布上。Figure 相当于画家作画用的画布，Matplotlib 所绘制的一切都在 Figure 中呈现，因此 Figure 是图形的载体。用 Python 术语来说，Figure 是包含图形所有元素的容器。利用 figure()函数可以创建此载体，函数语法格式如下。

```
figure(num = None,figsize = None,dpi = None,facecolor = None,edgecolor = None,
frameon = True,FigureClass = <class'matplotlib.figure.Figure'>,clear = False,
**kwargs)
```

figure()函数中的所有参数都设置了默认值，用户可以在不提供任何实参的情况下调用此函数。图 10.3 对应的源程序中，尽管没有明确使用 figure()函数，但 plot()函数会使用默认值生成 Figure。figure()函数中较为常用的参数（见表 10.13）如下。

```
fig = plt.figure(num = "alice",figsize = (4,4))
>>> type(fig)          matplotlib.figure.Figure
>>> fig                <Figure size 400x400 with 0Axes>
>>> print(fig)         Figure(400x400)
```

表 10.13　figure()函数中较为常用的参数

参数	说明
num	取值为整数或字符串，用于标识图形
figsize	Figure 的大小，值=(宽度,高度)，单位为英尺
dpi	取值为整数，表示每英尺的点数，用以体现图形精度

< 228 >

（4）标签及其他元素

为了让图形更容易理解，还需要图名、图例及坐标轴的标签、刻度等。

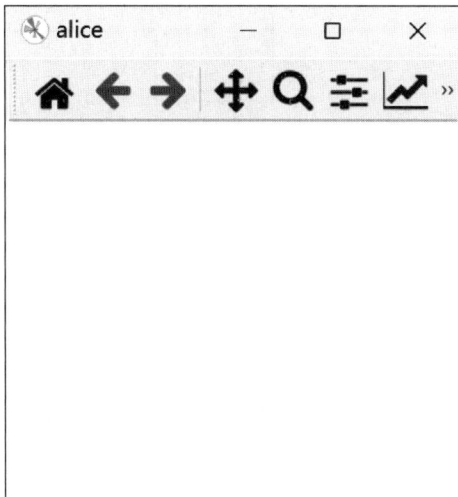

图 10.3　Figure 对象

10.4.3　利用函数绘制图形

Matplotlib 中最简单的绘图方式就是调用 pyplot 子库中的函数。pyplot 子库提供了多个绘图用函数，这些函数的调用方式与数值计算软件 MATLAB 函数的调用方式类似。尽管 pyplot 子库可以绘制图形，但是其功能与面向对象绘图方式相比并不灵活，几乎所有的函数都可以在 Axes 对象中作为方法调用。本书仅介绍利用函数绘制图形的基础知识。

1. 折线图

利用线或符号连接数据点所形成的图形为折线图，我们可以利用 plot() 绘制折线图。

● 创建绘图，确定绘图区域的尺寸（即画布），代码如下。

```
import numpy as np                              # 导入 NumPy 模块并重命名
import matplotlib.pyplot as plt                 # 导入 pyplot 模块并重命名
figure() 函数的返回值          绘图区域大小=(宽度,高度)，单位为英尺
fig= plt.figure(num = 'Ener' ,figsize = (4,4)) # 见图 10.4，为一空白图形
                 绘图名称，取值可为整数或字符串，显示于图形的左上角
print(fig)                                      Figure(400x400)
```

● 向当前绘图添加折线，代码如下。

```
X = np.linspace(0,8,50)            # 生成 x 轴坐标
Y = np.cos(X)                      # 生成 y 轴坐标
plt.plot(X,Y)                      # 见图 10.5
                                   # 若只提供一列数据，默认 X=np.arange(len(Y))
                  fmt    线宽      # 见图 10.6。fmt 为字符串，用以
① plt.plot(X+1,Y,'-.',linewidth = 5)       # 指定颜色、标记符号和线型
② plt.plot(X+2,Y,'ob',linewidth = 0 ,markersize = 15 )   # 见图 10.7
                  fmt    线宽    标记符号的尺寸
```

< 229 >

图 10.4　创建绘图

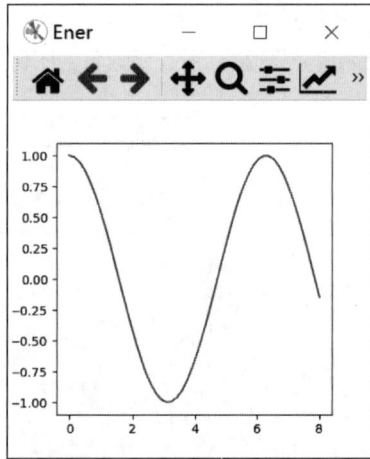

图 10.5　在当前绘图中添加折线

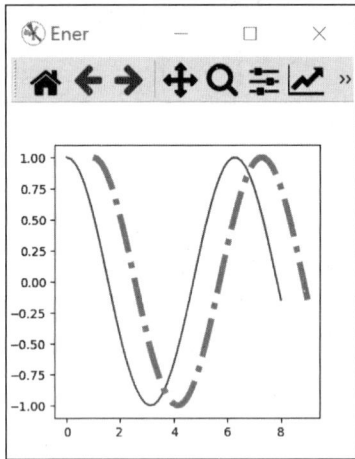

图 10.6　在当前绘图中添加第 2 条折线

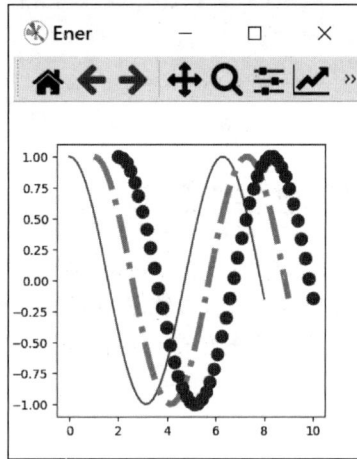

图 10.7　在当前绘图中添加第 3 条折线

- fmt。语句①中使用 fmt 指定了绘制曲线所使用的线型（line），而语句②则使用 fmt 指定颜色（color）和标记符号（marker）的类型。fmt 的使用语法格式如下。

☞ fmt = '[marker][line][color]'　　　　　# 均为可选参数，建议按照所示的顺序使用

fmt 中常用的标记符号、线型和颜色等参数的含义如表 10.14 所示。

表 10.14　fmt 中参数的含义

（a）标记符号					
字符	标记符号	字符	标记符号	字符	标记符号
'.'	点	'o'	圆	'v'	朝下的三角
'^'	朝上的三角	'<'	朝左的三角	'>'	朝右的三角
'1'	朝下的树状	'2'	朝上的树状	'_'	横线
'3'	朝左的树状	'4'	朝右的树状	'8'	八角形
's'	方块	'p'	五角形	'P'	填充的加号
'*'	星号	'h'	六边形	'H'	六边形
'+'	加号	'x'	x 号	'X'	填充的 x 号
'D'	菱形	'd'	菱形	'|'	竖线

< 230 >

续表

（b）线型			
字符	线型	字符	线型
'—'	实线	'——'	虚线
':'	点线，应与 marker 一起使用，如'^:'	'—.'	点画线

（c）颜色					
字符	颜色	字符	颜色	字符	颜色
'b'	蓝色（blue）	'g'	绿色（green）	'r'	红色（red）
'c'	青色（cyan）	'm'	品红（magenta）	'y'	黄色（yellow）
'k'	黑色（black）	'w'	白色（white）		

注：如果 fmt 格式中只指定颜色，则也可以使用全名，如'green'等。

- 关键字参数。语句①和②中使用了关键字参数指定线宽和标记符号的颜色等。plot()常用的关键字参数如表 10.15 所示。

表 10.15　plot()常用的关键字参数

关键字参数及取值	说明
markerfacecolor='r'	marker 的表面颜色为红色
markeredgecolor='green'	marker 边缘的颜色为绿色
markeredgewidth=5	marker 边缘的线宽为 5point
markersize=10	marker 的大小为 10point
linewidth=5	线宽为 5point

2. 散点图

Matplotlib 模块利用 scatter()函数绘制散点图。

```
      np.random.seed(19680801)          # 随机数种子，重复运行时可得相同的结果
      N = 50                            # 点数
      x = np.random.rand(N)             # x 轴坐标
      y = np.random.rand(N)             # y 轴坐标
      colors = np.random.rand(N)        # 定义每个点的颜色
      size = (30 * np.random.rand(N)) ** 2   # 定义每个点的大小，单位为 point
      fig = plt.figure(figsize = (8,8))      # 设置绘图区域大小
①    plt.scatter(x, y, s = size,alpha = 0.5,c = colors,marker = '*')
      plt.savefig('scatter.png')        # 只保存图形，见图 10.8
```

语句①在调用 scatter()函数时设置了以下常用的参数。

- s：marker 的尺寸，单位为 point。用户也可以不指定而使用默认值。
- alpha：透明度。其取值在 0 和 1 之间：0 表示完全透明，1 表示完全不透明。
- c：颜色。这里使用了颜色的 RGB 值，也可以不指定而使用默认值。
- marker：散点使用的符号，默认值为 "o"。

< 231 >

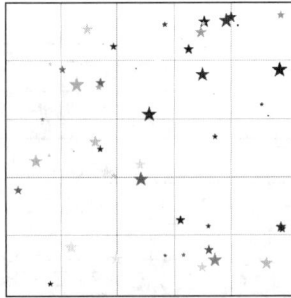

图 10.8 散点图

3. 柱状图

绘制柱状图有以下两个函数。

- bar()函数：绘制纵向柱状图。

```
x = np.arange(5)                                    # x 轴坐标
y1 = np.array([10,8,12,7,9])                        # y1 轴坐标
y2 = np.array([5,10,8,14,6])                        # y2 轴坐标
colors1 = ['r','r','r','r','r']                     # 颜色 1
colors2 = ['y','y','y','y','y']                     # 颜色 2
fig = plt.figure(figsize = (4,4))                   # 设置绘图尺寸
① plt.bar(x,y1,width = 0.5,color = colors1)         # 在当前绘图中绘制 y1
② plt.bar(x + 0.4,y2,width = 0.25,color = colors2)  # 在当前绘图中绘制 y2
plt.savefig('bar.jpg')                              # 见图 10.9
```

- barh()函数：绘制横向柱状图。

```
y = np.arange(5)                                    # y 轴坐标
x1 = np.array([10,8,12,7,9])                        # x1 轴坐标
x2 = np.array([5,10,8,14,6])                        # x2 轴坐标
colors1 = ['r','r','r','r','r']                     # 颜色 1
colors2 = ['y','y','y','y','y']                     # 颜色 2
fig = plt.figure(figsize = (4,4))                   # 设置绘图尺寸
③ plt.barh(y,x1,height = 0.5,color = colors1)       # 在当前绘图中绘制 x1
④ plt.bar(y+0.4,x2,height = 0.25,color = colors2)   # 在当前绘图中绘制 x2
plt.savefig('barh.jpg')                             # 见图 10.10
```

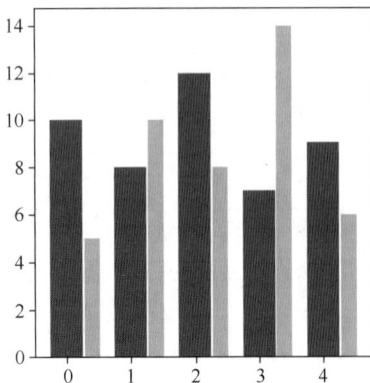

图 10.9　bar()函数绘制的柱状图

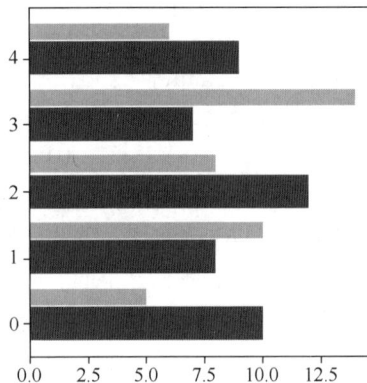

图 10.10　barh()函数绘制的柱状图

< 232 >

语句①、②、③、④在调用函数时使用了一些参数，bar()和 barh()函数绘制柱状图的常用参数如表 10.16 所示。

表 10.16　bar()和 barh()函数绘制柱状图的常用参数

参数	说明
width	柱子的宽度，默认值为 0.8，适用于 bar()函数
height	柱子的高度，默认值为 0.8，适用于 barh()函数
color	柱子的颜色，可使用默认值
edgecolor	柱子边缘的颜色，可使用默认值
linewidth	柱子线条的宽度，可使用默认值

4. 直方图

直方图的绘制代码如下。

```
    x = 4 + np.random.normal(0,1.5,200)      # 数据
    fig = plt.figure(figsize = (4,4))
①  plt.hist(x,bins = 8, linewidth = 0.5,edgecolor = "white")
    plt.savefig('figure-Hist.jpg')           # 见图 10.11
```

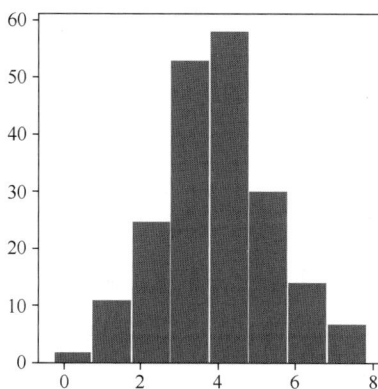

图 10.11　hist()函数绘制的直方图

hist()函数的常用参数如表 10.17 所示。

表 10.17　hist()函数的常用参数

参数	说明
bins	整数：条块的数量 序列：条块边缘位置
cumulative	False：不累积 True：累积
histtype	'bar'：默认值，传统的条形直方图 'barstacked'：堆叠条形直方图 'step'：未填充的阶梯直方图 'stepfilled'：有填充的阶梯直方图
orientation	'vertical'：默认值，柱子垂直排列 'horizontal'：柱子水平排列
log	'False'：默认值 'True'：对数坐标
stacked	'False'：默认值 'True'：条块叠加

< 233 >

5．stem 图

绘制 stem 图的代码如下。

```
x = 0.5 + np.arange(8)                    # x 轴坐标
y = np.random.uniform(2,7,len(x))         # y 轴坐标
fig = plt.figure(figsize = (4,4))
① plt.stem(x,y,markerfmt = 'D')
plt.savefig('figure-Stem.jpg')            # 见图 10.12
```

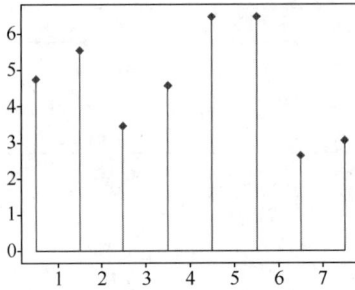

图 10.12　stem()函数绘制的 stem 图

stem()函数的常用参数如表 10.18 所示。

表 10.18　stem()函数的常用参数

参数	说明
linefmt	'—': 默认值 '——' '-.' ':'
markerfmt	marker 的类型，详见折线图中的介绍
orientation	'horizontal' 'vertical': 默认值

6．step 图

绘制 step 图的代码如下。

```
x = 0.5 + np.arange(8)                    # x 轴坐标
y = np.random.uniform(2,7,len(x))         # y 轴坐标
fig = plt.figure(figsize = (4,4))
① plt.step(x,y,linewidth = 2.5)
plt.savefig('figure-Step.jpg')            # 见图 10.13
```

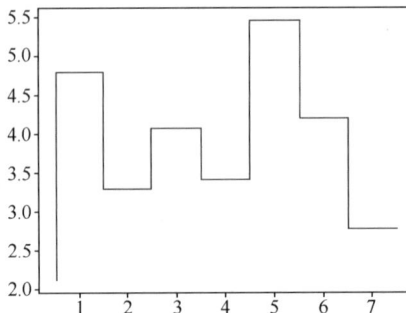

图 10.13　step()函数绘制的 step 图

< 234 >

step()函数常用的参数如表 10.19 所示。

表 10.19　step()函数的常用参数

参数	说明
fmt	[line][color]：线型和颜色的类型请参见折线图中的介绍
linewidth	数值：线宽
where	'pre' 'post' 'mid'

7. 阴影图

绘制阴影图的代码如下。

```
x = np.linspace(0,8,16)                                   # x 轴坐标
y1 = 3 + 4 *x / 8 + np.random.uniform(0.0,0.5,len(x))     # y1 轴坐标
y2 = 1 + 2 *x / 8 + np.random.uniform(0.0,0.5,len(x))     # y2 轴坐标
fig = plt.figure(figsize = (6,3))
① plt.fill_between(x,y1,y2,alpha = .5,linewidth = 0)
② plt.plot(x, (y1 + y2) / 2, linewidth = 2)
plt.savefig('figure-FillBetween.jpg')                     # 见图 10.14
```

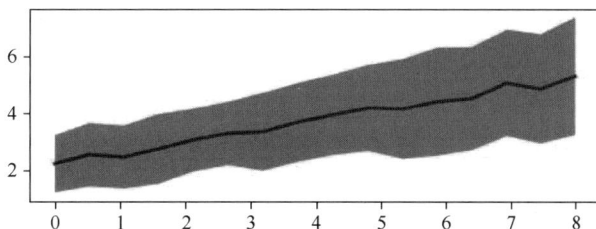

图 10.14　fill_between()函数绘制的阴影图

fill_between()函数的常用参数如表 10.20 所示。

表 10.20　fill_between()函数的常用参数

参数	说明
linewidth	数值：线宽
step	'pre' 'post' 'mid'

8. 饼图

绘制饼图的代码如下。

```
x = [2.5,2,2.5,2.75]                      # 数据
fig = plt.figure(figsize = (4,4))
① plt.pie(x,radius = 3,center = (4, 4),wedgeprops = {"linewidth": 1,
     "edgecolor": "white"},frame = True)
plt.savefig('figure-Pie.jpg')             # 见图 10.15
```

< 235 >

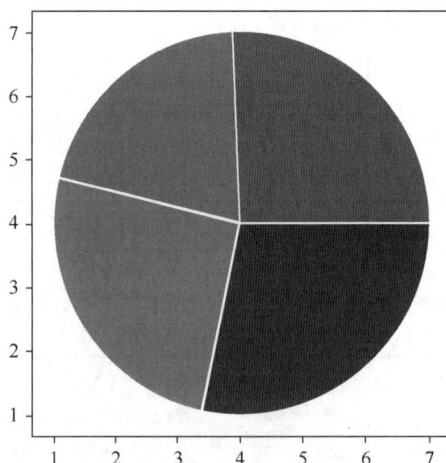

图 10.15　pie()函数绘制的饼图

pie()函数的常用参数如表 10.21 所示。

表 10.21　pie()函数的常用参数

参数	说明
colors	饼块的颜色，可使用默认值
radius	饼的半径
counterclock	True：饼块逆时针排列，默认值 False：饼块顺时针排列
wedgeprops	字典类型，用于指定饼块的格式
frame	False：默认值 True：添加坐标轴

10.4.4　向绘图中添加元素

我们已经将数据以不同方式呈现为图形，但还需要添加如标题、图例等元素才能让绘图更有意义。

1．添加标题：title()函数

调用方式：　　　　`pyplot.title(label,loc = None,pad = None,y = None)`

利用 title()函数可以在图形中添加标题，title()函数的常用参数如表 10.22 所示。

表 10.22　title()函数的常用参数

参数及取值	说明
label='Linda\nEmma' label='\$\mathcal{A}\mathrm{sin}(\omega t)\$'	标题可以分行 $A\sin(\omega t)$　# LaTex 公式
fontsize=10	10point 的字体大小
fontweight=0.5	字体权重为 0.5
color='red'	标题颜色为红色
style='italic' style='oblique' style='normal'	斜体（展示字体自身的倾斜样式） 斜体（强制右倾斜文字） 正常

< 236 >

续表

参数及取值	说明
loc='center' loc='left' loc='right'	标题位置
y=0 y=1 y=0.5	标题位于底边（即 x 轴）上 标题位于顶边上 标题位于底边和顶边之间，即图形区域中间
pad=10 pad=−5	标题向上移动 10point 标题向下移动 5point

2．添加坐标轴标签：xlabel()函数和 ylabel()函数

调用方式：
```
pyplot.xlabel(label,labelpad = None,loc = None)
pyplot.ylabel(label,labelpad = None,loc = None)
```

利用 xlabel()和 ylabel()函数可以分别为 x 轴和 y 轴添加标签，两个函数的常用参数如表 10.23 所示。

表 10.23　xlabel()和 ylabel()函数的常用参数

参数及取值	说明
label='Linda\nEmma' label='\$\mathcal{A}\mathrm{sin}(\omega t)\$'	标签可以分行 $A\sin(\omega t)$　　　# LaTex 公式
fontsize=10	10point 的字体大小
fontweight=0.5	字体权重为 0.5
color='red'	标签颜色为红色
style='italic' style='oblique' style='normal'	斜体（展示字体自身的倾斜样式） 斜体（强制右倾斜文字） 正常
loc='center' loc='left' loc='right'	标签位置
labpad=10 labpad=−5	标签偏离坐标轴 10point 标签靠近坐标轴 5point

3．添加图例：legend()函数

legend()函数可在图形中添加图例，常用的调用方法如表 10.24 所示。

表 10.24　legend()函数的常用调用方法

调用方法	举例
pyplot.legend() # 添加已设置的图例	pyplot.plot([1, 2, 3], label='I') pyplot.legend()　　# 图例显示：I
pyplot.legend(['F','S']) # 曲线 1 的图例：F # 曲线 2 的图例：S	pyplot.plot([1,2,3])　　　　　# 曲线 1 pyplot.plot([4,5,6])　　　　　# 曲线 2 pyplot.legend(['F', 'S'])

legend()函数中也可以使用一些控制性参数，例如，设置图例的字体和颜色等，指定方法与 title()函数和 xlabel()等函数是一致的，不再赘述。legend()函数中一个比较特殊的参数是位置参数 loc，其值

< 237 >

可取字符串或对应的整数（见表 10.25），两者效果相同。

表 10.25　legend()函数的位置参数 loc 的取值

loc 取字符串	loc 取对应整数	loc 取字符串	loc 取对应整数
loc='best'	loc=0	loc='upper right'	loc=1
loc='upper left'	loc=2	loc='lower left'	loc=3
loc='lower right'	loc=4	loc='right'	loc=5
loc='center left'	loc=6	loc='center right'	loc=7
loc='lower center'	loc=8	loc='upper center'	loc=9
loc='center'	loc=10	—	—

4. 添加网格线：grid()函数

调用方式：	pyplot.grid(visible = None,which = 'major',axis = 'both')

grid()函数可以在图形中添加网格线，函数的常用参数如表 10.26 所示。

表 10.26　grid()函数的常用参数

参数及取值	说明
visable=None	设置网格线，默认值
visable=True	设置网格线
visable=False	不设置网格线
which='major'	显示主网格线，默认值
which='minor'	显示次网格线，但需要与 minorticks_on()函数一起使用
which='both'	显示主网格线和次网格线
axis='x'	垂直于 x 轴的方向设置网格线
axis='y'	垂直于 y 轴的方向设置网格线
axis='both'	x 轴和 y 轴的方向设置网格线，默认值
color='purple'	轴线颜色为紫色
linewidth=5	网格线线宽为 5point
linestyle='-.'	网格线为点画线
linestyle='--'	网格线为线虚线
linestyle=':'	网格线为点虚线

grid()函数举例如下。

```
from matplotlib import pyplot as plt
import numpy as np
fig = plt.figure('Linda Curves',figsize = (4,4))
x = np.linspace(0,14,100)
for i in range(1,7):
    plt.plot(x, np.sin(x + i * .5) * (7 - i))
plt.grid(which = 'major',color = '#DDDDDD',linewidth = 5)
plt.grid(which = 'minor',color = 'purple',linestyle = ':',linewidth = 1.5)
plt.minorticks_on()
```

< 238 >

5. 添加刻度和标签: xticks()函数和 yticks()函数

调用方式:	`pyplot.yticks(ticks = None,labels = None,**kwargs)` `pyplot.xticks(ticks = None,labels = None,**kwargs)`

xticks()和 yticks()函数可以分别为 x 轴和 y 轴添加刻度和标签,两个函数的常用参数如表 10.27 所示。

表 10.27   xticks()和 yticks()函数的常用参数

参数及取值	说明
locs,labels = xticks() locs,labels = yticks()	获取当前 x 轴的刻度位置和标签 获取当前 y 轴的刻度位置和标签
ticks=[] ticks=[0,2.2,3]	清除当前 x 轴的刻度 在 x 轴坐标为 0.0、2.2 和 3.0 处添加刻度
labels=['Linda','E','Alice']	在 ticks 指定的位置分别添加标签 'Linda'、'E'和'Alice'
**kwargs	自由设置 labels 的格式,如 rotate 等
rotate=20	标签逆时针旋转 20 度

6. 设置显示范围: xlim()函数和 ylim()函数

xlim()和 ylim()函数的常用参数如表 10.28 所示。

表 10.28   xlim()和 ylim()函数的常用参数

函数	说明
left,right = xlim()	获取 x 轴当前的显示范围
xlim((left, right))	设置 x 轴的显示范围
xlim(right=3)	left 的值不变,right 的值变为 3
xlim(left=1)	left 的值变为 1,right 的值不变
bottom,top= ylim()	获取 y 轴当前的显示范围
ylim((bottom, top))	设置 y 轴的显示范围
ylim(bottom, top)	设置 y 轴的显示范围
ylim(top=3)	bottom 的值不变,top 的值变为 3
ylim(bottom=1)	bottom 的值变为 1,top 的值不变

7. 添加注释: annotate()函数

对于图形中的特殊点或区域需要特别说明时,我们可以利用 annotate()函数添加注释。例如,为前面名为 Linda Curves 的图形添加一条注释,如图 10.16 所示。

```
                    注释文本              文本颜色              文本字体
plt.annotate('Local Maximum',color = 'purple',fontsize = 15,

            xytext = (0.7,0.95),textcoords = 'axes fraction',
                    文本的坐标                   坐标类型

            箭头指向位置的坐标        坐标类型
            xy = (7.3, 6.01) ,xycoords = 'data',
arrowprops = dict(arrowstyle = "->",connectionstyle = "arc3"))
                    箭头样式                连接样式
plt.savefig('figure-Annotate.jpg')
```

< 239 >

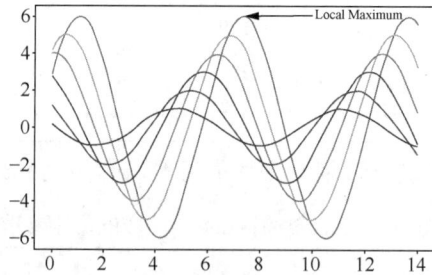

图 10.16 在当前绘图中添加注释

10.5 案例：绘制正弦和余弦函数图形

利用 Mapplotlib 模块绘制正弦函数和余弦函数的图形。

```python
import math                              # math 模块：三角函数和 π
from Matplotlib import pyplot           # 从 Matplotlib 模块导入 pyplot 工具包
num = 100                                # 点数
delta = 2 *math.pi/(num - 1)           # [-π,π] 区间内 num 个点之间的间隔
Xs = []                                  # x 轴坐标，初始化为空列表
for i in range(0,num):
    Xs.append(-math.pi + i *delta)     # 列表中不断追加 x 轴坐标
sin_Ys = [math.sin(x) for x in Xs]     # 列表解析，sin(x) 的值
cos_Ys = [math.cos(x) for x in Xs]     # 列表解析，cos(x) 的值
pyplot.figure(1)                         # 生成第 1 个绘图对象
pyplot.plot(Xs,sin_Ys,"-.")            # 曲线 sin(x)，线型为 "-."，颜色随机
pyplot.plot(Xs,cos_Ys,".")             # 曲线 cos(x)，线型为 "."，颜色随机
pyplot.title("sin and cos functions")  # 图形的标题
pyplot.legend(["sin(x)","cos(x)"])     # 图例
pyplot.grid("on")                        # 显示网格
pyplot.axis("equal")                     # x 轴和 y 轴的比例尺相同，避免图形失真
pyplot.axhline(color = "k")            # 添加 x 轴，黑色
pyplot.axvline(color = "k")            # 添加 y 轴，黑色
pyplot.xlabel("unit:radian")           # x 轴标签
pyplot.ylabel("values")                # y 轴标签
pyplot.figure(2)                         # 创建第 2 个图形对象
pyplot.subplot(2,1,1)                   # 按顺序，2 表示一行有 2 个子图，1 表示一列有 1 个子图
                                         # 共有 2 × 1 = 2 个子图，1 表示第 1 个子图
pyplot.plot(Xs,sin_Ys,"b.")
pyplot.ylabel("values")
pyplot.title("sin function")
pyplot.legend(["sin(x)"])
pyplot.subplot(2,1,2)                   # 按顺序 2 表示一行有 2 个子图，1 表示一列有 1 个子图
                                         # 共有 2 × 1 = 2 个子图，2 表示第 2 个子图
pyplot.plot(Xs,cos_Ys,"r:")
pyplot.ylabel("values")
pyplot.title("cos function")
pyplot.legend("cos(x)")
pyplot.xlabel("unit:radian")
```

< 240 >

绘图结果如图 10.17 所示。

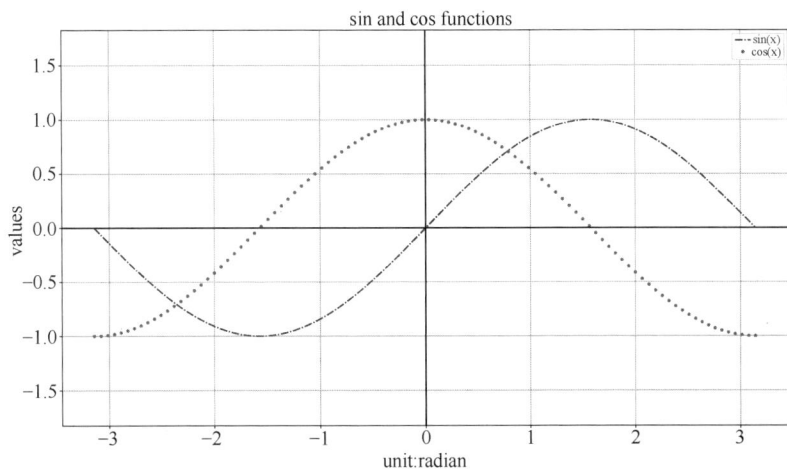

（a）1 个子图

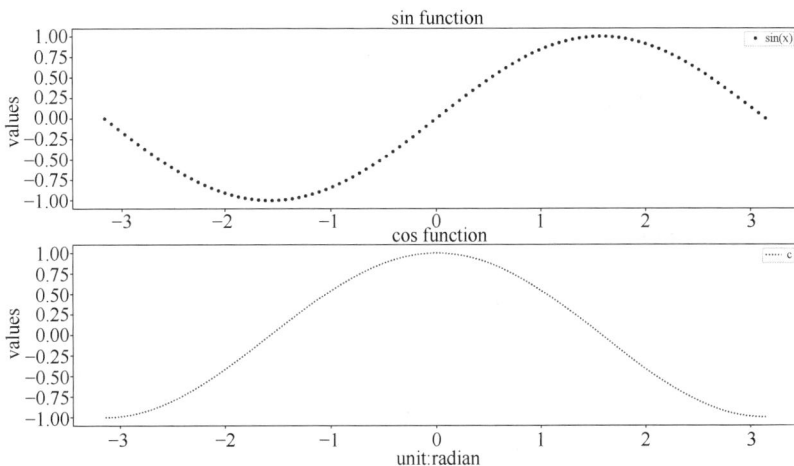

（b）2 个子图

图 10.17   pyplot 绘制曲线

习题

1. 如何显示 NumPy 的版本号和配置文件？
2. 创建一个大小为 5 的向量。
3. 如何查看 NumPy 模块中 add() 函数的用法？
4. 创建一个大小为 10 的空向量，将其第 5 个值设置为 1。
5. 创建一个整数向量，元素的值从 10 到 49。
6. 创建一个 3×3 的对角矩阵。
7. 用随机数创建一个 3×3×3 的矩阵。
8. 创建一个大小为 10 的数组并排序。
9. 创建一个矩阵并计算矩阵的秩。
10. 创建一个 3×3 的矩阵，要求矩阵元素符合标准状态分布。

< 241 >

第**11**章　图形用户界面

到目前为止，我们所编写的应用程序都属于控制台应用程序，即用户与应用程序之间通过控制台利用字符进行交互。相比于控制台应用程序，基于图形用户界面（Graphic User Interface，GUI）的应用程序利用更为直观的图形界面与用户进行交互，从而能够实现更为复杂的程序功能。本章介绍基于PyQt6 模块的 GUI 应用程序设计与开发。

11.1　PyQt6 概述

微课视频

11.1.1　Python GUI 开发库

Python 中有多个开发图形用户界面的库，如表 11.1 所示。

表 11.1　Python GUI 开发库

GUI 开发库	简介
Tkinter	Tkinter（Tk interface）是 Python 的标准 GUI 开发库，在 Linux、UNIX、Windows 和 Macintosh 操作系统中都可以使用。Python 自带的 IDLE 就是用 Tkinter 开发的。Tkinter 简单、实用，较为适合开发小型的 GUI 应用程序，开发速度快
PyGTK	GTK 是 Linux 操作系统下 Gnome 的核心 GUI 开发库，功能齐全。PyGTK 则是 GTK 的 Python 接口
wxPython	wxWidgets 是比较流行的跨平台 GUI 开发技术，适合开发大型应用程序。wxPython 则是 wxWidgets 的 Python 接口

11.1.2　PyQt6 模块

Qt 是一种开源的 GUI 开发库，用 C++语言编写而成，适用于大型应用程序的开发。Qt 的 Python 接口有两个：PySide 和 PyQt。PySide 由 Qt 公司开发，而 PyQt 则由 Riverbank 计算有限公司独立开发。在 Qt6 发布一个月后的 2021 年 1 月 4 日，PyQt6 发布了第一个版本。PyQt6 是一个多平台的工具包，它可以在包括 UNIX、Windows 和 macOS 在内的大部分操作系统上运行。

11.1.3　安装 PyQt6 模块

利用 pip 可以安装 PyQt6 模块。

```
pip install pyqt6
from PyQt6.QtCore import QT_VERSION_STR        # 查看 Qt 版本
from PyQt6.QtCore import PYQT_VERSION_STR      # 查看 PyQt 版本
print(QT_VERSION_STR)                          6.3.1
print(PYQT_VERSION_STR)                        6.3.1
```

11.1.4 GUI 的基本组成

引例 11.1 创建一个名为"Linda"的窗口，编辑需要参加的会议信息。

我们将利用 PyQt6 创建的窗口如图 11.1 所示，通过分析这个窗口可以了解 GUI 的基本组成。

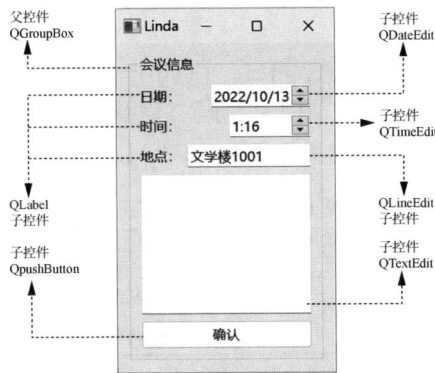

图 11.1 利用 PyQt6 创建的窗口

1. 控件

组成"Linda"窗口的多个基本部分，称为控件（widget）。每个控件都由 PyQt6 模块中定义的类来创建，即控件是对应类的实例，如表 11.2 所示。

表 11.2 控件与类

窗口元素	控件类型	生成语句
"日期:"	QLabel 类控件	l_date=QLabel("日期: ")
"时间:"	QLabel 类控件	l_time=QLabel("时间: ")
"地点:"	QLabel 类控件	l_location=QLabel("地点: ")
2022/10/13	QDateEdit 类控件	date=QDateEdit(QtCore.QDate.currentDate()) 设置为当前日期
1:16	QTimeEdit 类控件	time=QTimeEdit(QtCore.QTime.currentTime()) 设置为当前时间
文学楼1001	QLineEdit 类控件	location=QLineEdit("文学楼 1001")
空白框	QTextEdit 类控件	text=QTextEdit()
确认	QPushButton 类控件	btn=QPushButton("确认")
会议信息	QGroupBox 类控件	groupBox = QGroupBox("会议信息") # 此控件的作用: 上述 8 个控件放入此控件中以便分类显示信息

< 243 >

2．布局

窗口中共有 9 个控件，其中 1 个 QGroupBox 类控件作为父控件用于圈住其他 8 个子控件。这 8 个子控件分 5 行排列，前 3 行中每行有 2 个控件。控件的空间排列方式，称为布局（layout）。布局是 GUI 的基本组成部分，利用 PyQt6 模块中有关的类来创建，即布局是 PyQt6 模块中某些类的实例，如表 11.3 所示。

表 11.3　布局与类

布局	控件类型	生成语句
垂直布局	QVBoxLayout 类控件	vbox=QVBoxLayout()
水平布局	QHBoxLayout 类控件	hbox=QHBoxLayout()

3．主窗口

图 11.1 所示的是一个名为"Linda"的主窗口，主窗口包含具有一定布局结构的 9 个控件。主窗口是控件和布局的容器，PyQt6 中并未定义专门的类来创建主窗口，而是利用控件来生成，因此主窗口是具有容器功能的控件，是 PyQt6 中控件类的实例，如表 11.4 所示。

表 11.4　主窗口与类

主窗口	控件类型	生成语句
主窗口	任一类控件	win=QWidget()　　　　　　　　# 主窗口 win.setWindowTitle("Linda")　　# 设置窗口标题

注：QWidget 是所有控件类（如我们已经见过的 QLineEdit、QTextEdit、QLabel 等）的超类。主窗口一般由 QWidget() 来生成，因为 QWidget 类没有特定形态。尽管可以利用诸如 QLineEdit 等子类来创建主窗口，但这些子类有特定形态，会让主窗口的形状显得比较怪异。

4．signal/slot

在图 11.1 所示的界面中，QTextEdit 类控件所呈现的是一个空白框，用于输入文本内容。当输入完成之后，需要单击下面的"确认"按钮将输入的文本内容输入程序，让程序捕获输入的文本并加以保存。这就体现了 PyQt6 模块中 signal 和 slot 的概念：用户单击"确认"按钮，触发了 QPushButton 类所拥有的一类名为"pressed"的信号（signal），此"pressed"信号在程序中传播，被其所关联的函数（slot）捕获，进而即会调用所关联的函数。因此，在 PyQt6 模块中，程序依靠 signal/slot 机制捕获用户行为并完成特定功能；所关联的函数既可以是内置函数或导入模块中的函数，也可以是自定义函数。signal 与 slot 的对应关系如表 11.5 所示。

表 11.5　signal 与 slot 的对应关系

signal	slot	signal/slot 相关联
pressed	getText()	btn.pressed.connect(getText) # btn：QPushButton 类控件名称 # pressed：signal # connect：关联 # getText：slot

```
def getText():        # text：QTextEdit 类控件的名称（即图 11.1 中的空白框）
    text.toPlainText()  # toPlainText()：QTextEdit 控件的方法，用于获取框中输入的文本
```

因此，在空白框中输入文本之后，单击"Linda"窗口中的"确认"按钮，"Linda"窗口的效果如图 11.2 所示。

< 244 >

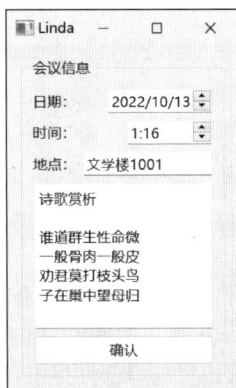

图 11.2　输入文本后的"Linda"窗口

11.1.5　关于变量的命名

通过上面的代码可以发现，PyQt 编写的代码并没有遵循 PEP 8 规则。这是因为 PyQt 是建立在 Qt 基础之上的，而 Qt 是利用 C++编写的，采用的是驼峰命名规则。那么我们在利用 PyQt 编写代码时，应该采用何种编程风格呢？最好和 Qt 的编程风格一致，这也是 PEP 8 规则所提倡的。

11.2　代码方式创建控件

创建 GUI 的控件有两种方式：代码方式和 Qt Designer 方式。其中，代码方式创建 GUI 的控件也分为两种方式：函数式编程和面向对象编程。

11.2.1　主窗口

主窗口是 GUI 中的基本元素，用于划定用户和程序的交互区域，其他的 GUI 控件放于主窗口内。PyQt 中提供了一个 QMainWindow 类专门用于创建主窗口，方便用户使用；同时，PyQt 中的任意一个控件都可以用于创建主窗口；用户也可以利用自定义的窗口类来创建主窗口对象。

1．导入基本模块

创建主窗口并设置主窗口属性的函数如表 11.6 所示。

表 11.6　创建主窗口及设置主窗口属性的函数

功能	所需函数及其参数	所需模块
创建窗口	QWidget()	QtWidgets
设置窗口尺寸：方法一	窗口尺寸 resize(width,height)	
设置窗口尺寸：方法二	setGeometry(X 轴坐标,Y 轴坐标,width,height) 窗口左上角的坐标	
窗口标题	setWindowTitle(字符串)	
窗口图标	setWindowIcon(QIcon(字符串))	QtGui

< 245 >

创建主窗口时，需要导入的模块如下。

```
import sys
from PyQt6.QtWidgets import QApplication
from PyQt6.QtWidgets import QWidget
from PyQt6.QtGui import QIcon
```

2. 两种编程方式

下面采用两种编程方式来创建窗口部件对象。函数式编程，可以直接调用函数或者采用对象内置的方法。这种方式容易理解和入手，通过编程方式所创建的主窗口示例，可以帮助我们更深入理解 GUI 的面向对象创建方法。面向对象编程，可以将窗口部件集中在一个新建类中，增加和删除窗口部件更为方便，推荐使用这种编程方法。创建窗口结果如图 11.3 所示。

（1）函数式编程

```
app = QApplication(sys.argv)
```
命令行中输入参数

```
'''
任意基于Qt平台QWidget技术的GUI应用程序中，
都必须创建一个 QApplication 对象。这个
QApplication 对象负责窗口中所有部件的初始化
和终止化所涉及的工作
'''
```

```
winP = QWidget()                      # 创建窗口
winP.resize(400,280)                  # 设置窗口尺寸
winP.setWindowTitle('Linda App')      # 设置窗口标题
winP.setWindowIcon(QIcon('i.png'))    # 设置窗口图标
winP.show()                           # 默认情况下不显示窗口
sys.exit(app.exec())                  # 必需语句。单击窗口右上角的符号×，退出应用程序
```

（2）面向对象编程

```
class Window(QWidget):                          # 新建 Window 类，继承自父类 QWidget
    def __init__(self):                         # 定义初始化函数，唯一参数为 Windows 类的实例
        super().__init__()
        self.resize(400,280)                    # Window 类实例调用 resize()方法
        self.setWindowTitle('Linda App')
        self.setWindowIcon(QIcon('i.png'))      # Window 类实例调用 setWindowIcon()方法
app = QApplication(sys.argv)
winO = Window()                                 # 创建 Window 类实例 winO
winO.show() sys.exit(app.exec())
```

现在所创建的窗口是一个空白窗口，该窗口只有图标、标题和空白区域这 3 个基本元素，这 3 个基本元素由 QWidget 对象创建；空白窗口右上角的 3 个符号（－、□、×）及其对应的功能，则是由 QApplication 类提供的。

11.2.2 标签 QLabel

QLabel 类控件就是常用的标签，可在 GUI 窗

图 11.3 创建窗口结果

< 246 >

口中显示文本。此类控件绑定了很多有用的函数，方便用户检索和更新文本。

1. 创建 QLabel 类控件

利用下面的示例代码可以创建 QLabel 类控件，结果如图 11.4 所示。

```
from PyQt6.QtWidgets import QLabel          # 导入所需的 QLabel 类
class WinO(QWidget):
    def __init__(self):
        ⋮
        label = QLabel('Hello World\n 世界真好',self)  # 默认位置(0,0)
                                              # self 表示 QLabel 类控件所在的窗口
```

2. 移动 QLabel 类控件

利用下面的示例代码移动 QLabel 类控件，结果如图 11.5 所示。

```
class WinO(QWidget):
    def __init__(self):
        ⋮
                    x 坐标   y 坐标
        label.move(75  ,  50)
```

图 11.4　创建标签　　　　图 11.5　移动标签

3. 获取和更新 QLabel 类控件的文本

利用下面的示例代码获取和更新 QLabel 类控件的文本，结果如图 11.6 所示。

```
print(label.text())                         Hello World!
                                            世界真好
label.setText("How beautiful the world is!")
```

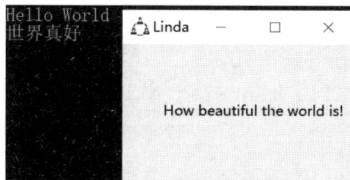

图 11.6　更新标签中的文本

4. 文本对齐方式

由前面的例子可知，标签类实例可以调用 resize() 函数（见 11.2.1 小节），说明文本位于一个矩形框中。事实也确实如此，只不过默认情况下并不显示这个矩形框。标签中文本的对齐方式，就是相对于这个矩形框而言的。例如，文本居中对齐意味着文本位于矩形框的中间位置。设置文本对齐方式的方法和对齐方式如表 11.7 所示。

< 247 >

表 11.7　文本对齐方式及其设置方法

方法	对齐方式	说明
setAlignment()	Qt.AlignmentFlag.AlignBottom	底部对齐
	Qt.AlignmentFlag.AlignCenter	居中对齐
	Qt.AlignmentFlag.AlignTop	顶部对齐，默认
	Qt.AlignmentFlag.AlignLeft	左对齐
	Qt.AlignmentFlag.AlignRight	右对齐
	Qt.AlignmentFlag.AlignHCenter	水平居中
	Qt.AlignmentFlag.AlignVCenter	垂直居中
	Qt.AlignmentFlag.AlignJustify	两端对齐

关于文本对齐方式的示例代码如下，结果如图 11.7 所示。

```python
import…                                              # 导入模块
class WinO(QWidget):                                 # 定义 WinO 类
    def __init__(self):                              # QWidget 超类
        super().__init__()
        self.setWindowTitle("Label")
        self.setGeometry(0, 0, 650, 300)             # 窗口标题
                                                     # 位置和尺寸
        l1 = QLabel("Bottom", self)                  # 创建标签 l1
        l1.move(20, 100)
        l1.resize(60, 60)
        l1.setStyleSheet("border: 1px solid black;") # 标签框颜色和粗细
        l1.setAlignment(Qt.AlignmentFlag.AlignBottom) # 底部对齐
        l2 = QLabel("Center", self)
        l2.move(90, 100)
        l2.resize(60, 60)
        l2.setStyleSheet("border: 1px solid black;")
        l2.setAlignment(Qt.AlignmentFlag.AlignCenter) # 居中对齐
        l3 = QLabel("Top", self)
        l3.move(160, 100)
        l3.resize(60, 60)
        l3.setStyleSheet("border: 1px solid black;")
        l3.setAlignment(Qt.AlignmentFlag.AlignTop)   # 顶部对齐
        l4 = QLabel("Left", self)
        l4.move(230, 100)
        l4.resize(60, 60)
        l4.setStyleSheet("border: 1px solid black;")
        l4.setAlignment(Qt.AlignmentFlag.AlignLeft)  # 左对齐
        l5 = QLabel("Right", self)
        l5.move(300, 100)
        l5.resize(60, 60)
        l5.setStyleSheet("border: 1px solid black;")
        l5.setAlignment(Qt.AlignmentFlag.AlignRight) # 右对齐
        l6 = QLabel("H center", self)
        l6.move(370, 100)
        l6.resize(90, 60)
        l6.setStyleSheet("border: 1px solid black;")
        l6.setAlignment(Qt.AlignmentFlag.AlignHCenter) # 水平居中
```

< 248 >

```
17 = QLabel("V center", self)
17.move(470, 100)
17.resize(60, 90)
17.setStyleSheet("border: 1px solid black;")
17.setAlignment(Qt.AlignmentFlag.AlignVCenter)        # 垂直居中
18 = QLabel("Justify", self)
18.move(540, 100)
18.resize(60, 90)
18.setStyleSheet("border: 1px solid black;")
18.setAlignment(Qt.AlignmentFlag.AlignJustify)        # 两端对齐
self.show()                                            # 显示窗口
app = QApplication(sys.argv)                           # 创建应用程序
window = WinO()                                        # WinO 类实例
sys.exit(app.exec())
```

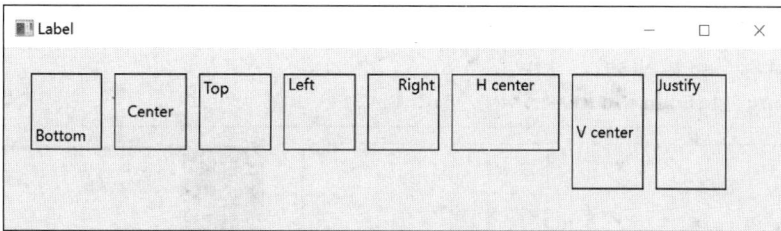

图 11.7　标签中文本的对齐方式

5. 显示图像

有时候，可能希望标签不显示文本而显示图像，我们可以利用 setPixmap()方法实现，如图 11.8 所示。在利用此方法之前，需要先将图像转换为 QPixmap 类的实例对象。

```
im = QPixmap("./i.jpg")
11.setPixmap(im)
13.setPixmap(im)
17.setPixmap(im)
```

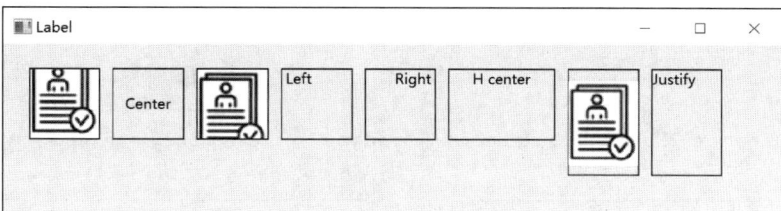

图 11.8　利用 setPixmap()方法为标签添加图像

11.2.3　复选框 QCheckBox

1. 创建复选框

利用下面的示例代码可以创建复选框，结果如图 11.9 和图 11.10 所示。

```
from PyQt6.QtWidgets import QCheckBox        # 导入所需的 QCheckBox 类
from PyQt6.QtCore import Qt                  # 导入状态标志所需的 Qt 类
```

< 249 >

```
class WinO(QWidget):                                  # 不执行语句①的结果见图 11.9
    def __init__(self):                               # 执行语句①后的结果见图 11.10
        ⋮
        cBox = QCheckBox('Hello World\n 世界真好',self)    # 创建复选框
        cBox.move(35,50)                              # 移动到新位置
①       cBox.setCheckState(Qt.CheckState.Checked)     # checked 状态
```

2. signal/slot

我们利用下面的示例代码介绍复选框常用的 signal/slot，结果如图 11.11 所示。

```
from PyQt6.QtWidgets import QCheckBox              # 导入所需的 QCheckBox 类
from PyQt6.QtCore import Qt                        # 导入状态标志所需的 Qt 类
class WinO(QWidget):                               # 单击复选框触发 stateChangedsignal，并返
    def __init__(self):                            # 回状态值
        ⋮
        cBox.stateChanged.connect(self.slotShowState)
    def slotShowState(self, s):
        print(Qt.CheckState(s) == Qt.CheckState.Checked)   # 返回状态变量 s
```

图 11.9　创建复选框　　　图 11.10　checked 状态　　　图 11.11　复选框的常用 signal/slot

11.2.4　按钮 QPushButton

1. 创建按钮

利用下面的示例代码创建按钮并移动按钮，结果如图 11.12 和图 11.13 所示。

```
from PyQt6.QtWidgets import QPushButton    # 导入所需 QPushButton 类
class Window(QWidget):
    ⋮
                                                        可略写为: self
    self.button = QPushButton('Hello World\n 世界真好',parent = self)
    self.button.move(150,100)
```

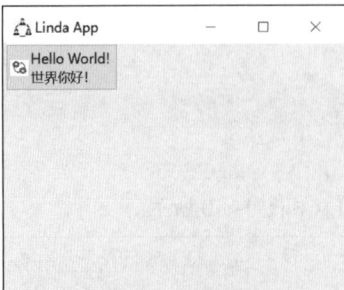

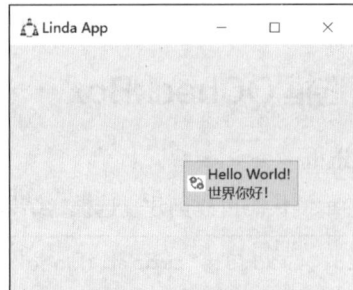

图 11.12　创建按钮　　　　　　图 11.13　利用 move()方法移动按钮

< 250 >

尽管可以单击所创建的按钮，但由于此时还没有函数与按钮关联，因此单击之后什么也不会发生。通常情况下按钮类控件与其他类型的控件一起构成 signal/slot，例如，在前述的 "Linda" 窗口中，单击 "确认" 按钮表示往 QTextEdit 类控件中输入文本结束，窗口获取所输入的文本。

2. QPushButton 类的常用方法

QPushButton 类的常用方法如表 11.8 所示。

表 11.8　QPushButton 类的常用方法

方法	举例	说明
setDefault()	button.setDefault(True)	当按下 ⌷Enter⌷ 键时自动选中 button 按钮
setText()	button.setText('Hello')	button 按钮处显示文本 "Hello"
text()	button.text()	显示 button 按钮处的文本
toggle()	button.toggle()	button 在不同状态间转换
isDefault()	button.isDefault()	设置为 True 时，用户按下 ⌷Enter⌷ 键，系统会自动触发 button 按钮

11.2.5　单行输入框 QLineEdit

单行输入框 QLineEdit 是一种较为简单的单行文本编辑框，一般用于向表格中输入信息，也可以用于输入电子邮箱等。

1. 创建 QLineEdit 类控件

利用下面的示例代码可以创建 QLineEdit 类控件，结果如图 11.14 所示。

```python
from PyQt6.QtWidgets import QLineEdit     # 导入所需的 QLineEdit 类
class Win0(QMainWindow):
    def __init__(self):
        ⋮
        l = QLineEdit(parent=self)
                      所在的窗口，可省略
        l.move(30,20)
```

2. QLineEdit 类的常用方法

QLineEdit 类的常用方法如表 11.9 所示。

表 11.9　QLineEdit 类的常用方法

方法	举例	说明
clear()		删除输入框中的文本
setAlignment()	参数取值与 QLabel 相同	文本相对于框体的对齐方式
setEchoMode(*)，*为参数，其取值如下		
QLineEdit.EchoMode.NoEcho	l.setEchoMode(*)	不回显输入的文本
QLineEdit.EchoMode.Normal	l.setEchoMode(*)	默认值，正常回显所输入的文本
QLineEdit.EchoMode.Password	l.setEchoMode(*)	回显 "*"
QLineEdit.EchoMode.PasswordEchoOnEdit	l.setEchoMode(*)	输入时正常回显；输入完毕，移动鼠标后显示 "*"
setMaxLength()	l.setMaxLength(10)	最多输入 10 个字符

< 251 >

续表

方法	举例	说明
setPlaceholderText()	l.setPlaceholderText("请输入文本")	输入框中显示"请输入文本"
setReadOnly()	l.setReadOnly()	输入框不可编辑
setFont()	l.setFont(font)	设置字体为 font
setFixedWidth(width)	l.setFixedWidth(10)	输入框的宽度为 10 个像素
text()	l.text()	获取输入框中的文本

下面是关于 QLineEdit 方法应用的一个例子，结果如图 11.15 所示。

```
from PyQt6.QtWidgets import QWidget                              # 用于 QHBoxLayout 类
from PyQt6.QtGui import QFont                                    # 设置字体
from PyQt6.QtWidgets import QHBoxLayout                          # 对控件横向自动布局
class Win0(QWidget):                                             # 超类为 QWidget
    def __init__(self):
        ⋮
        font = QFont()                                           # 获取当前字体
        font.setPointSize(13)                                    # 设置字体大小
        font.setItalic(True)                                     # 设置斜体
        layout = QHBoxLayout()                                   # 横向排列控件
        self.setLayout(layout)
        l1 = QLineEdit(self)                                     # 创建单行输入框
        l1.setAlignment(Qt.AlignmentFlag.AlignRight)             # 文本右对齐
        l1.setFont(font)                                         # 设置字体
        layout.addWidget(l1)                                     # 横向自动排列控件
        l1.setPlaceholderText("No Echo")                         # 显示"No Echo"
        l1.setEchoMode(QLineEdit.EchoMode.NoEcho)                # 不回显输入的文本
        ...                                                      # 类似 l1 的相关语句
        l2.setPlaceholderText("Normal")                          # 显示"Normal"
        l2.setEchoMode(QLineEdit.EchoMode.Normal)                # 回显输入的文本
        ...                                                      # 类似 l1 的相关语句
        l3.setPlaceholderText("Password")                        # 显示"Password"
        l3.setEchoMode(QLineEdit.EchoMode.Password)              # 回显黑点
        ...                                                      # 类似 l1 的相关语句
        l4.setPlaceholderText("PasswordEchoOnEdit")
        l4.setEchoMode(QLineEdit.EchoMode.PasswordEchoOnEdit)    # 移动鼠标显示黑点
```

图 11.14　创建单行输入框

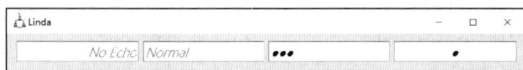

图 11.15　QLineEdit 方法示例

3．signal/slot

下面举例说明单行输入框常用的 signal，结果如图 11.16、图 11.17 和图 11.18 所示。

< 252 >

```
class WinO(QWidget):                用户改变选项触发 selectionChanged signal；用户编辑文本触发
    def __init__(self):             textChanged signal 和 textEdited signal；程序更改文本触发
        ⋮                           textChanged signal；按下 Enter 键触发 retrunPressed signal

        self.12 = QLineEdit(self)                                    '''
        self.12.setAlignment(Qt.AlignmentFlag.AlignLeft)            12 修改为 WinO 的属性，
        self.12.setFont(font)                                       以便在 slot 中调用；其他
        layout.addWidget(self.12)                                   单行输入框的定义不变
        self.12.setPlaceholderText("Normal")                        '''
        self.12.setEchoMode(QLineEdit.EchoMode.Normal)
        self.12.selectionChanged.connect(self.slotSelectionChanged)
        self.12.textChanged.connect(self.slotTextChanged)
        self.12.textEdited.connect(self.slotTextEdited)
        self.12.returnPressed.connect(self.slotReturnPressed)
    def slotSelectionChanged(self):                # 不返回数据
        print("Selection Changed"))
        print(self.12.selectedText())              # 返回用户双击鼠标时所选中的文本
    def slotTextChanged(self,s):                   # s 为用户或程序输入的文本
        print(s)
    def slotTextEdited(self,s):                    # s 为用户输入的文本
        print(s)
    def slotReturnPressed(self):                   # 无返回数据
        print("Return Pressed")
```

图 11.16　用户双击选中文本

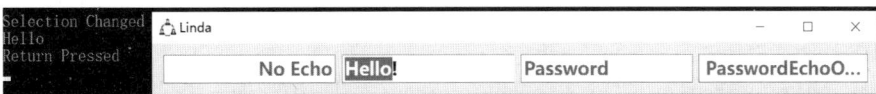

图 11.17　用户按下 Enter 键

图 11.18　用户输入文本

11.2.6　QSpinBox 和 QDoubleSpinBox 类

　　QSpinBox 和 QDoubleSpinBox 类控件表示旋转框，旋转框带有箭头（表示增加或减少），用户可以利用旋转框输入数值。旋转框 QSpinBox 可以输入整数，而 QDoubleSpinBox 则可以输入实数。

< 253 >

1. 创建旋转框

下面的示例代码创建旋转框，结果如图 11.19 所示。

```python
from PyQt6.QtWidgets import QSpinBox                              # 导入所需的 QSpinBox 类
from PyQt6.QtWidgets import QDoubleSpinBox                        # 导入所需的 QDoubleSpinBox 类
from PyQt6.QtWidgets import QVBoxLayout                           # 导入垂向自动排列类
class WinO(QMainWindow):
    def __init__(self):
        ⋮
        layout = QVBoxLayout()                                   # 设置垂向自动排列
        self.setLayout(layout)
        sBox = QSpinBox(self)                                    # 创建 QSpinBox 类旋转框
        sBox.setMinimum(-10)                                     # 设置最小值
        sBox.setMaximum(10)                                      # 设置最大值
        sBox.setPrefix("￥")                                      # 设置显示前缀
        sBox.setSuffix("元")                                      # 设置显示后缀
        sBox.setSingleStep(3)                                    # 设置步长
        layout.addWidget(sBox)                                   # 添加
        sBox.setAlignment(Qt.AlignmentFlag.AlignLeft)            # 文本左对齐
        dsBox = QDoubleSpinBox(self)                             # 创建 QDoubleSpinBox 类旋转框
        dsBox.setMinimum(-10)                                    # 也可以使用 dsBox.setRange
        dsBox.setMaximum(10)                                     # (-10,10)
        dsBox.setPrefix("$")                                     # 设置前缀
        dsBox.setSuffix("c")                                     # 设置后缀
        dsBox.setSingleStep(0.1)                                 # 设置步长
        layout.addWidget(dsBox)                                  # 添加
        dsBox.setAlignment(Qt.AlignmentFlag.AlignRight)         # 文本右对齐
```

2. signal/slot

下面举例说明旋转框常用的 signal，结果如图 11.20 所示。

```python
class WinO(QWidget):                          '''
    def __init__(self):                       单击箭头选项触发 valueChangedsignal 和
        ⋮                                     textChanged signal，并返回对应的值
                                              '''
        sBox.valueChanged.connect(self.slotValueChanged)
        dsBox.textChanged.connect(self.slotValueChanged_str)
    def slotValueChanged(self,i):             # 返回当前值 i
        print("value changed to ",i))
    def slotValueChanged_str(self,s):         # 以文本方式返回包括前后缀在内的值
        print("value changed to ",s)
```

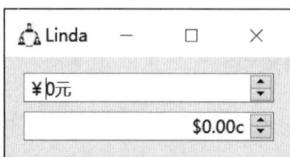

图 11.19　创建旋转框

图 11.20　旋转框常用的 signal

< 254 >

11.2.7　滑块 QSlider

滑块 QSlider 与 QDoubleSpinBox 类旋转框的功能类似，都用来设置数值，但滑块利用位置表示数值。当不需要数值的精确取值时，可利用滑块控件在最小值和最大值之间来回滑动得到合适的大小，如调整音量大小等。

1．创建滑块

下面的示例代码演示了滑块的创建，结果如图 11.21 所示。

```
from PyQt6.QtWidgets import QSlider                              # 导入所需的 QSlider 类
class Win0(QMainWindow):
    def __init__(self):
        ⋮
        sLider = QSlider(self)                                   # 创建滑块
        sLider.resize(5,50)                                      # 调整滑块大小
        sLider.setRange(0,20)                                    # 设置数值范围
        sLider.setSingleStep(2)                                  # 设置滑动步长
        sLider.move(30,30)                                       # 移动到位置(30,30)
        sLiderV = QSlider(Qt.Orientation.Vertical,self)          # 竖直方向
        …                                                        # 其他设置类似 sLider
        sLiderV = QSlider(Qt.Orientation.Horizontal,self)        # 水平方向
        sLiderH.resize(50,5)                                     # 滑块尺寸
        …                                                        # 其他设置类似 sLider
```

2．signal/slot

下面举例说明滑块常用的 signal，结果如图 11.22 所示。

```
                           '''
class Win0(QMainWindow):   单击滑块触发 valueChanged signal；滑动滑块触发 sliderPressed 和
    def __init__(self):    sliderMoved；放开滑块触发 sliderReleased signal，并返回对应的值
        ⋮                  '''
        sLider.valueChanged.connect(self.slotValueChanged)
        sLider.sliderMoved.connect(slotSliderPosition)
        sLider.sliderPressed.connect(self.slotsliderPressed)
        sLider.sliderReleased.connect(sliderReleased)
    def slotValueChanged(self,i):                               # 返回值 i
        print("Value Changed to ",i))
    def slotSliderPosition(self,p):                             # 返回滑块位置 p
        print("Position Changed to ",p)
    def slotSliderPressed(self):                                # 无返回值
        print("Pressed")
    def slotSliderReleased(self):                               # 无返回值
        print("Released")
```

图 11.21　创建滑块

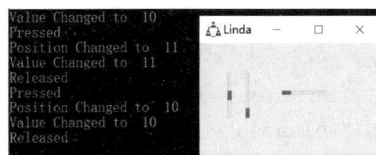

图 11.22　滑块常用的 signal

< 255 >

11.2.8 拨号盘 QDial

拨号盘 QDial 与滑块的功能类似，只不过是利用一个可旋转的控件来设置数值。尽管这个控件看上去很漂亮，但从 UI 的角度考虑，此类控件对用户并不友好。此类控件可以在音频类应用程序中应用。

1. 创建拨号盘

下面的示例代码用于创建拨号盘，结果如图 11.23 所示。

```python
from PyQt6.QtWidgets import QDial        # 导入所需的 QDial 类
class Win0(QMainWindow):
    def __init__(self):
        ⋮
        dial = QDial(self)               # 创建拨号盘
        dial.resize(90,90)               # 调整控件大小
        dial.setRange(0,30)              # 设置数值范围
        dial.setSingleStep(1)            # 设置步长
        self.setCentralWidget(dial)      # 移动到窗口中间位置
```

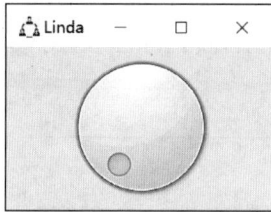

图 11.23 创建拨号盘

2. signal/slot

下面举例说明拨号盘常用的 signal，结果如图 11.24 所示。

```python
                                    '''
class Win0(QMainWindow):            单击滑块触发 valueChanged signal; 滑动滑块触发 sliderPressed
    def __init__(self):             和 sliderMoved; 放开滑块触发 sliderReleased signal, 并返
        ⋮                           回对应的值
                                    '''
        dial.valueChanged.connect(self.slotValueChanged)
        dial.sliderMoved.connect(slotSliderPosition)
        dial.sliderPressed.connect(self.slotsliderPressed)
        dial.sliderReleased.connect(sliderReleased)
    def slotValueChanged(self,i):          # 返回值 i
        print("Value Changed to ",i))
    def slotSliderPosition(self,p):        # 返回滑块位置 p
        print("Position Changed to ",p)
    def slotSliderPressed(self):           # 无返回值
        print("Pressed")
    def slotSliderReleased(self):          # 无返回值
        print("Released")
```

< 256 >

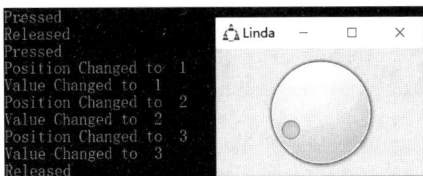

图 11.24　拨号盘常用的 signal

11.2.9　单选按钮 QRadioButton

1. 创建单选按钮

下面的示例代码用于创建单选按钮，结果如图 11.25 和图 11.26 所示。

（1）函数式编程

```
from PyQt6.QtWidgets import QRadioButton          # 导入所需的 QRadioButton 类
radioButton = QRadioButton("Linda", parent = winP)
                                                   # 创建单选框
                           单选按钮所在的窗口
radioButton.move(50,90)                            # 移动到位置(50,90)
```

（2）面向对象编程

```
from PyQt6.QtWidgets import QRadioButton          # 导入所需的 QRadioButton 类
class Window(QWidget):
    def __init__(self):
        ⋮
        self.radioButton = QRadioButton('Linda', parent = self)  # 单选按钮是 Window
                                                   # 类的属性
                                       可略为：self
        self.radioButton.move(50,90)
```

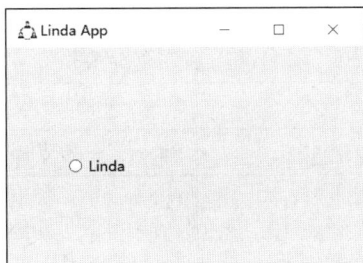

图 11.25　创建单选按钮

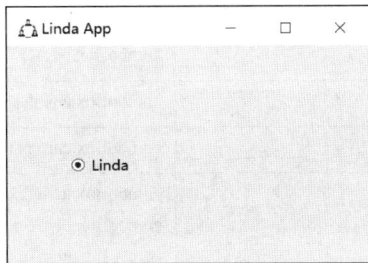

图 11.26　单击单选按钮

2. 单选按钮的常用方法

单选按钮的常用方法如表 11.10 所示。

表 11.10　单选按钮的常用方法

方法	举例	说明
setChecked()	rButton.setChecked(True)	默认选中 rButton
setText()	rButton.setText("Hello")	设置单选按钮显示的文本
text()	rButton.text()	获取单选按钮显示的文本

< 257 >

续表

方法	举例	说明
isChecked()	rButton.isChecked()	rButton 被选中，返回 True rButton 未选中，返回 False

11.2.10 组合框 QComboBox

组合框 QComboBox 是一个下拉式列表，用户可以在此列表中进行选择。

1．创建组合框

下面的示例代码用于创建组合框，结果如图 11.27 所示。

```
from PyQt6.QtWidgets import QComboBox          # 导入所需的 QComboBox 类
class Win0(QWidget):
    def __init__(self):
        ⋮

                                  可略为：self

        comboBox = QComboBox(parent = self)      '''
        comboBox.addItem("Python")               创建组合框，也可用下列语句代替：comboBox.
        comboBox.addItem("Java")                 addItems(["Python","Java","C++"])
        comboBox.addItem("C++")                  '''
        comboBox.move(50,90)
```

2．组合框的常用方法

组合框的常用方法如表 11.11 所示。

表 11.11　组合框的常用方法

方法	举例	结果及说明
clear()	comboBox.clear()	清除全部选项
count()	comboBox.count()	3　# 选项的个数
currentText()	comboBox.currentText()	Pathon　# 当前选中选项的值
itemText(index)	comboBox.itemText(0) comboBox.itemText(1) comboBox.itemText(2)	Python　# 索引为 0 的选项 Java　# 索引为 1 的选项 C++　# 索引为 2 的选项
currentIndex()	comboBox.currentIndex()	0　# 当前选中选项的索引
currentText()	comboBox.currentText()	Python　# 当前选中选项的值
setItemText(index,text)	comboBox.setItemText(1,"B")	索引为 1 选项的值设置为 "B"
setFixedWidth()	comboBox.setFixedWidth(10)	comboBox 可宽度设置为 10 个像素
setEditable()	comboBox.setEditable(True)	设置 comboBox 为可编辑的

3．signal/slot

下面举例说明组合框常用的 signal，结果如图 11.28 所示。

< 258 >

```
class WinO(QMainWindow):          '''
    def __init__(self):           用户改变选项时，会触发下面所列的名为 currentIndexChanged
        ⋮                         signal 和 currentTextChanged signal，并将所携带的数据传递
                                  给对应的 slot
                                  '''
        comboBox.currentIndexChanged.connect(self.slotIndexChanged)
        comboBox.currentTextChanged.connect(self.slotTextChanged)
    def slotIndexChanged(self,i):        # i 为选中选项的索引
        print(i)
    def slotTextChanged(self,s):         # s 为字符串对象，为选中选项的值
        print(s)
```

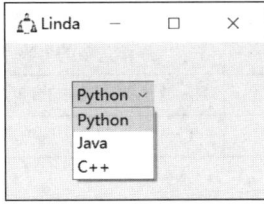

图 11.27 创建组合框   图 11.28 组合框常用的 signal

11.2.11 QListWidget 类控件

1. 创建 QListWidget 类控件

创建 QListWidget 类控件的示例代码如下，结果如图 11.29 和图 11.30 所示。

（1）函数式编程

```
from PyQt6.QtWidgets import QListWidget     # 导入所需的 QListWidget 类
qList = QListWidget(parent = winP)          '''
                                            创建 QListWidget
         qList 所在的窗口                     添加选项
QListWidget.addItem("Python")               也可用下列语句代替:qList.addItems(["Python",
QListWidget.addItem("Java")                 "Java","C++"])
QListWidget.addItem("C++")                  '''

qList.resize(75,90)                         # 调整尺寸
qList.move(30,20)                           # 移动到位置(30,20)
```

（2）面向对象编程

```
from PyQt6.QtWidgets import QListWidget     # 导入所需的 QListWidget 类
class WinO(QMainWindow):
    def __init__(self):                     '''
        ⋮
                                            QListWidget 是 Window 类的属性
                    可略为：self             添加选项
        qList = QListWidget(parent = self)  也可用下列语句代替:qList.addItems(["Python",
        qList.addItem("Python")             "Java","C++"])
        qList.addItem("Java")               '''
        qList.addItem("C++")
        qList.resize(75,90)                 # 重置尺寸
        qList.move(30,20)                   # 移动位置
```

< 259 >

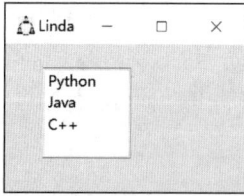

图 11.29　创建 QListWidget 类控件　　　　图 11.30　单击选项

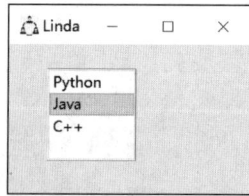

2．QListWidget 类控件的常用方法

QListWidget 类控件的常用方法如表 11.12 所示。

表 11.12　QListWidget 类控件的常用方法

方法	举例	结果及说明
count()	qList.count()	3　# 单选项的个数
currentItem()	qList.currentItem()	None # 当前选中的选项
currentRow()	qList.currentRow()	−1　# 当前选中选项所在行，−1 表示未选中

3．signal/slot

下面举例说明组合框 QListWidget 类控件常用的 signal，结果如图 11.31 所示。

```
class WinO(QMainWindow):          '''
    def __init__(self):           改变选项时，会触发下面所列的名为 currentItemChanged、
        ⋮                         currentTextChanged 和 currentRowChanged 等 signal，并
                                  将所携带的数据传递给对应的 slot
                                  '''
        qList.currentItemChanged.connect(self.itemChanged)
        qList.currentTextChanged.connect(self.textChanged)
        qList.currentRowChanged.connect(self.rowChanged)
    def itemChanged(self,i):   # i 为 QListWidgetItem 对象，text() 返回对应的文本
        print(i.text())
    def textChanged(self,s):   # s 为字符串对象，为选中选项的值
        print(s)
    def rowChanged(self,i):    # i 为选中选项所在行的行号
        print(i)
```

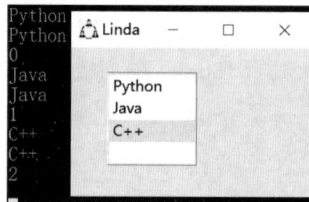

图 11.31　组合框 QListWidget 类控件常用的 signal

11.2.12　QTabWidget 类控件

1．创建 QTabWidget 类控件

创建 QTabWidget 类控件的示例代码如下，结果如图 11.32 和图 11.33 所示。

< 260 >

```
from PyQt6.QtWidgets import           # 导入所需的 QTabWidget 类
QTabWidget
class WinO(QMainWindow):
    def __init__(self):
        ⋮
        tabs = QTabWidget()           # 创建 QTabWidget
        btn = QPushButton("Lind")     # 创建按钮控件 btn
        tabs.addTab(btn,"姓名")        # btn 和"姓名"组合为 tab，并添加到 tabs 中
        btn = QPushButton("1.68")     # 创建按钮控件 btn
        tabs.addTab(btn,"身高")        # btn 和"身高"组合为 tab，并添加到 tabs 中
        self.setCentralWidget(tabs)   # 将控件 tabs 设置为主窗口
```

图 11.32　创建 QTabWidget 类控件　　　图 11.33　单击标签

2．QTabWidget 类控件的常用方法

QTabWidget 类控件的常用方法如表 11.13 所示。

表 11.13　QTabWidget 类控件的常用方法

方法	举例	结果及说明
addTab()	tabs.addTab(QPustButton("1"),QIcon("o.png"),"One")	标签"One"和按钮控件"1"组成 QTabWidget 类控件，并指定图标 o.png
insertTab()	tabs.insertTab(1,QPustButton("1"),"One")	控件 QPustButton("1")和标签"One"组成 QTabWidget 类控件，指定索引为 1 并添加
removeTab()	tabs.removeTab(1)	删除索引为 1 的 QTabWidget 类控件，即"身高"对应的控件
setMovable()	tabs.setMovable(True)	拖动标签可将标签移动位置，见图 11.34
setTabBarAutoHide()	tabs.setTabBarAutoHide(True)	只有 1 个标签时，自动隐藏标签
setTabPosition()	tabs.setTabPosition(QTabWidget.TabPosition.North)	上
	tabs.setTabPosition(QTabWidget.TabPosition.South)	下
	tabs.setTabPosition(QTabWidget.TabPosition.West)	左
	tabs.setTabPosition(QTabWidget.TabPosition.East)	右
setTabShape()	tabs.setTabShape(QTabWidget.TabShape.Rounded)	默认值
	tabs.setTabShape(QTabWidget.TabShape.Triangular)	形状
setClosable()	tabs.setTabsClosable(True)	标签旁显示"关闭"按钮"×"

图 11.34　移动标签

< 261 >

3．常用的 signal/slot

单击标签时，触发 currentChanged signal 和 tabBarClicked signal；双击标签时，触发 tabBarDoubleClicked signal；若设置了 setTabsClosable(True)，单击标签旁的"关闭"按钮时，触发 tabCloseRequested signal。下面举例说明 QTabWidget 类控件常用的 signal，结果如图 11.35～图 11.37 所示。

```python
class WinO(QMainWindow):
    def __init__(self):
        ⋮
        tabs.setTabsClosable(True)          # 标签旁设置×
        tabs.currentChanged.connect(self.showCurrentIndex1)
        tabs.tabBarClicked.connect(self.showCurrentIndex2)
        tabs.tabBarDoubleClicked.connect(self.showCurrentIndex3)
        tabs.tabCloseRequested.connect(tabs.removeTab)
    def showCurrentIndex1(self,i):
        print("i=",i)                       # i 为 currentChanged signal 传递的整数
    def showCurrentIndex2(self,j):
        print("j=",j)                       # j 为 tabBarClicked signal 传递的整数
    def showCurrentIndex3(self,k):          # k 为 tabBarDoubleClicked signal 传递的整数
        print("k=",k)
```

图 11.35　控件的 signal

图 11.36　单击"×"按钮

图 11.37　再单击"×"按钮

11.3　组织控件

当需要对主窗口中的多个控件进行合理组织、安排时，可以利用 PyQt6 中的 layout 类。

微课视频

11.3.1　基本布局

layout 类定义的 4 种基本布局如表 11.14 所示。

表 11.14　layout 类定义的 4 种基本布局

布局方式	说明	布局方式	说明
QHBoxLayout	水平布局	QGridLayout	网格布局
QVBoxLayout	垂直布局	QStackedLayout	层叠布局

1．水平布局 QHBoxLayout

采用水平布局 QHBoxLayout 时，按照控件添加的次序，从左至右水平排列所有控件。

```python
from PyQt6.QtWidgets import QHBoxLayout  # 导入所需的 QHBoxLayout 类
class WinO(QMainWindow):
```

< 262 >

```
    def __init__(self):                                        # 结果见图 11.38
        ⋮
        hlayout = QHBoxLayout()                                # 创建 QHBoxLayout 类实例
        hlayout.addWidget(QPushButton("1"))                    # 水平布局实例中添加控件
        hlayout.addWidget(QPushButton("2"))                    # 水平布局实例中添加控件
        hlayout.addWidget(QPushButton("3"))                    # 水平布局实例中添加控件
        widget = QWidget()                                     # 创建控件 widget
        widget.setLayout(hlayout)                              # 控件 widget 设置为水平布局
        self.setCentralWidget(widget)                          # 控件 widget 设置为主窗口
```

2. 垂直布局 QVBoxLayout

采用垂直布局 QVBoxLayout 时，按照控件添加的次序，从上到下垂直排列所有控件。

```
from PyQt6.QtWidgets import QVBoxLayout                        # 导入所需的 QVBoxLayout 类
class Win0(QMainWindow):
    def __init__(self):                                        # 结果见图 11.39
        ⋮
        vlayout = QVBoxLayout()                                # 创建 QVBoxLayout 类实例
        vlayout.addWidget(QPushButton("1"))                    # 垂直布局实例中添加控件
        vlayout.addWidget(QPushButton("2"))                    # 垂直布局实例中添加控件
        vlayout.addWidget(QPushButton("3"))                    # 垂直布局实例中添加控件
        widget = QWidget()                                     # 创建控件 widget
        widget.setLayout(vlayout)                              # 控件 widget 设置为垂直布局
        self.setCentralWidget(widget)                          # 控件 widget 设置为主窗口
```

3. 网格布局 QGridLayout

如果将控件设置为网格布局 QGridLayout，则按照控件的二维网格坐标排列控件。

```
from PyQt6.QtWidgets import QGridLayout                        # 导入所需的 QGridLayout 类
class Win0(QMainWindow):
    def __init__(self):                                        # 结果见图 11.40
        ⋮
        glayout = QGridLayout()                                # QGridLayout 类实例
        glayout.addWidget(QPushButton("1"),0,0)                # 网格布局实例中添加控件
        glayout.addWidget(QPushButton("2"),0,1)                # 网格布局实例中添加控件
        glayout.addWidget(QPushButton("3"),1,0)                # 网格布局实例中添加控件
        glayout.addWidget(QPushButton("4"),1,1)                # 网格布局实例中添加控件
        widget = QWidget()                                     # 创建控件 widget
        widget.setLayout(glayout)                              # 控件 widget 设置为网格布局
        self.setCentralWidget(widget)                          # 控件 widget 设置为主窗口
```

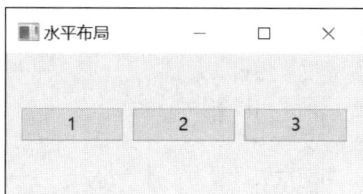

图 11.38 水平布局   图 11.39 垂直布局   图 11.40 网格布局

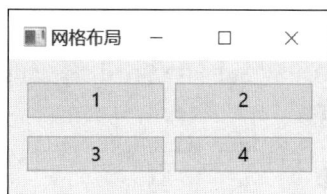

< 263 >

4．层叠布局 QStackedLayout

利用层叠布局 QStackedLayout 时，最先加入层叠布局的控件位于最上面。

```
from PyQt6.QtWidgets import QStackedLayout        # 导入所需的 QStackedLayout 类
class WinO(QMainWindow):
    def __init__(self):                            # 结果见图 11.41
        ⋮
        slayout = QStackedLayout()                 # QStackedLayout 类实例
        slayout.addWidget(QPushButton("1"))        # 层叠布局实例中添加控件
        slayout.addWidget(QPushButton("2"))        # 层叠布局实例中添加控件
        slayout.addWidget(QPushButton("3"))        # 层叠布局实例中添加控件
        widget = QWidget()                         # 创建控件 widget
        widget.setLayout(slayout)                  # 控件 widget 设置为网格布局
        self.setCentralWidget(widget)              # 控件 widget 设置为主窗口
```

11.3.2 基本布局的嵌套

利用 addLayout 方法可以实现前述 4 种基本布局的相互嵌套。

```
    class WinO(QMainWindow):                        # 嵌套布局的结果见图 11.42
        def __init__(self):                         # 单击按钮 "2" 后的结果见图 11.43
            ⋮
            pageLayout = QVBoxLayout()              # 垂直布局
            btnLayout = QHBoxLayout()               # 水平布局
            self.sLayout = QStackedLayout()         # 层叠布局
            pageLayout.addLayout(btnLayout)         # 垂直布局中嵌入水平布局
            pageLayout.addLayout(self.sLayout)      # 垂直布局中嵌入层叠布局
            btn = QPushButton("1")                  # 创建按钮控件 btn
            btnLayout.addWidget(btn)                # 水平布局中加入按钮控件 btn
①          btn.pressed.connect(self.slotBtn1)      # signal 和 slot
            self.sLayout.addWidget(QPushButton("1")) # 层叠布局中加入按钮
            btn = QPushButton("2")                  # 创建按钮控件 btn
            btnLayout.addWidget(btn)                # 水平布局中加入按钮控件 btn
②          btn.pressed.connect(self.slotBtn2)      # signal 和 slot
            self.sLayout.addWidget(QPushButton("2")) # 层叠布局中加入按钮
            btn = QPushButton("3")                  # 创建按钮控件 btn
            btnLayout.addWidget(btn)                # 水平布局中加入按钮控件 btn
③          btn.pressed.connect(self.slotBtn3)      # signal 和 slot
            self.sLayout.addWidget(QPushButton("3")) # 层叠布局中加入按钮
            widget = QWidget()                      # 创建控件 widget
            widget.setLayout(pageLayout)            # widget 设置为垂直布局
            self.setCentralWidget(widget)           # widget 设置为主窗口
        def slotBtn1(self):                         # 定义 slot
❶          self.sLayout.setCurrentIndex(0)         # 当前索引设置为 0
        def slotBtn2(self):                         # 定义 slot
❷          self.sLayout.setCurrentIndex(1)         # 当前索引设置为 1
        def slotBtn3(self):                         # 定义 slot
❸          self.sLayout.setCurrentIndex(2)         # 当前索引设置为 2
```

< 264 >

在窗口中分别单击"1""2"和"3"按钮时，触发对应的 signal（分别见语句①、②和③），然后执行对应的 slot，在层叠布局区域分别显示"1""2"和"3"按钮（见语句❶、❷和❸）。其中，setCurrentIndex()方法设置层叠窗口中要显示的控件所对应的索引号。

图 11.41　层叠布局　　　　　　图 11.42　嵌套布局　　　　　　图 11.43　单击按钮后的结果

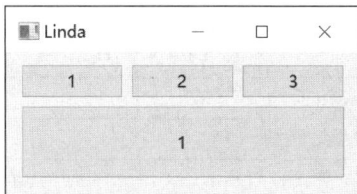

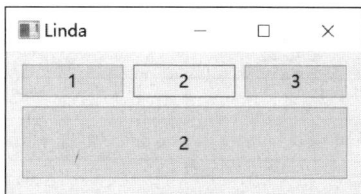

11.3.3 基本布局的常用方法

基本布局的常用方法如表 11.15 所示。

表 11.15　基本布局的常用方法

方法	举例	说明
setContentsMargins()	layout.setContentsMargins (5,10,15,20)	布局与其所在控件之间的间距 见图 11.44 和图 11.45
setSpacing()	layout.setSpacing(20)	布局中元素之间的间距 见图 11.44 和图 11.46

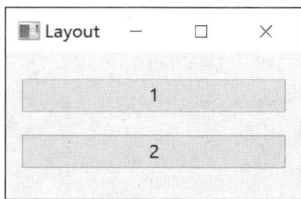

图 11.44　原始布局　　　　　　图 11.45　更改边界间距　　　　　　图 11.46　更改元素间距

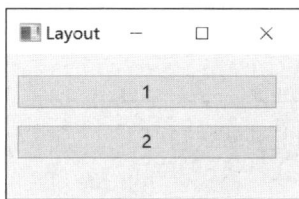

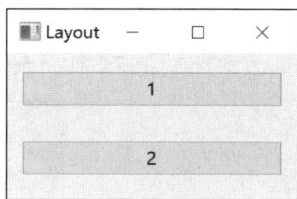

11.4 利用 Qt Designer 开发 GUI

Qt 是一个跨平台应用程序和 UI 开发框架。使用 Qt 只须一次性开发应用程序，无须重新编写源代码，便可跨不同桌面和嵌入式操作系统部署这些应用程序。Qt 库是最强大的 GUI 开发库之一，而 Qt Designer 则是一款图形化编辑器，它能够以拖放方式创建应用程序的 GUI。Qt Designer 是典型的 what-you-see-is-what-you-get（WYSIWYG）工具，因此可以极大地提高 GUI 开发速度。Qt Designer 并不依赖于编程语言，因此，Qt Designer 并不会产生代码，而是会创建.ui 文件。.ui 文件是 XML 类文件，此文件详细描述了 GUI 的构造细节。用户可以利用 PyQt6 将.ui 文件转换为 Python 代码文件，从而可以在 GUI 应用程序中使用这些 Python 代码文件。

PyQt6 是基于 Python 的一系列模块。它是一个跨平台的工具包，可以在包括 UNIX、Windows 和 macOS 在内的大部分操作系统上运行。PyQt6 有两个许可证，开发人员可以在通用公共许可证（General Public License，GPL）和商业许可证之间进行选择。PyQt6 可以直接读取和加载.ui 文件以构建 GUI。

< 265 >

11.4.1　安装与运行

本节以 Windows 操作系统为例介绍 Qt Designer 的安装与运行，如表 11.16 所示。

表 11.16　Qt Designer 的安装与运行

步骤	说明
下载软件	登录 Qt 官网，下载需安装的软件
启动安装	双击安装软件并根据提示免费注册账户
安装选项	选中 Custom installation，如图 11.47 所示；在下一个页面中选择 MSVC 2019 64-bit，如图 11.48 所示。注：Windows 操作系统下 Qt 安装过程并未明确指出包含 Qt Designer，但实际上任何版本的 Qt 都会包含 Qt Designer。安装 Qt 并不会影响 PyQt 的安装
运行程序	选择 "开始" →Designer 6.4.0(MSVC 2019 64-bit)，如图 11.49 所示，系统弹出两个窗口，处于前景的是 New Form 窗口，用户可以将控件拖放到此窗口构建 GUI；处于背景的是 Qt Designer 窗口，它提供了诸如布局、控件、signal/slot 等图形化工具

图 11.47　选择 Custom installation

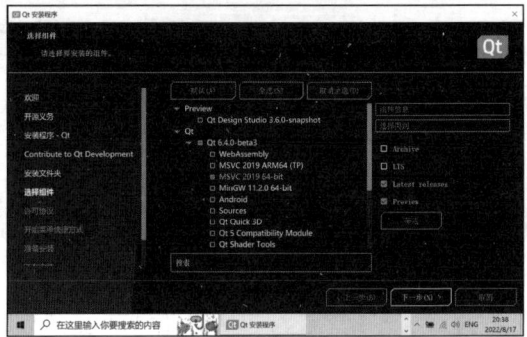

图 11.48　选择 Qt 版本

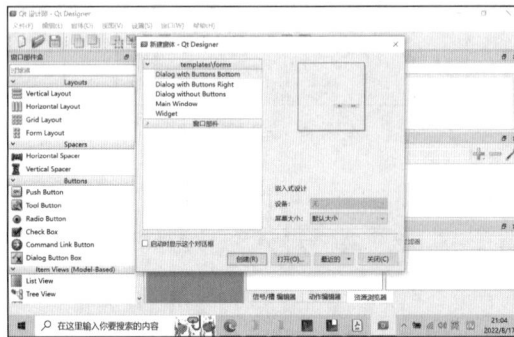

图 11.49　运行 Qt Designer 后的两个窗口

11.4.2　创建 GUI

利用 Qt Designer 创建 GUI 一般有 4 个步骤，如表 11.17 所示。

表 11.17　创建 GUI 的一般步骤

步骤	说明
创建 Form	选择 Form 的模板并添加所需控件，编辑所选控件的属性
设置布局	根据需要设置适当的布局
设置信号/槽	根据需要设置控件对应的信号和槽，以完成特定功能
转换为 Python 代码	将 Qt Designer 得到的.ui 文件转换为 Python 代码文件

< 266 >

下面以计算器应用程序的 GUI 创建为例介绍表 11.17 所示的 4 个步骤。

1．创建 Form

Form 的创建通常包括以下步骤。

（1）新建主窗口

如果未弹出前述的 New Form 窗口，也可以通过 Qt Designer 窗口中的 File→New...新建一个 Form。在弹出的 New Form 窗口左上角，列出了 5 个 templates\forms，任选其中一个，一般选择 Main Window（主窗口）；我们可以拖放窗口四角调整 Main Window 大小；单击左下角的 Create 按钮，弹出一个新窗口，自动命名为 MainWindow，如图 11.50 所示。按 Ctrl+S 组合键，将新建的 Form 保存为 calculator.ui 文件，以后可以打开此文件继续设计。

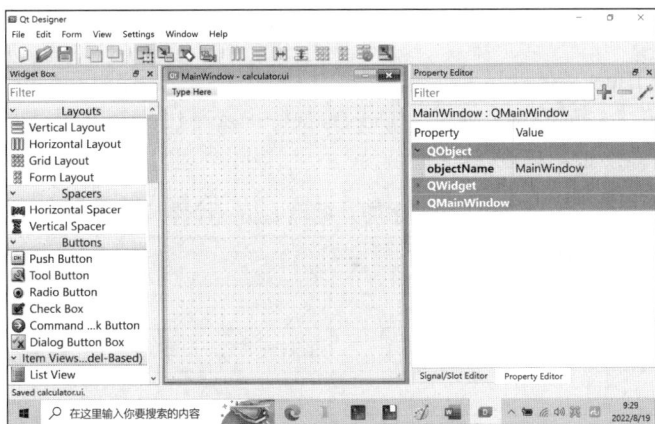

图 11.50　创建 MainWindow 窗口

Qt Designer 提供的 5 个 templates\forms 如表 11.18 所示。

表 11.18　Qt Designer 提供的 5 个 templates\forms

Templates	Forms 类型	所提供的控件	父类
Dialog with Buttons Bottom	Dialog（对话框）	OK 和 Cancel 按钮	QDialog
Dialog with Buttons Right	Dialog（对话框）	OK 和 Cancel 按钮	QDialog
Dialog without Buttons	Dialog（对话框）	无	QDialog
Main Window	Main Window（主窗口）	菜单（顶部） 状态条（底部）	QMainWindow
Widget	Widget（控件）	无	QWidget

（2）编辑 MainWindow 窗口属性

Qt Designer 窗口右侧有名为 Property Editor 的标签，单击此标签，会显示一个表格。表格分为多个部分，每个部分表示此 MainWindow 所属的类及其对应的属性和值。例如，QObject 类下有属性 objectName，此属性的值为 MainWindow。

我们做如下修改：单击 QWidget 左侧箭头，将其内容展开，然后单击属性 font 右侧的值，在弹出的窗口中设置 font 为 Courier New、size 为 16；单击属性 windowTitle 右侧的值，将其修改为"计算器"；单击 geometry，将属性 Width 的值修改为 251，将属性 Height 的值修改为 421。为简化叙述，geometry 设置过程描述为：Property Editor→QWidget→geometry→Width=251‖Height=421（下文也采用此简化方式描述设置过程）。修改 MainWindow 属性后的结果如图 11.51 所示。

< 267 >

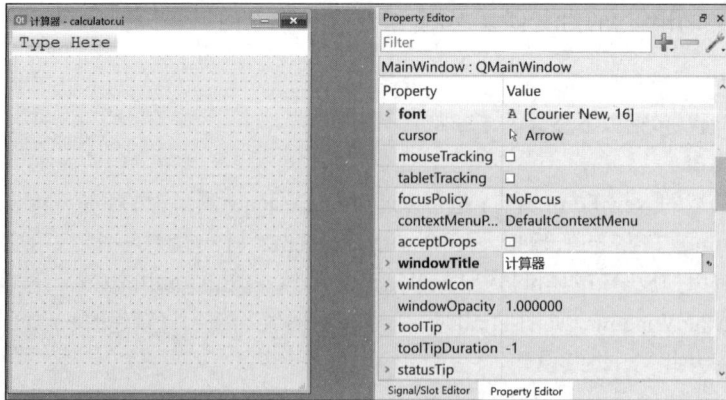

图 11.51　修改 MainWindow 属性后的结果

（3）添加并编辑 Label 控件

在 Qt Designer 窗口左侧下部的 Display Widgets 部分，找到 Label 控件并将其拖放到 MainWindow 窗口中，然后修改属性，如表 11.19 所示。

表 11.19　添加并编辑 Label 控件

步骤	说明
单击控件将其选中→Property Editor→	
QObject→objectName=outputLabel	控件命名为 outputLabel
QWidget→font=[Courier New, 18]	设置显示字体
QFrame→frameShape=Box	显示框体
QLabel→text=0	显示的字符串，也可双击控件来修改
QLabel→alignment→Horizontal=AlignRight	字符串右对齐
margin=1	距右边框的距离
indent=0	不缩进

结果如图 11.52 所示，此控件用于显示计算器的运算结果。

（4）添加并编辑 PushButton 控件

从 Qt Designer 窗口左侧 Buttons 部分，拖放 PushButton 控件到 MainWindow 窗口。

修改控件属性，结果如表 11.20 和图 11.53 所示。

表 11.20　添加并编辑 PushButton 控件

步骤	说明
单击控件将其选中→Property Editor→	
QObject→objectName=btn1	控件命名为 btn1
QWidget→font=[Courier New, 18]	设置显示字体
QAbstractButton→text=0	显示的字符串，也可双击控件来设置
QWidget→geometry→x=10	控件的 x 坐标
y=80	控件的 y 坐标
Width=45	控件的宽度
Height=45	控件的高度

< 268 >

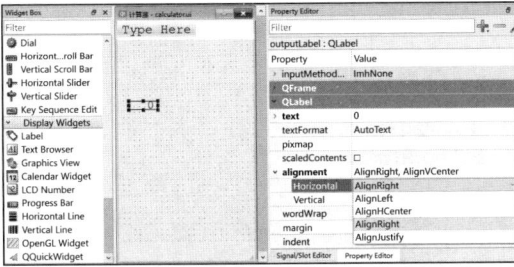

图 11.52　添加并编辑 Label 控件的结果

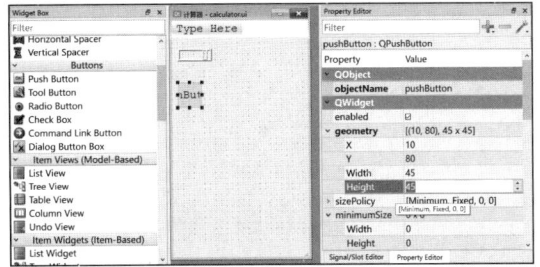

图 11.53　添加并编辑 PushButton 控件的结果

复制 15 个 PushButton 控件：单击选中控件→Ctrl + C→Ctrl + V 并按 4×4 格式排列；然后将每个 PushButton 控件的 QObject→objectName 和 QAbstractButton→text 属性分别进行修改，如表 11.21 所示。

表 11.21　15 个 PushButton 控件的属性

控件	属性		控件	属性	
第 1 个 PushButton	text	objectName	第 9 个 PushButton	text	objectName
	0	btn0		8	btn8
第 2 个 PushButton	text	objectName	第 10 个 PushButton	text	objectName
	1	btn1		9	btn9
第 3 个 PushButton	text	objectName	第 11 个 PushButton	text	objectName
	2	btn2		+	btnP
第 4 个 PushButton	text	objectName	第 12 个 PushButton	text	objectName
	3	btn3		−	btnS
第 5 个 PushButton	text	objectName	第 13 个 PushButton	text	objectName
	4	btn4		*	btnM
第 6 个 PushButton	text	objectName	第 14 个 PushButton	text	objectName
	5	btn5		/	btnD
第 7 个 PushButton	text	objectName	第 15 个 PushButton	text	objectName
	6	btn6		=	btnE
第 8 个 PushButton	text	objectName	第 16 个 PushButton	text	objectName
	7	btn7		CE	btnC

2. 设置布局

MainWindow 中控件可以分为两部分：一部分是 Label 控件；另一部分是 16 个 PushButton 控件。根据需要，16 个 PushButton 控件设置为网格布局；MainWindow 设置为垂直布局：Label 控件在垂直布局的上部，16 个 PushButton 控件在垂直布局的下部。

（1）设置网格布局

用鼠标选中 16 个 PushButton 控件→单击 Qt Designer 窗口工具栏中的 Lay out in a Grid 图标，如图 11.54 所示，选中的控件会呈网格排列，但其效果却出乎我们的意料，这是因为 Qt Designer 会根据窗口大小自动调整控件尺寸。为了避免控件变形，我们可按如下方法调整：选中全部 16 个 PushButton 控件→Property editor→QWidget→minimumSize→Width=45‖Height=45；maximumSize→Width=45‖Height=45。这样调整之后，控件显得很紧凑，但周围也多了一些空白，可以添加 spacers 控件来调整。网格布局之后的结果如图 11.54 所示。

< 269 >

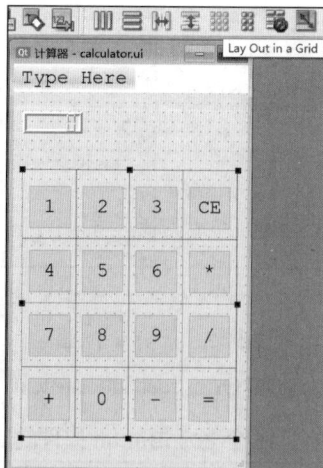

图 11.54　网格布局

（2）设置 MainWindow 的整体布局

MainWindow 布局的设置方法与窗口内控件布局的设置不同，具体方法如下。

在 Qt Designer 窗口右侧顶部 Object Inspector 部分右键单击 QMainWindow→Lay out→Lay out Vertically。若右侧未显示 Object Inspector，则可在 Qt Designer 窗口中选择 View→Object Inspector 将其调出。窗口整体布局设置也可以这样做：右键单击窗口空白处，选择 Lay out→Layout Vertically。整体布局设置方法如图 11.55 所示，最后得到的界面布局如图 11.56 所示。

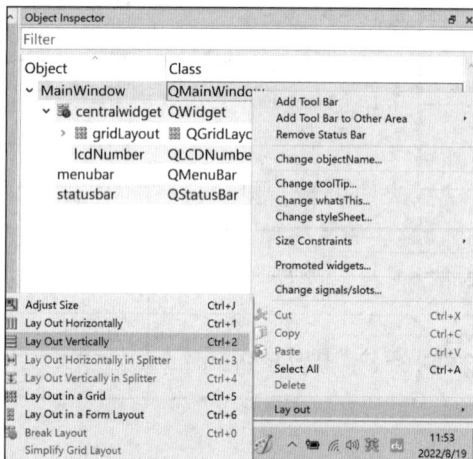

图 11.55　设置 MainWindow 的整体布局

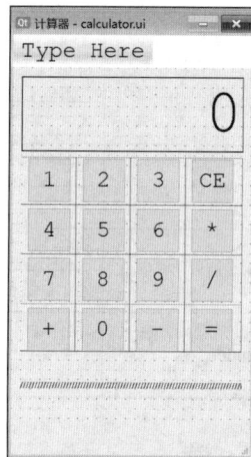

图 11.56　界面布局

3．设置 signal/slot

界面已经设计完毕，但这些控件并不会完成任何功能，因为还未设置 signal/slot。对于计算器而言，其需要完成的功能如表 11.22 所示。

表 11.22　计算器需要完成的功能

功能	说明
显示按钮值	单击计算器窗口下部的 PushButton 按钮，Label 控件中显示按钮的值
计算	单击"="按钮，计算器完成运算，得到运算结果
显示计算结果	Label 控件中显示计算结果

< 270 >

（1）添加 slots

添加方法如下：单击 Qt Designer 窗口工具栏中的 Edit Signals/Slots 图标→单击**计算器**窗口中的 "0" 按钮，鼠标保持按下状态→拖到**计算器**窗口空白处→释放按键→弹出 Configure Connection 窗口→单击右侧 MainWindow(QMainWindow)下面的 Edit...框→弹出 Signals/Slots of MainWindow 窗口→单击窗口上部 Slots 下面的 "+" 符号→在上面的空白处输入 passToLCD→单击窗口最下面的 OK 框→返回到 Configure Connection 窗口→右侧 MainWindow(QMainWindow)下显示刚添加的 passToLCD()。上述添加过程如图 11.57、图 11.58 和图 11.59 所示。

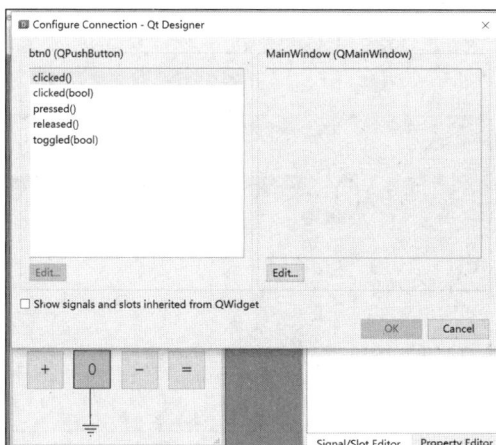

图 11.57　添加 Slots（1）

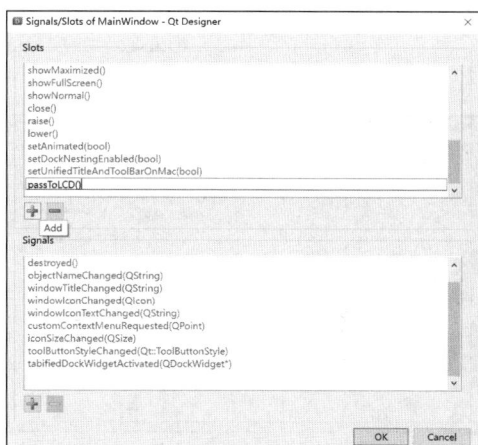

图 11.58　添加 Slots（2）

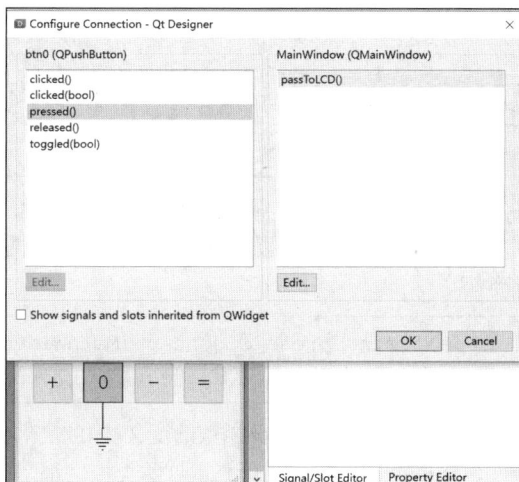

图 11.59　添加 Slots（3）

（2）signal 与 slot 建立连接

在返回的 Configure Connection 窗口左侧，单击 pressed()（此为 signal）→在窗口右侧单击 passToLCD()（此为 slot）→单击 OK 框，结果如图 11.60 所示。

（3）建立多个 signal/slot 连接

MainWindow 窗口中所有 PushButton 控件都需要与 passToLCD()建立连接，若利用前述拖放鼠标的建立方法则窗口会显得有点乱，这时可以利用右侧 Signal/Slot Editor 来建立连接：单击 "+" →双击<sender>→下拉框中选择 btn1；双击<signal>→下拉框中选择 pressed()；双击<receiver>→下拉框中选择 MainWindow；双击<slot>→下拉框中选择 passToLCD()，如图 11.61 所示。多个 signal 和 slot 连接图示如图 11.62 所示。

< 271 >

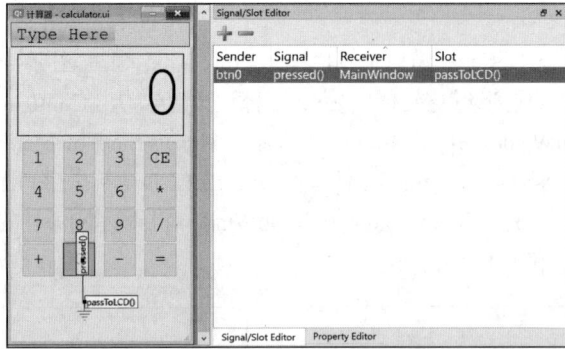

图 11.60　signal 和 slot 建立连接

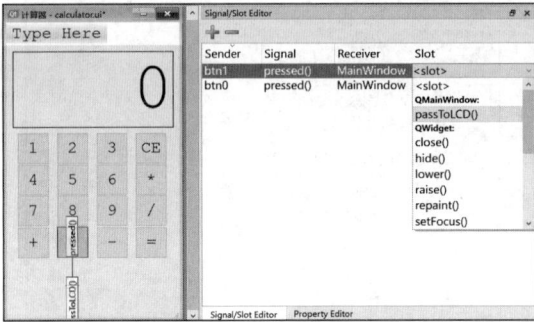

图 11.61　建立多个 signal 和 slot 连接

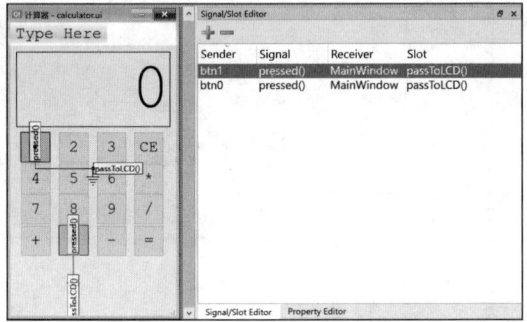

图 11.62　多个 signal 和 slot 连接图示

4．.ui 文件转换为 Python 代码文件

（1）转换方法

在命令行模式下运行下面的语句可以将.ui 文件转换为 Python 代码文件。

```
C:> pyuic6 -x calculator.ui -o calculator.py
```

（2）代码分析

在文件 calculator.py 中，大部分代码与生成控件以及设置布局有关。只有两个语句与我们在 Qt Designer 中所建立的 signal 和 slot 连接有关。

第 132 行	`self.btn0.pressed.connect(MainWindow.passToLCD)`
第 133 行	`self.btn1.pressed.connect(MainWindow.passToLCD)`

因此，我们还需要在 Python 代码文件中添加 slot 函数的定义。除此之外，signal 发送者是 PushButton 控件，而接收者为 Label 控件。根据控件生成代码可知，这两类控件都是 self 的属性，因此还需要将 slot 修改为 self 的方法。另外还须分辨是哪个 PushButton 控件触发了 passToLCD()。为了解决这个问题，我们采用一种略显烦琐但却简单明了的方法：为每个 PushButton 控件定义 slot 函数。

（3）修改 signal/slot

在 Python 代码中为每个 PushButton 控件添加 slot 函数的定义，将 slot 修改为 self 的方法。

第 132 行修改为	`self.btn0.pressed.connect(self.passToLCD0)`
第 133 行修改为	`self.btn1.pressed.connect(self.passToLCD1)`

```
# 增加下列 signal 和 slot 连接
        self.btn2.pressed.connect(self.passToLCD2)
```

< 272 >

```
        self.btn3.pressed.connect(self.passToLCD3)
        self.btn4.pressed.connect(self.passToLCD4)
        self.btn5.pressed.connect(self.passToLCD5)
        self.btn6.pressed.connect(self.passToLCD6)
        self.btn7.pressed.connect(self.passToLCD7)
        self.btn8.pressed.connect(self.passToLCD8)
        self.btn9.pressed.connect(self.passToLCD9)
        self.btnA.pressed.connect(self.passToLCDa)
        self.btnS.pressed.connect(self.passToLCDs)
        self.btnM.pressed.connect(self.passToLCDm)
        self.btnD.pressed.connect(self.passToLCDd)
        self.btnCE.pressed.connect(self.passToLCDce)
```

增加下列 **slot** 定义

```
    def passToLCD0(self):                       def passToLCD1(self):
        self.lcdNumber.display("0")                 self.lcdNumber.display("1")
    def passToLCD2(self):                       def passToLCD3(self):
        self.lcdNumber.display("2")                 self.lcdNumber.display("3")
    def passToLCD4(self):                       def passToLCD5(self):
        self.lcdNumber.display("4")                 self.lcdNumber.display("5")
    def passToLCD6(self):                       def passToLCD7(self):
        self.lcdNumber.display("6")                 self.lcdNumber.display("7")
    def passToLCD8(self):                       def passToLCD9(self):
        self.lcdNumber.display("8")                 self.lcdNumber.display("9")
    def passToLCDa(self):                       def passToLCDs(self):
        self.lcdNumber.display("+")                 self.lcdNumber.display("-")
    def passToLCDm(self):                       def passToLCDd(self):
        self.lcdNumber.display("*")                 self.lcdNumber.display("/")
    def passToLCDce(self):                      # 特殊的 PushButton：数值归零
        self.lcdNumber.display("0")
```

程序运行结果如图 11.63 和图 11.64 所示。

（4）完善 slot 函数

● 显示多位数字

程序只能显示一位数字，做如下修改以显示输入的所有内容（以 "8" 键所对应的 slot 函数 passToLCD8() 为例，其他键的 slot 函数类似），运行结果如图 11.65 所示。

```
def passToLCD8(self):
    currentText = self.outputLabel.text()          # 获取当前 outputLabel 的值
    updatedText = currentText + "8"                 # 字符串拼接运算
    self.outputLabel.setText(updatedText)           # outputLabel 中显示
```

● 消除最前面的数字 0

从图 11.65 可知，输入文本中最前面的字符 "0" 是多余的，故做如下修改。

```
def passToLCD8(self):
    currentText = self.outputLabel.text()          # 获取 outputLabel 的值
    if currentText == "0":                          # 如果当前字符串为 "0"
        self.outputLabel.setText("")                # 显示空字符串
```

< 273 >

```
currentText = self.outputLabel.text()        # 重新获取 outputLabel 的值
updatedText = currentText + "8"               # 字符串拼接运算
self.outputLabel.setText(updatedText)         # outputLabel 中显示
```

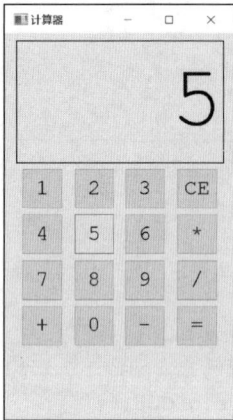
图 11.63　结果（1）

图 11.64　结果（1）

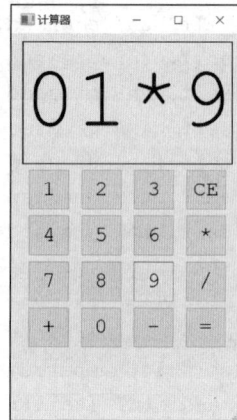
图 11.65　结果（3）

5．显示计算结果

按下"="键，计算器显示计算式，如图 11.66 所示。

```
def passToLCDe(self):
    currentText = self.outputLabel.text()
    value = eval(currentText)                       # 对字符串求值
    updatedText = currentText + "=" + str(value)    # 字符串拼接
    self.outputLabel.setText(updatedText)           # 显示计算式
```

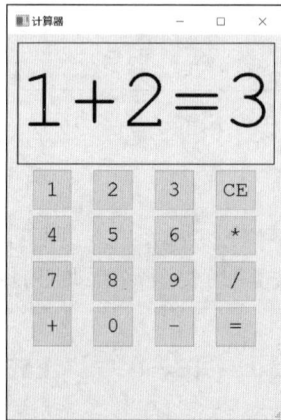
图 11.66　显示计算式

11.4.3　添加主菜单

通常情况下，应用程序都会有主菜单。主菜单是一个下拉框，里面包含多个选项。利用 Qt Designer 创建主菜单有 2 个步骤：首先设计菜单及其选项，然后创建对应的 Action。我们以文本编辑器类应用程序为例来介绍主菜单的设计和创建。文本编辑器类应用程序一般会有 File 菜单，此菜单通常会包含下面的选项，也会有相应的快捷键，如表 11.23 所示。

< 274 >

表 11.23 主（File）菜单下的选项及其快捷键

选项	快捷键（F）	说明
New	N	创建新文档
Open	O	打开已有文档
Open Recent	R	打开最近浏览过的文档
Open All	A	打开所有文档。为子菜单 Open Recent 下的选项
save	S	保存当前文档
Exit	E	退出

1．创建主菜单及其选项

MainWindow 窗口顶部有一个标签，默认显示的文本为 Type Here。利用 Qt Designer 创建上述菜单的方法如表 11.24 所示。

表 11.24 菜单的创建方法

（a）创建 File 菜单（见图 11.67）

创建过程	快捷键
双击 Type Here 或按下 Enter 键→输入&File 并按下 Enter 键	Alt+F
双击 Type Here 或按下 Enter 键→输入&New 并按下 Enter 键	Alt+N
双击 Type Here 或按下 Enter 键→输入&Open 并按下 Enter 键	Alt+O
双击 Type Here 或按下 Enter 键→输入 Open &Recent 并按下 Enter 键	Alt+R
双击 Type Here 或按下 Enter 键→输入&Save 并按下 Enter 键	Alt+S
双击 Type Here 或按下 Enter 键→输入&Exit 并按下 Enter 键	Alt+E
上述过程中可任意双击 Add Seperator→选项间会添加一条分隔线	

（b）创建 Open Recent 子菜单（见图 11.68）

创建过程	快捷键
Open Recent 右侧有"+"图标，单击此图标添加子菜单选项	
双击 Type Here 或按下 Enter 键→输入 Open &All 并按下 Enter 键	Alt+A

（c）预览

浏览过程	快捷键
Qt Designer 窗口主菜单→Form→Preview...	Ctrl+R

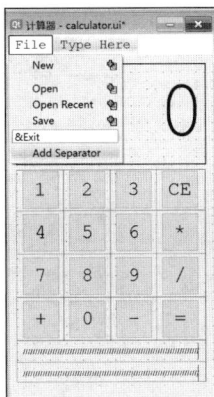

图 11.67 主菜单　　　　图 11.68 子菜单

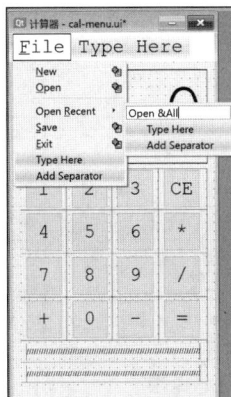

< 275 >

2．修改选项属性

输入 File 之后，Qt Designer 会在应用程序界面的主菜单栏自动添加一个 QMenu 对象。若在主菜单下添加了选项，意味着添加了一个 Action（操作）。Qt Designer 窗口右侧有一个 Action Editor 编辑器（若未显示，则可通过 Qt Designer 主菜单→View→Action Editor 将其调出），我们可以利用此编辑器创建、管理和完善菜单下选项的界面设计，修改选项属性如表 11.25 所示。双击 Action Editor 编辑器下部任一栏，弹出 Edit action 窗口，如图 11.69 所示。

表 11.25　修改选项属性

属性	说明
Text	选项名称
Object name	Action 对象名称，代码中使用
ToolTip	提示信息，将鼠标指针放到控件上会浮动出现一个小框显示提示信息。默认情况下，仅显示活动窗口子部件的 ToolTip
Icon→右侧朝下箭头→choose file…选择一个图像文件，设置所选图像为选项 New 的图标	见图 11.70
Shortcut→Ctrl+C	设置 Ctrl+C 为快捷键，将取代前面所设置的 Alt+N，见图 11.71

设置完后，可以利用下述方法预览 File 菜单效果：在 Qt Desinger 窗口中选择主菜单 Form→Preview…，如图 11.72 所示。

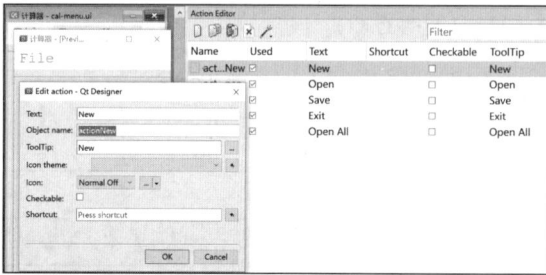

图 11.69　Edit action 窗口

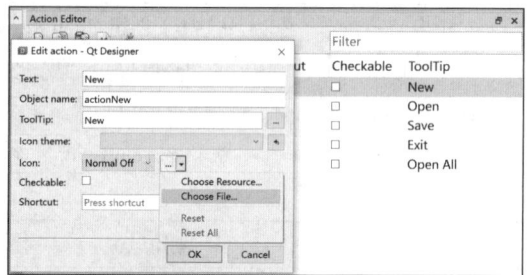

图 11.70　选项 New 的图标

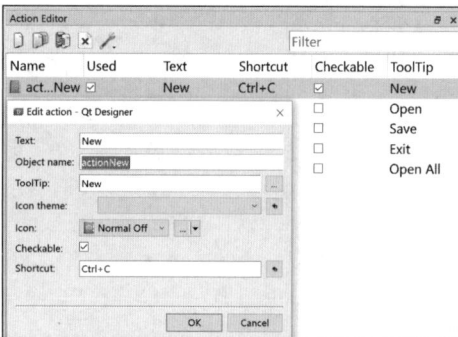

图 11.71　设置 Ctrl+C 为快捷键

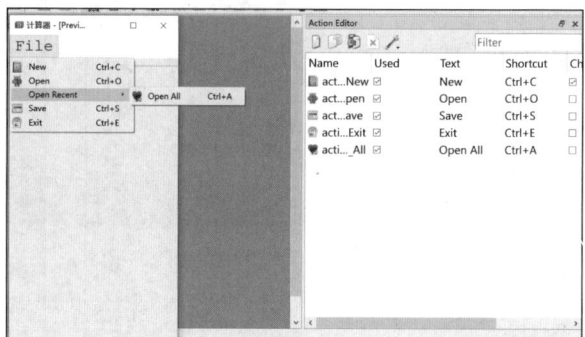

图 11.72　预览 File 菜单效果

< 276 >

3．添加 signal/slot

Qt Designer 只是帮助我们设计应用程序 GUI，接下来还需要添加 signal/slot 以完成特定功能。下面以 File 主菜单下的选项 Save 为例来添加 signal/slot，如表 11.26 所示。

表 11.26　添加 signal/slot

步骤	说明
添加 QPushButton 类控件	从 Qt Designer 窗口左侧 Buttons，拖放 PushButton 到 MainWindow 窗口，其 Object name=pushButton，见图 11.73；单击此控件表示输入结束
添加 QTextEdit 类控件	从 Qt Designer 窗口左侧 Input Widgets，拖放 Text Edit 到 MainWindow 窗口，其 Object name=textEdit。在此控件中输入多行文本，见图 11.74
将.ui 转换为.py 文件	pyuic −x menu.ui −o menu.py

signal 和 slot 代码如下。

```
class Ui_MainWindow(object):                         # 运行menu.py,单击File→Save,见图11.75
    def setupUi(self, MainWindow):                   # 打开文件1.txt 查看内容，见图11.76
        ⋮
        self.pushButton.pressed.connect(self.getText)
        self.actionSave.triggered.connect(self.saveText)

                 ↓              ↓                        ↓
          Save 选项的        signal                     slot
          Object name
    def getText(self):
        self.text = self.textEdit.toPlainText()
    def saveText(self):
        filename,type = \                            # 返回文件全名和类型
        QtWidgets.QFileDialog.getSaveFileName(\
                            parent = None\           # 父窗口为 None: 无父窗口
                            caption = "文件保存为"\    # 窗口标题
                            directory = "D:/python/"\ # 目录
                            filter = "Text(*.txt)"   # 文件类型
        with open(filename,'w')as file_object:       # 以可写方式打开文件
            file_object.write(self.text)             # 写入文本
```

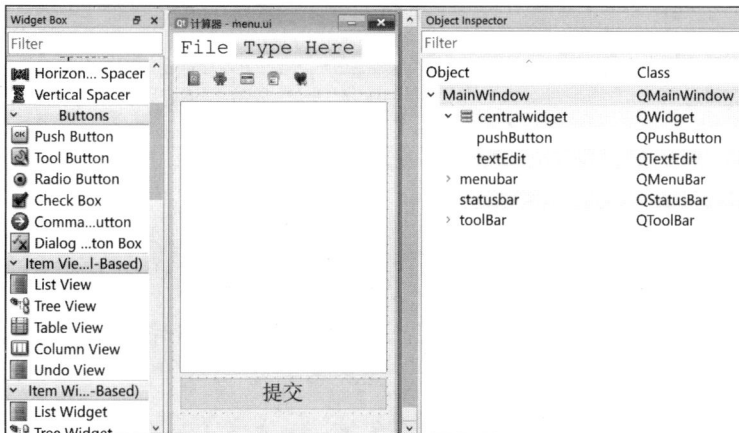

图 11.73　MainWindow 中添加所需控件

< 277 >

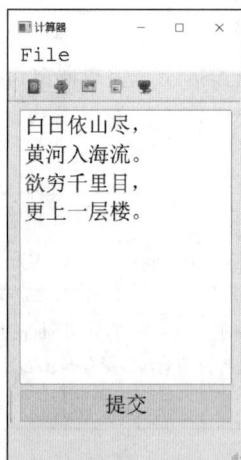

图 11.74　输入文本　　　　图 11.75　单击 File→Save 打开的窗口　　　　图 11.76　打开文件

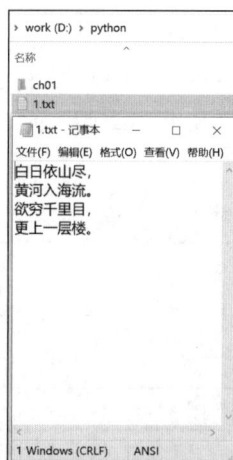

11.4.4　添加工具栏

工具栏也是应用程序 GUI 的常见部件。下面利用 Qt Designer 创建工具栏，如表 11.27 所示。

表 11.27　创建工具栏

步骤	说明
右键单击 MainWindow→选择 Add Tool Bar	在 MainWindow 主菜单下添加一个工具栏，见图 11.77
将 Action Editor 中各选项对应的图标拖放到工具栏中	选项的图标按拖放顺序排列在工具栏中。注意：最好按照选项次序来拖放，见图 11.78

图 11.77　添加工具栏

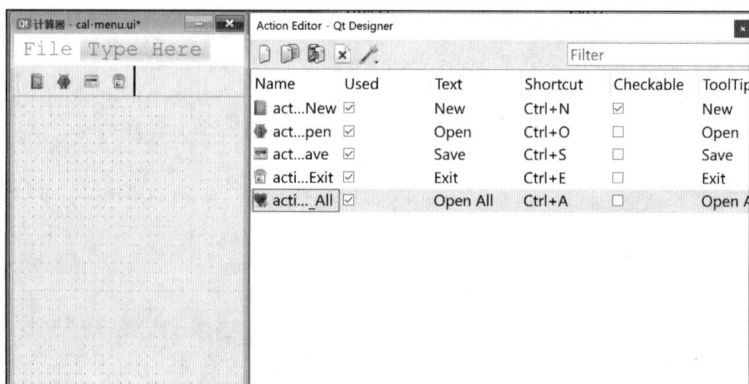

图 11.78　拖放图标到工具栏中

习题

1. 如何安装 PyQt6 模块？
2. 利用代码方式创建一个主窗口，并在主窗口，中加入标签类控件。
3. 如何安装 Qt Designer 模块？
4. 如何将.ui 文件转换为 Python 代码文件？
5. 利用 PyQt6 开发一款计算器应用小程序。

< 278 >